The Meme Machine

模因机器

它们如何操纵我们，又怎样创造文明

Susan Blackmore

[英] 苏珊·布莱克摩尔 著

郑明璐 译

机械工业出版社
CHINA MACHINE PRESS

苏珊·布莱克摩尔在这部奠基性的著作中系统阐述了模因论（memetics），指出模因作为文化的基因，是人类之所以演化出硕大的头颅、发展出复杂的语言、追求性的愉悦、崇尚利他主义，以及执著于信仰、自由和自我意识的根本原因。我们只是模因操纵的机器吗？文明的幕后真相只是这些无意识复制子的优胜劣汰吗？反抗模因"暴政"的希望是否存在？这种对人类文明的新定义又能给我们哪些启迪？模因论向我们展示了世界这一"内克尔立方体"的另一侧面：随着视角的转换，一切将变得陌生而新颖。

Copyright © 1999 by Oxford University Press. "THE MEME MACHINE" was originally published in English in 1999. This translation is published by arrangement with Oxford University Press. China Machine Press is solely responsible for this translation from the original work and Oxford University Press shall have no liability for any errors, omissions or inaccuracies or ambiguities in such translation or for any losses caused by reliance thereon.

All rights reserved.

This title is published in China by China Machine Press with license from Oxford University Press. This edition is authorized for sale in the Chinese mainland (excluding Hong Kong SAR, Macao SAR and Taiwan). Unauthorized export of this edition is a violation of the Copyright Act. Violation of this Law is subject to Civil and Criminal Penalties.

本书由Oxford University Press授权机械工业出版社在中国大陆地区（不包括香港、澳门特别行政区及台湾地区）出版与发行。未经许可之出口，视为违反著作权法，将受法律之制裁。

北京市版权局著作权合同登记 图字：01-2019-6297号

图书在版编目（CIP）数据

模因机器：它们如何操纵我们，又怎样创造文明 /（英）苏珊·布莱克摩尔（Susan Blackmore）著；郑明璐译.—北京：机械工业出版社，2021.8（2025.6重印）

书名原文：The Meme Machine

ISBN 978-7-111-69017-7

Ⅰ.①模… Ⅱ.①苏… ②郑… Ⅲ.①模仿-研究 Ⅳ.①B842.6

中国版本图书馆CIP数据核字（2021）第207376号

机械工业出版社（北京市百万庄大街22号 邮政编码100037）
策划编辑：刘林澍　　责任编辑：刘林澍
责任校对：黄兴伟　　责任印制：郜 敏
三河市宏达印刷有限公司印刷
2025年6月第1版第5次印刷
160mm×235mm·22印张·3插页·302千字
标准书号：ISBN 978-7-111-69017-7
定价：88.00元

电话服务　　　　　　　　网络服务
客服电话：010-88361066　　机 工 官 网：www.cmpbook.com
　　　　　010-88379833　　机 工 官 博：weibo.com/cmp1952
　　　　　010-68326294　　金 书 网：www.golden-book.com
封底无防伪标均为盗版　　　机工教育服务网：www.cmpedu.com

序　言

　　上大学的时候,我在贝列尔学院的午餐队伍里和一个朋友聊天。他带着越来越古怪的兴趣打量着我,然后问道:"你刚才是和皮特·布鲁内(Peter Brunet)在一起吗?"我确实是,虽然我猜不出他是怎么知道的。布鲁内是我们非常喜欢的导师,我刚才花了差不多一个小时向他请教问题,随后便匆匆赶来吃饭。"我猜就是。"我的朋友笑了,"你说话的样子跟他很像;你的声音和他的简直是一模一样。"显然,我说话的腔调和方式彼时彼刻短暂地"继承"自一位受人尊敬的老师,而今忆起此事,仍令我怀念不已。几年后,当我自己成为一名导师时,我的学生中有一位年轻的女士,她有一种不同寻常的习惯:当被问到一个需要深入思考的问题时,她会紧闭双眼,将头垂在胸前,一动不动地等上半分钟,然后抬起头,睁开眼睛,流利而睿智地回答问题。我被这逗乐了。一次晚饭后我模仿了一下这位女学生,逗得我的同事们开怀大笑。其中有一位著名的牛津哲学家。他一看见我的模仿,就说:"这是维特根斯坦!她不会是姓××××吧?"我吃了一惊,回答说是的。"我就知道,"我的同事说,"她的父母都是专业的哲学家,也是维特根斯坦的忠实追随者。"这个姿势来自于这位伟大的哲学家,经由她的父亲或母亲,或者父母双方传给了我的学生。我想,虽然我的模仿是在开玩笑,但我必须认为自己是这种奇特姿势的第四代传人。而谁又知道维特根斯坦从哪儿获得的呢?

　　我们总是无意识地模仿他人,尤其是模仿我们的父母,或那些扮演父母角色的人,抑或是那些我们所崇拜的对象——这个事实已经足够熟悉了。但是，模仿真的能成为人类思维进化和脑容量显著扩张的主要理论根基，甚至作为人类为何存在一个意识自我的解释基础吗？模仿是我们的祖先区别于其他动物的关键吗？我从来没有这样想过，但苏珊·布莱克摩尔在本书中提出了一个极具魅力又强而有力的理由。

模仿是孩子们学习某一种语言而不是其他语言的方式。所以，人们说话总是更像他们自己的父母，而不是像别人的父母。这就是为什么不同地方的人有不同的口音，而在一个更长的时间跨度上就会产生一门独立语言的原因。这也是为什么宗教信仰不是在每一代人中被重新选择，而是经常沿着家族路线延续下去的原因。在基因沿着世代的纵向传播和像病毒基因一样的横向传播之间，我们至少可以做一个简单的类比。在不预先判断这个类比是否有效的情况下，如果我们想谈论它，我们最好先给这个可能在语言、思想、信仰、习惯和时尚的传播中扮演基因角色的实体起个名字。自 1976 年 "模因"（meme）这个词被创造出来以后，越来越多的人用 "模因" 来表示假定的基因相似物。

《牛津英语词典》的编纂者对一个新词是否应该被纳入词典有一套专门的标准。一个能被纳入词典的新词必须是常用的，不需要被定义，也不需要在使用时标明其出处。于是，我们就要问这个 "元模因学" 的问题："meme" 这个词有多么普遍？互联网提供了一种不太理想但却很简单方便的方法来对 "模因池" 进行抽样，并且可以方便地搜索它。我在写这篇文章的那天，也就是 1998 年 8 月 29 日，在网上搜索了一下。"meme" 被提及约 50 万次，但这个数字高得离谱，显然，搜索结果与各种首字母缩写和法语 même 一词混淆了。然而，它的形容词形式 "memetic" 是真正具有鉴别意义的，它被提到 5042 次。为了更好地理解这个数字，我比较了一些最近出现的新词或流行用语。spin doctor（或称 spin-doctor，即 "舆论导向专家"）被提及 1412 次；dumbing down（即 "弱智化"），3905

次；docudrama（或 docu-drama，即"文献影片"），2848 次；sociobiology（即"社会生物学"），6679 次；catastrophe theory（即"突变理论"），1472 次；edge of chaos（即"混沌边缘"），2673 次；wannabee（即"崇拜模仿者"），2650 次；zippergate（即"拉链门"），1752 次；studmuffin（即"性感男人"），776 次；post-structural（或 poststructural，即"解构"），577 次；extended phenotype（即"延伸的表现型"），515 次；exaptation（即"扩展适应"），307 次。在对 memetic 的 5042 次提及中，超过 90% 都没有提到这个词的起源，这表明它确实符合《牛津英语词典》的标准。正如苏珊·布莱克摩尔告诉我们的，《牛津英语词典》现在确实包含了以下定义：

模因：文化中的一种元素，可以认为是通过非遗传的方式传播的，尤其是模仿。

进一步搜索互联网，你会发现有一个时政交流俱乐部名叫"alt.memetics"，在过去的一年里发布了 12000 个帖子。网上还有很多与模因有关的文章，比如《新模因》《模因、反模因》《模因：一种系统元生物学》《模因，和令人痴笑的傻瓜媒体》《模因、元模因和政治》《人体冷冻学、宗教和模因》《自私的模因和合作的进化》以及《追赶模因》等。此外还有"模因学""模因""C 模因连结""模因理论家在线""本周模因""模因中心""Arkaut 的模因工作坊""模因论要点及简介""模因索引"及"模因园地"等网页。甚至有一个新的宗教（半搞笑性的，我认为），被称为"病毒教堂"，上面有他们自己的善恶标准列表，还有他们自己的圣父（"圣查尔斯·达尔文，被奉为"也许是现代最具影响力的模因工程师"），我惊讶地发现在圣徒列表中还有一个"圣道金斯"。

在苏珊·布莱克摩尔的书以前还有另外两本完全致力于模因主题的书，它们都有各自的优点：理查德·布罗迪（Richard Brodie）的《精神病毒：模因的新科学》和艾隆·林奇（Aaron Lynch）的《思想传染：信仰如何在社会中传播》。最重要的是，杰出的哲学家丹尼尔·丹尼特（Daniel Dennett）采纳了模因的观点，将其作为他的心理理论的基石，正如他的两本著作《意识的解释》和《达尔文的危险思想》中所阐述的那样。

模因可以纵向传播世代沿袭，也可以像导致流行病的病毒一样横向传播。事实上，当我们衡量"memetic""docudrama"或"studmuffin"等词在互联网上的传播时，我们研究的基本上就是横向传播。一些在学校里的孩子们中流行的小玩意儿就提供了特别典型的例子。在我大概九岁的时候，父亲教我用一张正方形的纸折出一只中国帆船。这真是"人工胚胎学"一个了不起的成就，它需要经过一系列不同的中间阶段：由两个船体构成的双体船、带门的橱柜、镶框的一幅画，最后就完成了整只帆船，完全可以在海上航行——或者至少在浴缸里航行。它有很深的船舱，两个平坦的甲板，每个甲板上各装一个非常大的方形帆。故事的重点是，我回到学校，把这项技能传给了我的朋友们，然后它就在学校里以麻疹一样的速度传播开来，几乎和流行病传播的时间进程一模一样。我不知道这种潮流后来是否蔓延到了其他学校（寄宿学校在某种程度上是一个孤立的模因池，一个死水潭）。但我知道，25年前的同一所学校里，在一场几乎相同的"流行"中，我父亲本人就"感染"上了"中国帆船模因"。最早的时候这门手艺来自学校的一位舍监老太太。老太太走后很久，我又把她的模因介绍给了一群新的小男孩。

在讨论中国帆船之前，让我用它再说明一点。对模因/基因类比的一个最流行的反对意见是，模因——如果它们存在的话——传播的保真度太低，在任何实际的自然选择过程中，它们都无法扮演基因的角色。人们认为高保真的基因和低保真的模因之间的区别源于基因是数字化的，而模因不是。我敢肯定,当我模仿我的学生模仿的她的父母所模仿的维特根斯坦时,维特根斯坦的特殊怪癖的细节远没有如实地再现。动作的形式和时机毫无疑问会在几代人的时间里发生变化,就像儿时玩的中国传声筒游戏(美国人称之为电话游戏)一样。

假设我们召集了一排孩子。把一幅中国帆船画(比如说)拿给第一个孩子看,让他看完之后画出来。然后把这个孩子画的帆船(而不是原始的帆船画)传给第二个孩子看,让她自己照着画一幅。第二个孩子的图画被展示给第三个孩子,第三个孩子又画了一遍,如此传递下去,直到第二十个孩子,他的图画被展示给每个人,并与第一个孩子的作品比较。即使不做实验,我们也知道结果会怎样。第二十幅画将与第一幅画大不相同,以致无法被认为是对同一幅作品的临摹。据推测,如果我们把这些图画按顺序排列,我们就会注意到每一幅画与它的上一幅画和下一幅画之间都有一些相似之处,但这里面的突变率是如此之高,"几代"之后所有的相似性都会被破坏掉。当我们从这一系列图画的一端走到另一端的时候,我们就可以看到一种变化的趋势,而这个趋势的方向就是退化。进化遗传学家早就认识到,除非突变率很低,否则自然选择是行不通的。事实上,克服保真度障碍的问题最初被描述为"生命起源的第 22 条军规"。达尔文主义依赖于高保真度的基因复制。那么,在任何类达尔文主义的发展过程中,模因如何以其明显令人沮丧的不忠实性充当类似基因的角色呢?

事实上,它并不总是像你所想的那样令人沮丧,而且,正如苏珊·布莱克摩尔所主张的那样,高保真度并不一定等同于数字化。假设我们再次设置我们的中国传声筒游戏,也是画中国帆船,但这次有一个关键的区别。我们不是让第一个孩子复制一幅帆船的图画,而是通过示范教她做一个帆船的折纸模型。当她掌握了这项技能,并制作了自己的帆船,第一个孩子就被要求转向第二个孩子,教他如何制作。因此,这项技能"代代相传",直到第二十个孩子。这个实验的结果会是什么呢?第二十个孩子会做出什么来呢?如果我们把这二十个孩子的作品按顺序放在地上,我们又会看到什么呢?我还没有做过这个实验,但假设我们在由二十名儿童所组成的不同组中进行多次实验,那么我有信心做出以下的预测:在多次实验中,序列中的某个孩子有时会忘记前一个孩子教给他的一些关键的步骤,这条表现型的线将遭受突然巨变,然后这一错误可能会被复制到最后,或直到另一个随机突变的发生。某些经过突变的传承线的最终结果是一些与中国帆船毫无相似之处的折纸作品。但是,在大量的实验中,这一技能终将正确地沿着这条线传递下去,平均而言,第二十只帆船不会比第一只帆船差,也不会比第一只帆船好。如果我们把这二十只帆船按顺序排列,有些会比其他的更完美,但缺陷不会沿着这条线一直传递下去。如果第五个孩子笨手笨脚,做出了一只歪歪扭扭的、不对称的或松松垮垮的帆船,而第六个孩子碰巧更心灵手巧,那么第五个孩子在数量精确性上的错误将得到纠正。这二十艘帆船不会像我们第一次实验的二十幅画那样,毫无疑问地呈现出一种越来越糟糕的状态。

为什么?以上这两个实验的关键区别是什么?真相就是:绘图实验中的继承是拉马克式的(布莱克摩尔称之为"复制产品")。而在折纸实验中,继承是魏斯曼式的(布莱克摩尔称之为"复制指令")。在绘图实验中,每一代的表现型也是基因型——它是会传递给下一代的。在折纸实验中,传递给下一代的不是折纸的表现型,而是一套制作的指令。在指令执行过程中产生的缺陷只会产生有缺陷的帆船(表现型),但是它们不会传递给下一代:它们是非模因式的传播过程。以下是制作中国帆船的"魏斯曼式模因"系列的前五条指令:

1. 拿一张正方形的纸,把四个角都准确地对折到中间。
2. 拿这样折成的小正方形,把一条边折到中间。

3. 对称地将对边折向中间。

4. 用同样的方法，拿着这样形成的长方形，把它的另外两端也以同样方式对折到中间。

5. 拿一个这样形成的小正方形，把它向后折，正好沿着上一步中折线的交汇点折叠。

……

以此类推，我们可以通过二十到三十个这样的指令来完成整只帆船的制作。这些指令，虽然我不希望称它们为数字化的，但它们可能是非常高保真的，就好像它们是数字化的一样。这是因为它们都涉及"理念化任务"，比如"把四个角都准确地对折到中间"。如果纸不完全是正方形的，或者如果一个孩子折得不好，例如，第三个角超过了中间部分，而第四角则没到中间部分，那么就会折出来一只不那么好看的帆船。但是排在后面的孩子不会延续这个错误，因为她会认为她的指令是要把所有的四个角都折到一个正方形的正中央。这些指令具有自我规范的功能。代码能够纠正错误。柏拉图会对这一点感到欢喜：被传递下去的是帆船的理念本质，而每一只实际折出来的帆船都是一种不完美的近似。

经由言语得到加强，指令会更有效地传递，但它们也可以单独通过演示来传递。一个日本小孩可以教一个英国小孩，尽管他们都不会说对方的语言。同样，一个日本木匠师傅可以把他的技艺传授给一个只会讲英语的英国学徒。学徒不会照搬明显的错误。如果师傅用锤子敲中了自己的拇指，徒弟即使听不懂日语中的脏话，也能猜出师傅的本意是要敲中钉子。他不会以拉马克式的方式去精确复制每一锤击的细节，而是会复制反向推断出来的魏斯曼式指令：用你手臂的力量挥动锤子去敲击钉子，直到达到和师傅一样的理想效果——让钉子头紧紧地贴在木头上。

我认为，这些考量大大减少了，甚至可能完全消除了模因复制保真度不够高、无法与基因进行比较的异议。对我来说，语言、宗教和传统习俗的类基因遗传，给了我们同样的启示。另一个反对的观点和第一个观点一样，在苏珊·布莱克摩尔关于"模因的三个问题"的富有启发性的章节中被讨论过，那就是我们不知道模因是由什么构成的，也不知道它们存在于哪里。模因还没有找到它们的沃森和克里克；它们甚至没有孟德尔。我们已经发现基因在染色体上的精确位置，而模因可能存在于大脑，但是相比于看到一个基因，看见一个模因的机会要小得多。虽然在布莱克摩尔引用的一篇文章中，神经生物学家胡安·戴留斯（Juan Delius）描绘了他所构想的模因可能的样子。和基因一样，我们通过群体的表现型来追踪模因。中国帆船模因的"表现型"是用纸做成的。除了"延伸的表现型"，如海狸水坝和石蚕幼虫的房子，基因的表现型通常是活体的一部分，而模因表现型则很少是。

但这也是可能的。让我们再次回到我以前的学校，假如一个火星人遗传学家在早晨的冷水浴仪式期间到访学校，会毫不犹豫地诊断出一种"明显的"遗传多态性现象。大约50%的男孩接受了割礼，而50%的男孩没有。顺便说一句，男孩们高度意识到这种多态性，并自觉分成圆颅党和骑士党（我最近了解到，在另一所学校里，男孩们甚至按照同样的思路组织成了两支足球队）。当然，这其实并不是遗传多态性，而是"模因多态性"。但火星人的错误是完全可以理解的，因为这种形态上的不连续性与人们通常认为由基因产生的那种形态差异并无二致。

在当时的英国，婴儿包皮环切术是一种医学上的奇想，而我们学校的"圆颅党/骑士党多态性"可能更多地是由于我们出生的各个医院所流行的做法不同，而不是纵向传播导致的——这又是一种横向的模因传播。但是纵观历史，割礼一直是作为一种宗教信仰的标志而纵向传播的（我要赶紧指出这里的宗教指的是父母的宗教，因为不幸的孩子通常还太小，并没有自己的宗教主张)。在割礼被当作一种宗教标志或传统习俗的地方（女性割礼的野蛮习俗一直是），传播将遵循纵向遗传的模式，非常类似于真正的基因传播模式，往往会持续许多代。我们的火星遗传学家必须相当努力地工作，才能发现"圆颅党表现型"的形成过程中并没有基因的参与。

火星遗传学家一想到某些服装和发型的样式及其遗传模式，他们的眼睛也会一下子突出来（假设它们一开始并没有突出来）。"戴黑色圆顶帽"这一表现型（犹太教）呈现出明显的父子纵向传播倾向（或可能从外祖父到外孙），并与更罕见的"鬓角编成小辫子"表现型有明显的联系。行为表现型，如"跪在十字架前"（基督教），或"每天五次礼拜"（伊斯兰教），也是通过纵向传播继承的，彼此之间独立不均衡发展，也与前面提到的表现型（犹太教）无甚关联，而"前额点一颗朱砂，穿藏红色长袍并且剃光头"这一行为表现型（佛教）亦是如此。

基因被精确地复制并从一个人传到另一个人，但有些基因的传播频率比其他的高——根据定义，它们更成功。这就是自然选择，它解释了生命中大多数有趣和非凡的地方。但是有没有类似的基于模因的自然选择呢？或许我们可以再次利用互联网来研究模因之间的自然选择？凑巧的是，在"meme"这个词被创造出来的时候（实际上是稍晚一点的时候），一个与之竞争的同义词"culturgen"（即"文化基因"）被提了出来。今天，culturgen 在互联网上被提到 20 次，而 memetic 是 5042 次。此外，在这 20 次中，有 17 次提到了这个词的来源，违反了《牛津英语词典》的标准。也许我们不难想象在这两个模因（或者叫文化基因）之间产生过的达尔文式的斗争，也不难理解为什么其中一个会如此成功。或许是因为 meme 类似 gene，都是单音节词，从而有助于利用它去编造出一些"类基因"的二级词汇：meme pool（即"模因池"）(352)，memotype（即"模因型"）

(58)、memeticist（即"模因学家"）(163)、memeoid（或 memoid，即"类模因"）(28)、retromeme（即"逆模因"）(14)、population memetics（即"群体模因学"）(41)、meme complex（即"模因复合体"）(494)、memetic engineering（即"模因工程"）(302) 和 metameme（即"元模因"）(71) 都在"模因词典"（Memetic Lexicon）中列出，该词典的网址是 http://www.luxifer.com/virus/memlex.html meme（括号里的数字代表我在网上取样当日对每个词汇搜索的计数结果）。基于 culturgen 的等价物会更明显，但不那么流行。或者，meme 对抗 culturgen 的成功最初可能只是一种非达尔文式的偶然——模因漂变（memetic drift）(85)——随后是一种自我强化的正反馈效应（"凡有的，还要加倍给他叫他多余；没有的，连他所有的也要夺过来。"——《马太福音》25 章 29 节）。

我提到了两个主要的反对模因思想的理由：模因没有足够的复制保真度，以及没有人真正知道模因在物理上是什么样的。第三个问题是一个争论不休的话题，即一个单位有多大才能被称为"模因"。整个罗马天主教会是一个模因，还是我们应该用这个词来表示某一构成元素，比如焚香或圣餐的观念？或者是介于两者之间的事物？苏珊·布莱克摩尔对这样的问题给予了应有的重视，但她非常正确地聚焦于一个更有建设性的方式，即发展出具有积极解释力的"模因复合体"（memeplex）的概念——这是她所偏爱使用的"相互适应的模因复合体"（coadapted meme complex）概念的缩写，如果这个概念不能随着她这本书的出版而流行起来，获得一种达尔文主义的胜利，那我一定会感到很惊讶。

模因和基因一样，是在模因池中与其他模因相互竞争的背景下被选择的。其结果是，在个体大脑中发现了一群相互兼容的模因——"相互适应的模因复合体"或直接叫"模因复合体"。这并不是因为选择的过程促使它们成为一个群体，而是因为在群体所处的环境中，当群体中的某些成员获得了生存优势、占据了主导地位时，连带着这个群体中的每一个成员都会一人得道而鸡犬升天。关于基因选择，也可以得出类似的结论。基因库中的每一个基因都构成了该基因库中其他基因接受自然选择时背景环境的一个组成部分，所以，自然选择青睐那些能够"合作"构建出高度整合与统一的机器（即生物体）的基因，也就不足为奇了。在这个问题上，生物学家很快就被分成了两个阵营，第一类认为这里面的逻辑像日光一般清晰明了，第二类（甚至包括一些非常著名的生物学家）却怎么都不能理解，他们只是单纯地强调基因之间明显的合作性与生物体的统一性，因而看起来他们似乎在某种程度上反对以"自私的基因"的观点来看待进化。苏珊·布莱克摩尔不仅理解了这一点，还以不同寻常的清晰方式解释了这件事，并以同样清晰和有力的方式将这一启示应用到模因上。通过与相互适应的基因复合体的类比，我们也可以知晓，在互为背景下被选择的模因，也会在相互支持的模因复合体中进行"合作"——在模因复合体内部相互支持，但对外部的竞争对手充满敌意。宗教可能是最具有说服力的模因复合体的例子，但它们绝不是唯一的例子。与以往一样，苏珊·布莱克摩尔对这个问题的处理方式既令人兴奋又发人深省。

我相信已有充分的理由说明模因和基因之间的类比是有说服力的，对它的主要反对意见都可以得到很好的应对。但是这个类比有用吗？它能给我们带来强大的新理论，解释所有重要的问题吗？这就是苏珊·布莱克摩尔真正发挥自己作用的地方。她用一些吸引人的片段激发出了我们的好奇心，并让我们一步一步熟悉了模因的推理方式。为什么我们总是喋喋不休？为什么我们不能停止思考？为什么愚蠢的曲调在我们耳边嗡嗡作响，折磨得我们睡不着觉？每一次她都以同样的方式开始回答："想象一个充满了大脑的世界，而模因的数量又远远超过可以寄居的数量。哪些模因更有可能找到一个宿主寄居并让自己得到传播？"答案很容易就能回答出来，而我们对自己的了解也更丰富了。她带着耐心和技巧继续前进，用同样的方法解决更深刻、更棘手的问题：语言到底是用来干什么的？是什么产生了两性吸引？为什么我们要对彼此友善？模因是否推动了人类大脑快速而独特的进化扩张，使得脑容量急剧增加？苏珊·布莱克摩尔在她作为心理学家和超自然现象（迷信和濒死体验）审慎的调查者的学术生涯中获得了大量专业知识，而在本书中，她向我们展示了模因理论如何向她学术生涯中所遇到的团团迷雾投进一束光，让她看清了一切。

最后，她表现出了比我所期望的更大的勇气和智慧上的果敢，运用模因理论的威力，勇敢地——在你读过此书之前不要认为它是鲁莽的——向所有最深刻的问题发起挑战：什么是自我？"我"又是什么？"我"在哪儿？（丹尼尔·丹尼特早在成为所有模因理论家的哲学导师之前就提出了这些著名的问题）。那么意识、创造力和远见呢？

我偶尔会被人指责在模因问题上走了回头路；被指责已经丧失了信心，退缩了，立场不再坚定了。事实上，我最初的想法比一些模因学者——也许包括布莱克摩尔博士——所希望的要保守得多。对我来说，模因最初的使命是消极的。这个词是在一本书的末尾出现的，如果它没有出现，那么这本书看起来就像是完全致力于赞美自私的基因是进化的全部和终结，是选择的基本单位，是生命层次中一切适应性行为最终的受益实体。我的读者可能会误解这条模因的信息必定是与DNA分子意义上的基因有关的。恰恰相反，DNA绝非必然。自然选择的真正单位是任何一种复制子，任何能够进行复制的单位，它们偶尔会出点差池，而且对自身的复制概率具有一定的影响力。新达尔文主义认为基因的自然选择乃是这个星球上进化的唯一动力，但我认为，它只是我称之为"普遍的达尔文主义"的更具一般性的过程中的一个特例而已。也许我们得去其他星球才能发现其他的例子。但也许我们不必走得那么远。难道一种新的达尔文主义意义上的复制子现在就在我们眼前？这就是模因的由来。

序　言

那么，如果模因的存在能够说服我的读者，让他们相信基因只是一个特例：它在普遍达尔文主义中扮演的角色可以由宇宙中任何符合复制子定义的实体来填补，那么我就心满意足了。这就是为什么我认为当我最初提出模因概念的时候，我的目的是消极的，是为了削弱自私的基因的权力。当有越来越多的读者积极地看待模因，把它当作解释人类文化的一种独特理论时，我确实感到有点吃惊——人们要么批评它（鉴于我最初保守的意图，这是不公平的），或者把它加以延伸，远远超出了当时我所认为合理的限制。这就是为什么我看起来似乎要改弦易辙了。

但我始终对一种可能性持有开放的态度，即模因有一天可能会发展成为人类心智的一种适当假设，我不知道这样的论点是否过于大胆。任何新理论都应该有机会展示自己，而苏珊·布莱克摩尔给了模因理论最好的机会。我不知道她是否会被人认为在这项事业中野心太大，如果我不知道她具备一个斗士所拥有的令人敬畏的品质，我甚至会为她担心。她是一个令人敬畏的人，也很固执，但同时她的风格却是轻松而充满风度的。她的论点破坏了我们对个人同一性和人格最珍视的幻想（正如你们会看到的那样），但她给人的印象恰好是你希望去了解的那种人。作为一名读者，我很感激她在模因工程这一艰巨的任务中所表现出的勇气、奉献精神和技巧，我真的很高兴向大家推荐她的书。

理查德·道金斯
（Riohard Dawkins）

前　言

这本书的面世是由于一场大病。1995年9月，我感染了一种严重的病毒，我试图继续努力工作，但最后不得不放弃，卧床休息。我在床上躺了好几个月，走不了几步路，只能说几分钟的话，不能使用电脑——事实上除了阅读和思考，我什么也做不了。

在这段时间里，我开始读那堆"本周必读的重要书籍"，它们一直在压迫着我。其中之一是丹尼特的新书《达尔文的危险思想》。大约在同一时间，我的一位博士生尼克·罗斯（Nick Rose）写了一篇关于"模因和意识"的文章。不知怎的，我被这个关于模因的模因吸引了。我多年前读过道金斯的《自私的基因》，但我想，他对模因这个概念不屑一顾，认为它不过是一种小小的乐趣。突然，我意识到这是一个强大的思想，能够改变我们对人类心智的理解——而我之前甚至都没有注意到它。然后我读了所有我能找到的关于模因的东西。因为生病，我不得不拒绝所有的演讲、电视节目、会议或撰写论文的邀请，所以我可以全身心地投入模因的研究中去。

在这几个月里，特别是1996年1月至3月间，我躺在床上时，构思了这本书中的大部分思想。随着病情逐渐好转，我开始做大量的笔记。在我第一次生病的两年后，我又可以工作了，我决定继续对所有的邀请说不，把时间和精力都投入这本书的写作中。

我要感谢疾病使这一切成为可能，感谢我的孩子艾米莉和乔里恩一点都不介意他们的母亲不中用地一直躺在床上。我要感谢我的合作伙伴亚当哈特－戴维斯（Adam Hart-Davis），感谢他不仅在我生病的时候照顾我，还鼓励我以各种可能的方式去热爱模因，并把"这本书"放在第一位。

丹尼尔·丹尼特是第一个得知我的想法的人，我很感谢他的"伯父般的建议"。有几个人读了这本书的全部或部分初稿，帮了大忙。他们是理查德·道金斯、丹尼尔·丹尼特、德雷克·加德拉（Derek Gatherer）、亚当·哈特－戴维斯、尤安·麦克费尔（Euan MacPhail）、尼克·罗斯以及我的编辑麦克尔·罗杰斯（Michael Rodgers），他们给了我很多合理的建议和鼓励。海伦娜·克罗宁（Helena Cronin）邀请我做关于模因的演讲，并让我接触了许多有见地的评论家，这对我帮助很大。最后，我要感谢 Perrott-Warwick 基金会在第 14 章提到的对睡眠麻痹和超自然现象的研究中所提供的财政支持。如果没有这些帮助，这些特殊的模因就无法汇聚在一起，构成当前的这本书。

于布里斯托尔
1998 年 10 月

目 录
Contents

序言
前言

第 1 章
奇怪的生物
// 001

是什么让我们与众不同？ // 003
模仿和模因 // 005
模因之惧 // 010

第 2 章
普遍的达尔文主义
// 013

进化算法 // 014
作为复制子的模因 // 018
模因不是基因 // 021
复制我！ // 023

第 3 章
文化的进化
// 031

以模因看发明 // 033
谁的利益？ // 038
社会生物学和被控制的文化 // 042

第 4 章
模因之眼看世界
// 048

为何我们不能停止思考？ // 050
不是所有东西都是模因 // 055
模仿、传染和社会学习 // 060

目录

第 5 章
模因三问
// 068

模因的基本单位无法确定 // 068
我们无法知道复制与存储模因的机制 // 072
模因进化是"拉马克式"的 // 075
术语 // 080

第 6 章
硕大的脑袋
// 086

人类大脑的起源 // 086
关于人类大脑进化的理论 // 093
模因是否影响了脑容量？// 095

第 7 章
语言的起源
// 104

我们为什么喋喋不休？// 105
语言的进化 // 110

第 8 章
模因－基因协同进化
// 117

语言的功能是什么 // 117
语言传播模因 // 124

第 9 章
社会生物学的局限性
// 135

基因－基因交互作用 // 136
模因－基因交互作用 // 138
推翻标准社会科学模型 // 139
模因驱动和丹尼特塔 // 144

第 10 章
"高潮救了我的命"
// 150

性和社会生物学 // 151
爱情，美貌和亲代投资 // 154
模因与择偶 // 160

第 11 章
现代世界里的性
// 164

独身 // 171
节育 // 173
收养 // 176

第 12 章
利他主义的模因理论
// 181

为基因服务的利他主义 // 181
人类利他主义的古怪之处 // 187
为模因服务的利他主义 // 190
模因与基因 // 195

第 13 章
利他主义的伎俩
// 199

利他主义传播 // 201
看起来像利他主义 // 203
模因复合体与利他主义伎俩 // 207
债务、亏欠和互换 // 210

第 14 章
新时代的模因
// 214

外星人绑架事件是一个模因复合体 // 215
死亡和真相伎俩 // 219
占卜与算命 // 223
兜售健康 // 226

第 15 章
作为模因复合体的宗教
// 229

宗教和基因的协同进化 // 238
群体选择 // 241
科学与宗教 // 246

第 16 章
进入互联网
// 248

书写 // 250

交流 // 255

从复制产品到复制指令 // 258

陷入网中 // 261

第 17 章
终极模因复合体
// 265

我是什么？// 265

我在哪里？// 269

我做什么？// 273

自我的功能 // 276

自我复合体 // 279

第 18 章
超越模因竞赛
// 284

自由意志 // 286

意识 // 287

创造力 // 289

人类的远见 // 290

最终的反抗 // 291

参考文献 // 299

索引 // 313

第 1 章 奇怪的生物

我们人类真是奇怪的生物。毫无疑问，我们的身体就像其他动物一样，乃是通过自然选择演化而来的。然而，我们却在很多方面和其他生物截然不同。首先我们会讲话。我们相信自己是地球上最有智慧的物种。人类遍布地球各地并且用极其多样的方式谋生。我们发动战争、信仰宗教、埋葬死者并且羞于谈论性事。我们会看电视、开汽车、吃冰淇淋。我们对地球的生态系统具有如此灾难性的影响，似乎要把人类赖以生存的一切都推向毁灭的危险边缘。作为人类的一分子，我们很难用不带偏见的眼光看待自身。

一方面，我们显然和其他动物没什么太大的区别。人类有肺、心脏以及大脑，这些器官又由细胞组成；我们吃饭、呼吸并且繁衍后代。达尔文的生物进化论可以很好地解释包括人类在内的一切生物如何变成今天这个样子，以及我们为何会有如此之多相似的特征。而另一方面，我们又和其他动物有着天壤之别。既然生物学能够如此完美地解释我们和其他生物的相似性，我们需要提出相反的问题。是什么使我们如此与众不同？是人类卓越的智能、意识、语言，还是其他？

一个司空见惯的答案就是我们的智力远高于其他物种。然而，我们对智力的看法却总是难有定论。智力的定义是什么？智力该如何测量？在多大程度上智力是遗传的？关于这些问题，人们一直争论不休。有些人自以为了解人类智能的独特性所在，但是关于人工智能（AI）的研究却着实让他们吃了一惊。

在人工智能研究的早期，研究者认为，假如他们能够教一台电脑下象棋，他们就算是再造了人类智能的一种最高级的形式。那时候，人们根本无法想象能够教会一台电脑下象棋，更别说打败象棋大师了。然而今天，大多数的家用电脑都安装了具有一定水准的象棋程序，而在1997年，电脑程序"深蓝"更是击败了世界冠军加里·卡斯帕罗夫（Garry Kasparov），终结了人类在这项比赛中的绝对优势。电脑下象棋的方式可能跟人类不尽相同，但是它们的成功却让我们知道，我们对智能的想法是多么的错误。很显然，我们所认为的人类最特别的能力可能并没有我们想象的那么独特。

恰恰相反，这种独特性却表现在那些看起来"没那么智能"的事情上面，比如打扫房间、给花园松土，或者是泡一杯茶。人工智能研究者们屡次想要让机器人实现上述功能，却总是以失败收场。因为我们所面临的第一个问题就是，上述任务的实现都需要以视觉为基础。有个流传很广的故事（虽然很可疑）：MIT（麻省理工学院）的马文·明斯基（Marvin Minsky）每年都会给他的研究生布置一个视觉问题作为暑期专题研究。然而几十年过去了，计算机视觉的问题仍然只是个——问题。我们人类可以如此轻而易举地看见东西，以至于我们根本不曾想过这个过程有多么复杂。并且无论在何种情况下，这种智能都无法将我们同其他动物区别开来，因为它们也能看见。

如果智力不能提供简单的答案，那么意识也许可以。很多人认为意识是独特的，是人之为人之所在。然而，科学家们甚至无法定义"意识"这个词。每个人都知道自己的意识是什么样子，但却不能将其分享给他人。这个令人烦恼的事实——意识的主观性——可以解释为什么在近一个世纪以来的大部分时间里关于意识的话题或多或少被排除在科学讨论之外。现在对意识的研究终于又开始流行起来,但科学家和哲学家甚至不能就意识可能是什么样子达成共识。有些人认为关于主观性的"疑难杂症"与其他的科学难题完全不同,因而需要一种全新的解决办法。而另一些人则相信,当我们完全理解了大脑的功能和表现,那么关于意识的问题就将不复存在。

有些人相信一种超然于物质大脑之上的灵魂或者精神的存在,认为这才是人类独特性之所在。随着宗教信仰的衰落,越来越少的人能够在理智上接受这样一种观点。但是,我们中的大多数人仍然觉得有一个意识的"我"存在于各自的大脑之中;这个"我"在那里观察世界,做出决定,指挥行动,并为一切的一切负责。

我们将在后面看到,这种观点是错误的。不管大脑在做什么,它似乎并不需要一个额外的、神奇的"我"的帮助。大脑的各个部分独立地执行着各种各样的任务,而且无数不同的事情是同时进行的。我们可能觉得大脑中好像有个中心所在,在那里接收汇聚而来的各种感觉信息并做出决策。然而这样一个地方并不存在。很明显,我们对意识自我的普遍看法是有误的。基于这样一个含混不清的观点,我们并不能确定地说其他动物就一定没有意识,因而也就不能说意识是人类独特性之所在。那么到底什么可以呢?

是什么让我们与众不同?

本书所提出的核心观点是:模仿能力才是人类的独特性之所在。

我们生来就会模仿。你是否曾经对着一个婴儿眨眼、挥手、发出"咕咕"声，或者是微笑？然后呢？这时候，他们通常也会对你眨眼、挥手，你笑他也笑。模仿对我们来说是如此轻而易举，即使是刚出生的婴儿。我们总是在互相模仿。就像你看见的一样，它是如此轻而易举，以至于我们几乎不去想它。我们当然不认为它是什么非常巧妙的东西。然而，正如我们将看到的，它的确很巧妙。

自然，其他动物并不是生来就会模仿。朝你家的小狗或者小猫眨眼、挥手或是微笑试试？它们可能会呜呜两声，摇摇尾巴，抖抖身体，或者干脆走开，但是你可以十分确定它不会模仿你。你可以通过强化学习的方式来教会一只猫、一只老鼠娴熟地乞讨食物，但你（当然也不可能是另一只猫或者老鼠）不能通过亲身示范的方式来教会它。多年来对动物模仿行为的详细研究已经证明动物的模仿是极其罕见的（我们将在第 4 章再回到这个话题）。虽然我们可能认为母猫会教小猫们打猎、理毛，或者从猫洞进出，但是它们并不是通过示范与模仿的方式来实现的。鸟类的父母"教"它们的宝宝飞行的时候，更多地是把它们推出巢外，让它们有机会尝试一下，而不是通过展示所需的技能让它们去模仿。

动物模仿人类行为的故事总是特别吸引人，宠物主人们自然钟爱这样的传说。我在网上读到过一个故事，说是一只猫学会了怎么冲马桶，并且很快把这种伎俩教给了另一只猫。现在，这两只猫又携手把水池里的水给冲掉了。一则更可信的轶事是罗格斯大学的心理学家戴安娜·里斯（Diana Reiss）分享的。她和宽吻海豚打交道，这些海豚被认为能够模仿声音以及人类的口哨，也能模仿一些简单的动作（Bauer & Johnson，1994；Reiss & McGowan，1993）。她用鱼作为奖励，用一种"暂停"程序作为惩罚，以此来训练这些海豚。如果这些海豚做错了，她会从水池边走开，等上一分钟，然后再回来。有一次，她扔鱼给一条海豚吃的时候，不小心扔到了它尖尖的背鳍上。这只海豚立马掉头游走,在水池的另一边静静地待了一分钟。

这个故事触动了我。我不禁会想,这只海豚也许是理解这种行为的,具备和我们一样的智能、意识以及行为意图。但问题是我们甚至都无法定义这些事物,又谈何断定海豚具备这些品质因而表现出这种互动行为来吗?我们所能看见的是它很明显是在模仿里斯博士的行为。我们的模仿能力是如此显而易见,我们很少会注意到它在其他动物身上是多么的罕见,并且它们也不像人类一样使用得如此频繁。

也许更能说明问题的是,我们没有用不同的语词来表达各种具有显著差异的不同类型的学习。我们用同样一个"学习"来表达简单的联结或者是"经典条件作用"(几乎所有的动物都能够做到),也用它来表达试误型学习或"操作性条件作用"(很多动物能够做到),抑或是模仿学习(几乎没有什么动物能够做到)。我想证明的是,人类模仿能力的这种便捷性使我们看不到这样一个事实:模仿正是人类的独特性之所在。

模仿和模因

当你在模仿别人的时候,某种东西发生了传递。继而这种"东西"又继续传递下去,最终获得了属于它自己的生命。我们可以把这个东西叫作一个想法、一个指令、一种行为,一条信息……但是,如果我们打算去研究它,我们首先要给它命名。

幸运的是,这里就有一个现成的名字——"模因"。"模因"这个术语最早出现在理查德·道金斯于1976年出版的畅销书《自私的基因》中。在这本书中,作为牛津大学动物学家的道金斯将一个影响日甚的观点普及化，即：从基因竞争的角度我们才能最好地理解进化。在 20 世纪初，生物学家们就很轻松惬意地谈及进化乃是出于"种群的利益"，却没有考虑其背后确切的机制是什么。但是到了 20 世纪 60 年代，人们开始意识到这种观点存在的严重问题（Williams，1966）。比如，某一群有机体都为了群体利益而努力，其中却有一个个体"搭便车"，自己不出力却能轻松依靠占其他个体的便宜而存在。这样，他就能绵延子嗣，而这些子孙后代继续"搭便车"，久而久之，群体的利益就会被侵蚀殆尽。以更加现代的"基因之眼看世界"的观点来说，进化看似被个体利益驱动，或者是被群体利益驱动，但实际上，它乃是被基因之间的竞争所驱动。这种观点提供了一种对进化更加强有力的理解，并最终成为了广为人知的"自私的基因理论"。

我们必须非常明确地知道"自私"在这个理论背景下的含义。它并不意味着某种决定自私品质的基因。这样一种基因会让它的携带者倾向于表现出自私自利的行为，而这与我们所说的大相径庭。"自私"这一术语在这里是指基因只为自己而行动；它们唯一感兴趣的是自身的复制；它们所想要的全部乃是把自身传递给下一代。当然，基因并不真的"想要"，或是像人一样具有目标或者意图之类的东西，它们只是可以被复制的化学指令。所以当我说它们"想要"，或者自私，我只是为了表达上的便捷，从而避免冗长的解释。只要我们记住，基因要么是成功地把自己传递给下一代，要么是不成功，那我们就不会产生什么误解。所以这种便捷的表达"基因想要这样"，总是可以理解成"基因这样做了，就有更高的概率把自己传递下去"。它们所唯一具备的乃是作为复制子的能力。也就是从这个意义上说，基因是自私的。

道金斯还强调"复制子"和它们的"载具"之间存在着重要的区别。一个"复制子"是指任何可以被复制的东西，包括"活性复制子"，其内在属性影响其被再次复制的概率。而一个载具乃是一个与环境发生互动的实体，这就是为什么赫尔（Hull）（1988a）倾向于使用"交互体"来表达相似的意思。载具或者交互体在体内随身携带复制子，保护着它们。据推测，最原始的复制子仅仅只是"原始汤"中的一个自我复制的分子，而现在我们最熟悉的复制子乃是 DNA。它的载具是各种有机体及有机体群体，这些群体活在海里、空中、森林或旷野之地，群体内的成员彼此交流互动。基因乃是自私的复制子，它们驱动地球生物界的进化，但是道金斯认为有更为基本的法则在发生作用。道金斯认为，在宇宙的任何一个地方，无论这个法则出现在何处，"一切生命都是通过复制实体的差异化生存发生进化的"（1976，p.192）。这就是普遍的达尔文主义思想的基础：达尔文主义思维方式的应用范围超越了生物进化的局限。

在那本书的结尾，他还问了一个非常惹眼的，也许还可能引起非议的问题：在我们的星球上是否还存在其他的复制子呢？他声称，答案是"肯定的"。尽管还"非常粗陋地在其文化的原始汤中漂浮着"，但是另一个复制子就摆在我们眼前——一个模仿的基本单元。

我们需要给这个新的复制子起个名字，这个名字要能表达出"文化传递的基本单位或者模仿的基本单位"这样的意思来。"Mimeme"乃是一个希腊语词根，意为模仿，但我想要一个单音节词，听起来就像"gene"（基因）。我希望我的古典学者朋友们不介意我把"Mimeme"简写成"meme"（模因）。

他举例说，模因可以是"一段旋律、一个想法、一句广告词、一件衣服的样式，乃至制作陶器或者建造拱门的方法"。他提到科学思想的传播就是从一个脑袋跳进另一个脑袋。他指出宗教作为一整套模因具有非常高的生存价值，影响整个人类社会，使其相信上帝和来世的存在。他谈到服装和饮食的时尚，谈到仪式、风俗和技术——所以这一切都是通过一个人模仿另一个人传播开来的。模因储存在人的大脑（或者书籍、发明创造等）之中并通过模仿得到传播。

在十来页的篇幅里，道金斯为理解模因的进化奠定了基础。他讨论了模因如何从一个大脑传播到另一个大脑，把它们比作寄生虫感染宿主，将它们当作躯体化了的生命结构一般对待，并展示了它们如何像基因一样聚集成群、互利共存。最重要的是，他把模因当作是一种独立的复制子。他抱怨说，他的许多同事似乎都无法接受这样的观点，即模因可以跳脱基因的利益而为了自身的需要发生传播。"在分析的最后，他们总是要回到'生物上的优势'来回答关于人类行为的问题。"没错，他承认我们是出于生物的（基因的）原因获得大脑的，但是现在我们有了一个新的复制子。"一旦这种新的进化开始，它完全不需要依附于旧有的进化。"（Dawkins 1976，pp. 193–194）换句话说，模因的进化可以独立地运行，而无须考虑它对基因的影响。

如果道金斯是对的，那么人类的生活就是被模因层层渗透的，处处受其影响。所有你从别人那里通过模仿习得的东西都是模因。但是我们必须清楚什么是"模仿"，因为我们对模因学的理解完全依赖于此。道金斯说模因会"从一个大脑跳到另一个大脑，这个过程，从广义上说，就叫作模仿"（1976，p. 192）。我也打算从广义的角度使用"模仿"。所以比方说，一个朋友给你讲了一个故事，你记住了梗概，然后把它讲给另一个人听，这就应该算是模仿。你并非精确地模仿你的朋友的每一个动作和每一个词，但是你从朋友那里确实复制了某些东西（故事的梗概）并将它传给了下一个人。这就是从"广义上"我们所必须理解的模仿。如果有疑问，只要记住某些东西确实被复制了就行。

任何东西只要是以模仿的方式从一个人传递到另一个人，那它就是模因。它包括了你词汇库里的每一个词汇，你知道的每一个故事，你从别人那里学来的技巧和习惯,以及你所玩的每一个游戏。它包括了你所唱的每一首歌以及你所遵循的每一条规则。所以,比如说,无论何时你沿着右道开车(或是左道!),吃着啤酒配咖喱或是可乐配披萨,哼着电视剧的主题曲,甚至是握手,你都是在跟模因打交道。每一个模因都以独特的方式进化,形成自己的历史,但是它们都要借助你的行为来让自己得到复制。

比如说生日歌。全世界成百上千万人——甚至是数亿人——都会唱这首歌。事实上,我只要写下"生日歌"这三个字,你可能就已经情不自禁地开始哼唱了。这几个字对你产生了魔力,很可能根本不需要你有意识地参与,而只需要刺激你记忆中早已存在的旋律。而这旋律又来自哪里呢?来自模仿,一如所有其他人。某种东西,某种信息以及指令已经植入了所有人的头脑中,这样每个人都会在生日的时候做同样的事情。这种东西就是我们所说的模因。

模因不加区分地传播开来,而不考虑这种传播对我们是有益的、中性的还是有害的。一个美妙的科学思想,一个技术上的发明,可能会因为它对人类有用而得到传播。而一首《铃儿响叮当》会被传播可能仅仅是因为它听起来很顺耳,能够"抓住你的神经",虽然它并没有什么严肃意义上的用处。但是有些模因却是非常有害的——比如强制要求转发的连环信息、传销、新的诈骗术、错误的教条、无效的减肥方法以及所谓的"民间配方"。当然,模因并不在乎这些,它跟基因一样是自私的,只要可以就会尽力传播。

我们针对基因所使用的那种便捷性的表达方式同样适用于模因。我们可以说模因是"自私的",它们"不在乎",它们"想要"传播自己,如此等等。而我们所想要表达的全部乃是成功的模因让自己得到复制,而不成功的模因没能做到这点。在这个意义上,我们说模因"想要"被复制,"想要"你帮它们传递下去,而不在乎这对你和你的基因是好是坏。

这就是模因思想背后所蕴含的力量。若要以模因的思维方式来考虑问题，我们就必须在思想上做出巨大的跨越，就像生物学要接受自私的基因这一观念时所需要做的一样。我们必须把它们看成自主运行的自私的模因，只为了自己能被复制而发挥作用，而不是我们人为创造出来、为我们服务的产物。我们人类由于具备模仿能力而成为模因四处散播的躯体化的"宿主"。"模因之眼看世界"，世界就是这个样子的。

模因之惧

这确实是一个可怕的想法。也许这就是为什么"模因"这个词在使用的时候常常要加引号，好像作者在用它的时候于心有愧。我甚至见过杰出的演讲者在大声说出"模因"两个字的时候直接用双手在头上比出一个大大的引号。渐渐地，这个词被越来越多的人所熟知，甚至被收录进了《牛津英语词典》。现在网络上还出现了模因讨论小组以及一本《模因学杂志》，形成了一股模因热。但在学术界就不是么一回事了。在仔细阅读了最近出版的有关人类起源、语言进化和进化心理学方面的最好的书籍之后，我发现这个词在其中鲜少出现（"模因"这个词并没有出现在以下这些书的索引中：Barkow et al., 1992; Diamond, 1997; Dunbar, 1996; Mithen, 1996; Pinker, 1994; Ridley, 1996; Tudge, 1995; Wills, 1993; Wright, 1994）。模因这个概念应该说和这些学科是非常相关的，而我想说：是时候接纳模因，把它当作在人类生活和进化中发挥作用的第二个复制子了。

模因的观念难以被普遍认可的一个问题是它撼动了我们关于自身的一些最基本的假定：我们是谁，我们因何而存在。这种情况在科学领域屡见不鲜。在哥白尼和伽利略之前，人们认为我们生活在宇宙的中心，这个世界乃是上帝专门为了人类而创造的。渐渐地，我们不仅必须接受太阳不绕着地球转这一点，而且必须接受另一个残酷的事实，即我们生活在宇宙中无数星系中的一个普通星系上的一颗小得不能再小的星球上。

140年前，达尔文的自然选择进化论提供了关于人类起源的第一个可信的科学解释。人类对自身起源的看法从《圣经》里的上帝造人的故事转变成了人类不过是一种由一个类人猿祖先演化而来的动物的事实——这是一次跨度巨大的飞越，但也招致了许多对达尔文的激烈反对和嘲讽。尽管如此，我们最终都接纳并复制了这种思想上的飞越，接受了我们都是由动物演化而来的这一事实。然而，如果模因学是对的，我们必须在思想上做出另一次巨大的飞越，接受这一相似的进化机制，它塑造了人类的心灵和自我。

最后，我们如何来判断模因理论是否有价值呢？尽管在如何界定一个科学理论是否有价值的问题上，科学哲学家们争论不休，但是有两个标准至少是得到公认的，我将以此作为评判模因学价值的依据。第一点，这个理论必须能比竞争的理论更好地解释相关事物，更加经济或者说更好理解。第二点，它必须得出可检验的预测并最终被证实是正确的。理想情况下，这些预测应该是人们意想不到的——也就说是，如果不是基于模因理论的推测，人们凭常识是无法获得的。

我的目标是在这本书中向大家证明，关于人类本性的许多方面，模因理论比现有的任何竞争理论都能够解释得更好。这个理论始于这样一个简单的机制——模因之间相互竞争，以求进入人类的大脑并得到传递。从这一点出发，它给出了对多种多样的现象的解释，比如人类大脑的进化、语言的起源、人类喋喋不休以及过分热衷于思考的倾向、利他主义，以及互联网的进化等。从模因这个新的视角看去，人类不再是我们所熟悉的样子。

这种新的理论是否更好？对我来说显然是的，但是我也预料到会有很多反对的声音。这就是为什么需要给出预测。我将尽可能清楚地给出预测，并说明它们是如何基于模因理论推出的。我可能会做出推测，有时候这种推测可能会非常大胆，超出证据所允许的范围，但是只要这种推测是可检验的，那它就是有用的。最后，这些预测到底是成功还是失败将会决定模因是否称得上一个新的大一统理论，让我们更好地理解人性，丕是仅仅只是一个毫无意义的隐喻辞藻。

第 2 章　普遍的达尔文主义

在我看来，达尔文的自然选择进化论乃是一切科学理论中最美妙的。它之所以美妙乃是因为这个理论如此简洁，而其成果又是如此丰富多样。它与我们的直觉相悖因而难以把握，但是只要你理解了它，世界在你眼中将是另一个模样。我们将不再需要一个所谓的设计者（比如上帝）来解释生物世界的纷繁复杂。我们全都来自一个刻板而又盲目的程序——这个理论是如此美妙而又令人恐惧。

本章的大部分篇幅将用来解释这个理论。它是如此简单以至于常常被人误解。也许它的简单性使人觉得里面一定有更多的东西，或者人们明明已经掌握了却觉得自己错失了某些关键点。通过自然选择而产生的进化的确非常简单，然而并不显而易见。

达尔文在 1859 年出版的《物种起源》这本伟大的著作中阐述了这一基本原理。在那之前，很多人都已经隐隐感觉到了物种之间所存在的联系，对化石记录中所表现出的渐进性印象深刻，因而表达出了对进化存在的些许推断。在这些人中就包括了查尔斯·达尔文的祖父伊拉斯莫斯·达尔文（Erasmus Darwin）以及让·巴蒂斯特·德·拉马克（Jean-Baptiste de Lamarck）。然而，没有人能够提出一个详细的理论来描述进化到底是如何进行的，而这恰恰就是达尔文的伟大贡献所在。

他推断，如果生物发生变异（它们当然会变异），由于它们的数量呈几何级数增长，在一些时候必定会为了生存而发生斗争（这是无可争议的），如果这种时候没有产生一些有利于物种生存的变异，这将是不可思议的。具有这些特征的个体将最有可能"在生存斗争中存活下来"，并将产生具有相同特征的后代。这个原理就是他所说的"自然选择"。

达尔文的论证建立在变异、选择以及遗传这三个核心概念基础之上。也就是说，首先必须要有变异，使得生物之间存在个体差异。其次，必须有一个环境使得具备某些变异的生物体能比其他个体更好地生存下去。最后，个体必须能够将自己的特质传递给后代。当这三件事情在同一环境下发生时，任何有利于物种生存的特征都将在种群中扩散开来。按照道金斯的话来说，如果一个复制子在复制自己的过程中出现差异，使得某些变异能更好地生存，那么进化就必定会发生。这种进化的必然性体现了达尔文思想的高明。你只需要正确的起始条件，进化自然而然就发生了。

进化算法

美国哲学家丹尼尔·丹尼特（1995）将整个进化的进程描述为一种算法，一种无意识的过程，只要运行程序，就必然产生相应的结果。今天的人们早已习惯了算法这个概念，但是达尔文、华莱士以及其他早期的进化学者们却永远也不会知晓。很多我们所做的事情都是基于算法，比如做加减乘除，打电话，甚至是泡一杯茶。我们与机器的交互特别具有算法意味，而机器在这个时代的盛行让我们更加容易用这样的方式去思考——拿起一只杯子放在喷嘴下方，投进正确数目的钱币，按下按钮，取出杯子——如果你按照正确的顺序做对每一个步骤，那么你就会得到一杯卡布奇诺，如果做错了，你就会撒得满地都是。保存我们医疗记录的程序或者

第 2 章 普遍的达尔文主义

绘图软件都是算法程序，处理文字的文档软件和财务软件包也都是。

算法不在乎使用什么材质，它可以使用多种不同的材料。一个人用纸和笔，用算盘，或者用计算机都可以遵循同一个算法过程进行数学运算，并得出一样的结果。材质并不重要，重要的是程序的逻辑。在达尔文这里，进化程序运行的材质是活的生物体以及外部的生物环境，但是正如丹尼特指出的，这套算法的逻辑也同样适用于其他任何具备遗传、变异和选择这三个要素的系统。这就是所谓的"普遍的达尔文主义"。

算法程序也是无意识的。如果一个系统设置好了，那么它就不需要哪怕是一点点的意识的参与，或者别的什么东西在里头促使它工作，而只需要遵循一个既定的程序就行。它是彻底无意识的。这就是为什么丹尼特将生物进化论描述为"一种无须借助心智而能从混乱中创造出设计的模式"（1995，p 50）。当成千上万的生物经过几百万年的时间，繁衍出不计其数的后代，其数目大大超出环境所能容纳的程度，这种新的设计就必然会产生。一些个体通过这种方式能存活下来，是因为它们能够更好地适应它们所在的环境。它们能够将自身的特质一代一代地传递下去。由于环境中的物种总是在发展，所以环境本身也在不断变化，因此这个过程并非是一成不变的。

对于算法程序来说，如果起始条件是一样的，那么结果必定一样。这似乎意味着，如果进化本身是一种算法程序，那么进化的结果就是事先确定并且是可预测的。然而事实并非如此，而混沌理论为我们给出了答案。有很多简单的程序，比如水龙头的滴水、气体的移动、钟摆的轨迹，都是无序的。它们遵循简单而无意识的算法程序，其结果都是复杂无序而又不可预测的。这其中可能会出现美妙的形状或模式，但是模式可以被复制，细节却不能够，除非精确再现原有程序。可是混沌系统对于起始条件是高度敏感的，一点点细小的差异就可能导致整个结果的不同。进化也是如此。

复杂理论学家斯图亚特·考夫曼（Stuart Kauffman）也把生命的进化过程比作不可压缩的计算机算法程序。我们无法精确预测进化过程将如何展开，只能"站在一旁欣赏这一盛况"。然而，我们却可以"发现这一不可测进程背后所潜藏的美妙的法则"（Kauffman，1995，p. 23）。

我们现在可以看到，即使进化仅仅遵循一个简单的算法程序，它本身也是一个混沌系统，因而进化产生的结果也具有不可思议的复杂性。而且，只有"运行这一程序"我们才能预测其可能的结果——而进化的程序只能被"运行"一次。我们可以做实验来验证这个理论的预测能力，但是我们却不可能让地球上的生物进化程序重新跑一遍来看看下次是否会出现不一样的结果。不存在"下一次"这种事情。除非我们在其他星球上发现生命，否则生命进化只此一回。

还有很多有意思的争论，比如：在没有选择机制的情况下，宇宙中能够产生多少种模式和秩序；历史的偶然性在塑造生命进程的过程中所扮演的角色；进化是否总是倾向于产生特定类型的物种，像是前端有一个嘴巴的蠕虫状生物、有着成对的腿的左右对称的动物，还有眼睛以及性等东西。这些问题的答案能够极大地帮助我们理解进化，但是这些对于我们把握进化算法的基本原理都无关宏旨。当进化的程序启动以后，它所创造的设计就会不可避免地从某些地方冒出来——但是我们无法精确预测这种设计会是什么样子。而进化的尽头也不一定非得是人类。当然，进化必定要产生比它开始时更好的东西——而这个东西恰好就是现如今这个包含人类的世界。

进化中存在进步吗？古尔德（Gould）（1996a）给出了否定的答案，但是我对于进步这个概念的理解和他不尽相同。事物朝某个方向发展并不意味着就是进步，在这点上他是对的。达尔文所给予我们的全部启示正在于此 而这也是他的进化理论的美妙之处——没有蓝图，没有目标，也没有什么设计者。但是看看我们今天所生活于其中的如此纷繁复杂的世界，形形色色的生物在其中繁衍生息，而在几十亿年前的进化之初，有的只不过是"原始汤"，从这个角度来说，进化当然具有进步性。虽然我们没有普遍认可的衡量复杂性的方法，但是有机体的种类、数量、构造以及行为的复杂性显然都大大增加了（Smith & Szathmáry，1995）。进化以其自身的产物作为攀升的阶梯。

道金斯（1996a）将此描述为"攀登不可思议之山"——随着时间的推移，自然选择在平缓的斜坡上极其缓慢地攀升，达到新的高度，产生新的不可思议的物种；而当环境中存在强大的选择压力时，进步就可以维持好几代。丹尼特将这种进步描述为"在设计空间中的提升"。自然选择这台庞大的机器非常缓慢地、以极其微小的步子去发现和积累好的设计招数，这些招数都是在先前攀爬的过程中所获得的经验。从这个意义上说，进步是存在的。

这种进步并不一定是稳定的，也不一定总在增加。在两个骤变期中间往往有着漫长的停滞期。也有一些动物，比如鳄鱼，在很长一段时间里没有变化，而其他一些却变得很快。而有些时候，几百万年的积累会在瞬间化为灰烬，比如恐龙灭绝就是这样。有些人相信我们人类正处在消灭生物多样性的进程中，严重程度与恐龙灭绝那次不相上下。果真如此的话，进化的算法程序就会在当前的"残局"之上开启它的创造工作。

所有这些创造性都依赖于复制子的力量。只要得到复制所需的各种原料和装置，这些自私的复制子就会让自己得到复制。它们没有远见，没有前瞻性，也没有什么计划。它们只是让自己得到复制。在这个过程中，其中的一些比另一些做得更好——此消彼长——正是以这种方式，进化的设计就诞生了。

以上就是适用于进化理论的一些基本原理。如果模因确实是复制子并且可以维持进化的进程，那么这些原理也同样适用于模因，我们就能够在此基础上建立一个模因理论。所以模因到底是不是呢？我们可以提出两个重要的问题：判断一个事物是否是复制子的标准是什么？模因是否满足这些标准？

作为复制子的模因

如果一个事物是复制子，那它就必须符合进化算法，这种算法的基础就是变异、选择和遗传。模因显然是会**变异**的——故事被转述的时候总是会被加工改造，两栋房子也很少一模一样，而每一次对话更是独一无二。因此，模因很难被100%复制。正如心理学家弗雷德里克·巴特利特爵士（Sir Frederic Bartlett）（1932）在20世纪30年代的研究工作中所展现的，一个故事在每一次被转述的时候总是被添油加醋或者缺斤少两。模因也存在**选择**——有些模因引起了人们的关注，被深深地记住并且传给另一些人，而另一些则被人们所遗忘。然后，模因在传递的过程中必定有某些想法或者行为被**保存**下来——我们必须保留先前模因的某些东西，才能称之为模仿或者复制。因此，模因完美地符合达尔文对于复制子的定义以及丹尼特的进化算法理论。

我们来思考一个简单的故事。你听过"微波炉里的贵宾犬"的故事吗？一位美国女性常常把它的贵宾犬洗干净以后放进烤箱里烘干。当她买了一个新的微波炉以后，也干了同样的事情，致使小狗惨死。然后她起诉了微波炉制造商没有提供警告："不可将贵宾犬放进微波炉中烘干"——最后她胜诉了！

第 2 章　普遍的达尔文主义

这个故事流传得如此之广,在英国成千上万的人都听过——但是他们也可能听过另一些版本,像是"微波炉中的猫",或者"微波炉中的吉娃娃"。在美国的相似版本里,这个女性可能来自纽约,也可能来自堪萨斯。这是一个"都市神话"的例子,它具有自己的生命力,因而广泛传播,无视其是否真实、是否有价值或者是否重要。这个故事很可能是假的,但是真实不是一个成功模因的必备标准。如果一个模因能够传播,它就会被传播。

像这样的故事显然存在着遗传性——成千上万的人不可能突然间由于机缘巧合编出了同样的故事,故事的渐进变化可以用来说明它是如何起源以及如何传播开来的。这里也显然存在变异——虽然故事的基本架构都差不多,但不是每个人听到的都是相同的版本。最后,这里面也有选择——成千上万的人们每天在讲着无数的故事,但是大多数都被遗忘了,只有极少数成了真正的"都市神话"。

新的模因是如何产生的呢?它们来自变异以及旧有模因的重新组合。要么是在一个人的脑子里被加工改造,要么是在一个人传给另一个人的时候产生了偏差。举个例子,上述贵宾犬的故事就是人们用共有的语言以及头脑中已有的想法以新的方式组合,从而编造出来的。然后他们就记住了它并将其传播开,在这个过程中变异就发生了。发明创造、歌曲、艺术作品以及科学理论都是如此。人类大脑就是变异的一个丰富来源。在我们的思维中,我们把各种想法混在一起,推倒重来,产生新的组合。在我们的梦里,我们会把各种想法以更加夸张的方式搅和在一起,产生奇异的、偶有创意的结果。人类的创造力就是一个变异和重组的过程。

在思考思维过程的时候,我们要记住,并不是所有的想法都是模因。原则上,我们当下的感知和情绪都不是模因,因为它们只属于我们自己,我们可能永远不会把它们传递给别人。我们可以回忆或者幻想一个关于性或者美食的美好场景，这个过程中无需动用从他人那复制过来的想法。原则上，我们甚至可以设想出一种全新的做事方式，同样无需借助从他人处得来的模因。然而，实际上，由于我们是如此频繁地使用模因，大多数我们的想法都以这样或那样的方式染上了别人的印记。模因已经成了人类思维的工具。

人类的思维（实际上所有的思维）可能都依赖于其他的达尔文式的进程。已有很多人试图把学习当作一种进化的过程来理解（e.g. Ashby, 1960; Young, 1965），或者把大脑比作"达尔文机器"（Calvin, 1987, 1996; Edelman, 1989）。而那种把创造性和个体学习看作选择进程的想法也并不新鲜（Campbell, 1960; Skinner, 1953）。然而所有这些想法都完全是在一个大脑内进行的，而模因作为一个复制子则会从一个大脑跳到另一个大脑中去。达尔文主义的原则可能适用于大脑功能和发育的很多方面，理解它们是很重要的，但本书主要关注模因论。

模因的成功和失败有多方面的原因。这些原因主要可以分为两类。首先是人类作为模仿者和选择者的存在。从模因的角度来看，人类（包括其聪明的大脑）既是一个复制机器，也扮演着模因的选择环境的角色。心理学可以帮助我们理解这是为什么，又是如何运作的。人类感觉系统的某些特质使得我们容易注意到某些模因而忽略其他的，注意的机制使得某些模因能够进入大脑得到加工处理，记忆又会决定哪些模因更能够被记住，还有人类模仿能力的局限性。我们当然可以，并且也将会把这些应用到理解模因的过程之中，但是这些更多是心理学和生理学领域的东西，而非模因学的。

其他类型的原因则涉及模因本身的性质、它们采用的一些伎俩、它们组合在一起的方式，以及模因进化的一般进程所表现出来的对特定模因的偏好。这些之前都没有被心理学研究过，它们都是模因学的重要主题。

将这些原因都放在一起，我们也许就能看出为什么某些模因成功了，而某些模因则失败了；为什么有些故事流传甚广，而有些故事则阅后即焚。其他的例子还包括食谱、服装样式、室内设计、建筑风格……凡此种种，大到政治正确的法则，小到回收玻璃瓶的习惯。所有这些都是从一个人传到另一个人，通过模仿传播开来的。在传播的过程中它们会发生轻微的变异，其中的一些会被传播得更频繁。这就是我们如何产生无用的流行热潮的原因，也是很多好的思想不能得到传播的原因。我认为把模因可以看作复制子是毫无疑问的。这意味着模因进化是不可避免的。我们是时候去了解它了。

模因不是基因

这里需要提醒一下。我已经解释了模因确实是一种复制子，从这个意义上说，它相当于是基因。但是我们不能错误地认为，只有在其他方面都和基因相似的情况下，模因才能起作用。情况并非如此。基因研究在近几十年蓬勃发展，到现在我们已经能够识别出特定功能的基因，绘制出整个人类的基因图谱，甚至开展基因工程。这些知识能够帮助我们理解模因，但是其中的一些见解也可能会误导我们。

并且，基因也不是除模因以外唯一的复制子。比如，我们的免疫系统也是通过选择来工作的。英国心理学家亨利·普洛特金（Henry Plotkin）（1993）把大脑和免疫系统都看作是"达尔文机器"，在他对"普遍的达尔文主义"的研究中，他将一般的进化理论应用于很多其他的系统，包括科学的进化。在每种情况下，我们都可以应用复制子和载具（或者用赫尔的公式化表述，即复制子，交互体以及血统）来理解每一个系统的进化。

我们应该这样来想——进化理论描述了设计是怎样通过复制子之间的竞争而产生的。基因是复制子的一个例子，模因是另一个。进化的一般理论必须同等地适用于两者，但是每一种复制子是如何运作的具体细节可能是非常不同的。

美国心理学家唐纳德·坎贝尔（Donald Campbell）（1960，1965）早在模因这个概念被提出之前就已经清楚地看到了这种关系。他认为，有机体的进化、创造性思维以及文化的进化彼此相似，之所以这样，是因为它们都是不断进化的系统，在复制的过程中会无意识地产生变异，某些变异被保留下来，而另一些则被丢弃了。最重要的是，文化积累这种类比不是来自于有机体进化本身，而是来自于进化的一般模型，而有机体进化只是其中一例。杜伦（Durham）（1991）将此称作"坎贝尔法则"（Campbell's Rule）。

我们在比较模因和基因的时候要记住"坎贝尔法则"。基因是制造蛋白质的指令，储存在身体的细胞中，并在繁殖时传给下一代。基因之间的竞争驱动了生物世界的进化。模因是行为表现的指令，储存在大脑（或其他客体）中，并通过模仿得到传递。模因之间的竞争驱动了人类心智的进化。基因和模因都是复制子，都必须遵循进化理论的一般原理，从这个意义上说，它们是一样的。除此之外，它们可能是，而且确实是，非常不同的——它们的相关仅仅只是一种类比。

一些批评者试图用模因不像基因来驳斥整个模因学理论，或者说模因的整个思想只是一种"空洞的类比"。我们现在可以了解为什么这些批评站不住脚了。比如说，玛丽·米吉利（Mary Midgley）（1994）称模因为"神秘的实体"，不能像基因一样拥有自身的利益，是"一个空洞而会产生误导的隐喻"，一个"无用的、玄乎的概念"。但是米吉利误解了在可种意义上复制子可以被说成是有权力的或者有"自身的利益",因此她并没有真正理解进化理论的效力和普遍性。模因并不比基因更像"神秘的实体"——基因是编入 DNA 分子中的指令,而模因也是一种指令,它植入人类大脑或者人工制品如书本、图画、桥梁或者蒸汽火车之中。

在一场电台辩论中,古尔德(1996b)称模因为"毫无意义的隐喻"(虽然我不确定一个人是否真的可以有一个毫无意义的隐喻!)。他更进一步否定了思想和文化可以进化,呼吁"我真的希望'文化进化'这个词"能够不再被使用(Gould, 1996a, pp. 219 – 220)。但我并不这么认为,因为文化确实会进化。

古尔德似乎认为模因和基因乃是通过类比或者隐喻而联系在一起的,这种比较多多少少对生物进化是有害的。同样,他也是误解了这一点,即两者虽然都是复制子,但是它们并不需要以同样的方式来运作。

我个人的观点是,模因乃是科学上最好地使用类比的一个例子。那就是,在一个领域中强有力的机制以稍微不同的方式在一个全新的领域发挥了作用。我们从一个类比开始,最终却得到了一个新的有力的解释原理。在这个例子中,一切科学中最有力的思想——通过简单的自然选择过程来解释生物多样性——变成了通过简单的模因选择过程来解释心智和文化的多样性。进化的核心理论为两者提供了同样的基本理论框架。

有了坎贝尔法则,我们就可以继续研究模因的演化。我们可以把基因作为一个类比,但是不能指望可以做更进一步的比较。相反,我们必须依靠进化理论的基本原理来引导我们去理解模因是如何运作的。

复制我!

像是"复制我!""拷贝我!",或者"说说我!"这样的句子有什特别之处呢?

它们是自我复制的简单（也许是最简单的）句子。它们的一切都旨在让自己得到复制。这些句子当然是模因——但可能不是很有效的模因。你现在当然不会四处跟你的朋友喊"说说我!"，但是如果我们加一些小伎俩到这个简单的句子里，就可以提高它传播的潜力。《科学美国人》杂志里有个月刊专栏叫"闪评科学"，主笔人侯世达（1985）在里面撰写一些这样的"病毒式金句"，他的读者们又会纷纷来信，给他提供更多这样的例子。

比如："如果你复制我，我就会满足你三个愿望!"或者"如果不转发，我就诅咒你!"说这种话的人不太可能会信守他的承诺，只要长到五岁以上，你就基本不可能会信这种幼稚的威胁或是许诺。除非——侯世达补充说——你在你的句子中加上"来世"这个字眼。

事实上，很多人确实是到了五岁才接触到这样的句子。我清楚地记得，在我五岁的时候，我在邮局收到一封信，信里面有一份名单，上面有六个人的名字，信里要求我给名单上的第一个人寄一封明信片。我还得把我的名字和地址写在下方，将新的名单寄给另外六个人。如果我照做了，我就将得到很多的明信片。我不记得我妈妈有没有阻止我参加这样愚蠢的活动。她应该是意识到了，只是没有表达出来，显然那时我的"模因免疫系统"还没有很好地建立起来。我也不记得后来有收到过很多明信片。

就这件事本身而言，那是一封相对无害的连锁信，通过一个许诺（得到明信片）和一个指示来让它传递下去。即使遇到最坏的情况，我也不过浪费了一张明信片和七张邮票而已。我甚至还可能收到几张卡片。许多事情比这要坏得多，比如传销，它可能会让人们失去很多钱财。你可能会觉得这种微不足道的小伎俩早就销声匿迹了，事实却非如此。就在最近，我收到了一封电子邮件，上面写着"你喜欢玩刮刮乐彩票吗？"（我当然不喜欢）"你想学习怎么把六张彩票变成几千张吗？"（不怎么想）"你将每个月都会收到来自全国各地的彩票！收起来，刮开来，财富滚滚来！登陆网站，你就可以立即免费参加！"真会有人上钩吗？我猜肯定有。

这些都是各种模因组合在一起让自己得到复制的例子。道金斯将这样的组合称作"相互适应的模因复合体"（coadapted meme complexes），这个短语最近被简写成了"模因复合体"（memeplexes）（Speel, 1995）。模因学的术语变化如此之快，其中很多都是欠考虑的、误用的，我将尽量避免使用它们。但是，"模因复合体"是表达这一重要概念的一个很好用的词，这将是我采用的为数不多的几个新词之一。

基因当然也是以集群的形式存在的。基因簇拥成团组成染色体，染色体又簇拥成团包裹在细胞内。也许更为重要的是，一个物种的基因库可以看作是一组相互关联的基因群。理由很简单：一个自由漂浮的 DNA 片段无法有效地进行自我复制。经过几十亿年的生物进化以后，地球上大多数的 DNA 都被很好地包裹起来了，一如基因包裹进有机体，这是它们生存的机器。当然，偶尔也会有一些"跳跃基因"（jumping genes）和"非法基因"（out-law genes），还有一小部分自私的 DNA 会搭便车，而一些以最小集群的形式存在的病毒则会利用其他更大集群的基因的复制机制来让自己得到复制——但是总的来说，集群对于基因的复制和传播都是必要的。

我们可以简单地做个类比，说模因也是以同样的方式表现出来的，但是我们最好还是回到进化理论的基础上去。设想两个模因，一个"给 X 送一张刮刮卡"，而另一个"赢很多钱"。仅靠前一个指令本身是很难让自己被遵循的。第二个看起来很有诱惑力，但是里面不包含怎么做的指令。两个模因结合在一起，再加上一些其他合适的模因，人们就会遵循这些指令——并使整个模因群不断被复制。模因复合体的本质就在于，团队协作比单打独斗的效果更好，更能让自己得到有效的复制。我们会在适当的时候提供更多模因复合体的例子。

到目前为止，我们所提到的这些自我复制的简单模因群由于计算机和互联网的到来迅猛地传播开来。计算机病毒就是一个明显而又熟悉的例子。它们从一台计算机感染另一台计算机，受感染的用户数不断地增加。它们以光速穿越遥远的距离，然后安然无恙地躲进存储器中。然而，它们不能仅仅只是"复制我"这样一个指令。一个病毒可能会成功地塞满它所侵入的第一台计算机的存储空间，然后就没法进一步传播了。所以病毒有合作模因来帮助促进它们的传播。它们潜伏在程序中，人们在无意识的情况下将这些程序发给朋友。有些病毒仅仅感染一小部分的程序，这样就能躲过系统的检测，而有一些则是随机触发的。有些病毒隐藏起来只在特定的时间点爆发——比如说 1999 年 12 月 31 日的午夜——这跟原先的计算机无法处理"00"年的情况是不同的。

有些病毒很搞笑，比如会让显示屏上的所有字母都掉到页面的最下方——对用户来说这简直是场灾难，而有些病毒则会阻塞整个网络，毁坏电子书籍和博士论文等。我的学生最近在 Word 6.0 的处理器上就遇到了这样一个病毒，它潜藏在一个叫"论文"（Thesis）的格式部分——在你即将完成一整年辛苦工作的时候引诱你被感染。难怪现在的网络频繁地进行自动病毒检测，而且杀毒软件层出不穷——它们是信息领域的药物治疗。

互联网病毒出现的时间并不长。我曾经收到过一封名为"来自笔友的问候"（Penpal Greetings）的电子邮件，这显然是来自某个我没见过的人的善意警告。它写道："不要下载任何名为'来自笔友的问候'的信息。"——它继续警告我，如果我读取了这条信息，就会有"特洛伊木马"病毒破坏我硬盘上的一切东西,并自动将自己转发给电子邮箱里的每一个地址。它还说,为了保护我所有的朋友以及计算机网络系统,我必须迅速行动并将这份警告发送给我的朋友们。

你发现了吗?所谓的病毒其实是毫无意义的,并且也是不存在的。真正的病毒就是这份警告。这是一个非常聪明的微型模因复合体,它同时利用威胁和利他主义本能来操纵你—— 一个单纯的、关心朋友的受害者,让自己得到传播。这个病毒并不是首创——"Good Times"和"Deeyenda Maddick"使用了相似的伎俩。"Join the Crew"则更具危害性,它警告用户"不要打开和阅读任何写着'返回,否则无法投递'字样的邮件。这种病毒会将自己附着在计算机组件上,使其丧失作用。立即删除……没有任何补救方法。"任何没能看穿这种伎俩的人也许就会删除他们发送给网络地址发生变化或者电子邮件系统暂时无法使用的朋友的信息。一点点自我复制的代码,再利用人类和计算机作为它们复制的工具,就可以造成令人恼火的后果。

接下来会发生什么呢?随着人们日渐熟悉这些病毒,他们可能学会了无视这些警告。因此,最初的病毒类型将会开始失效,但事情可能会变得更糟,因为人们开始无视那些他们本该注意的警告。但是话说回来,如果传统的连锁信仍然有效,也许事情就不会变化得这么快。

所有这些关于病毒的讨论不禁让我思索为什么有些计算机代码会被当成病毒,而另一些就是合法的程序。本质上来说,它们都只是几行代码,一些信息和指令。计算机病毒这个词当然是生物病毒的一种类比,这种类比可能也是基于两者在传播方式上有相似之处。但是问题的答案跟某些代码产生的危害并没有太大的关系——事实上有些计算机病毒的危害是很小的——而是跟它们的功能有关。除了自我复制之外,它们也没什么别的东西了。

模因机器

细菌比病毒更复杂，既可以是有益的，也可以是有害的。很多细菌都与人类或者其他的动物以及植物存在共生关系。很多细菌在我们体内都扮演着重要的角色。有些已经被身体所接纳并为我们制造一些特殊的营养物质。而病毒除了自我复制以外就没什么别的东西了——它们只能通过利用其他有机体的复制机制来进行复制。所以将如此简单的计算机病毒跟生物病毒做类比是再恰当不过了。

我们可以制造出与细菌相当的"计算机细菌"吗？也许这个术语可以用来指那些专门用于对计算机系统产生某些影响的程序，它们会做一些诸如升级数据库或者寻找系统错误之类的工作。道金斯（1993）设想了一些有用的自复制程序，它们可以通过感染许多台计算机进行市场调查，时不时地，副本会回到最开始的终端，带回关于用户习惯的有价值的统计数据。

已经有一些简单的机器人程式，或者叫自动程序（bots），被设计出来在拥挤的通信网络中留下轨迹，帮助人们判断哪些地方比较通畅，哪些地方又比较拥挤，或者在游戏以及虚拟环境中模拟人类用户。这些小东西是否也会像基因一样聚集成群产生更加有威力的群组？

这些想法似乎是在把生物病毒的类比做一个扩展（做这种类比时我们必须要非常谨慎），但它们确实提醒我们复制子的用途各不相同。当某种东西显然在窃取其他系统的复制资源来进行自我复制的时候，我们就倾向于将之称为病毒——尤其当它对系统本身造成了伤害的时候。当它对我们有益的时候，我们则会给一个不一样的名称。

在精神世界里也可以看到类似的情况。道金斯（1993）杜撰了"精神病毒"（viruses of the mind）这个术语来表示诸如宗教和狂热崇拜的模因复合体——它们使用各种各样诡谲的伎俩让自己在广大的群体中得到传播，并给那些受到感染的人带来灾难性的后果。儿童的游戏和嗜好传播起来就像传染病一样（Marsden，1998a），道金斯认为，儿童对于"精神传染病"的易感性很高，而心智成熟的成年人很容易将其拒绝掉。他试图将诸如科学等有益的模因复合体与精神病毒区分开来——这个问题我们后面会再涉及。

这个主题已经在几本畅销的模因学书籍中被提及，比如理查德·布罗迪的《精神病毒》（*Virus of the Mind*）（1996），还有艾隆·林奇的《思想传染》（*Thought Contagion*）（1996），两者都提供了大量的例子来说明模因是如何在社会中传播的，并且两者都着重强调了更加危险和有害的那些模因。我们现在可以看到，病毒这个概念可以同样地适用于三个不同的世界——生物，计算机程序，以及人类心智。理由就在于三个系统都涉及复制子，并且我们把那些无用的、仅仅服务于自我繁衍的复制子称作"病毒"。

但是如果模因理论是正确的，病毒并不是唯一的模因，模因学也不是一门关于精神病毒的科学。事实上，大多数的模因（就像大多数的基因）不应该被当成是病毒——它们就是我们心智里的东西。我们的模因就是我们自己。

根据丹尼特的观点，我们的思想和自我是由相互作用的模因所塑造的。不仅模因像基因一样进行复制（并且完美地符合进化算法），而且人类的意识本身就是模因的产物。他向我们展示了模因在我们大脑里的竞争是如何塑造我们的。正如他所说的，"所有模因竞相进入的栖息之地正是人类的心智。但是心智本身就是模因在重塑人类大脑以利于自身生存的时候所创造出来的人工产物"（Dennett，1991，p. 207）。

23　　　从这个角度来说，如果我们没有一个有效的模因学理论，那我们就不能指望去了解人类心智的本质和起源。但是在考虑建立这个理论之前，我想要回顾一些前人对于思想进化所做的相关描述。为了明白模因学的特殊贡献所在，我们有必要了解它与其他文化进化理论的区别所在。

第 3 章 文化的进化

在达尔文主义的早期,生物进化与文化进化就已经被拿来做比较了。与达尔文同时代的赫伯特·斯宾塞(Herbert Spencer)研究了文明的进化进程,他将其视为朝着诸如维多利亚时期的英国社会那样的"理想国"进步的历程。路易斯·摩根(Lewis Morgan)的社会进化理论认为社会进化包括三个阶段:野性时期(savagery),原始时期(barbarism)以及文明时期(civilisation)。历史学家阿诺德·汤因比(Arnold Toynbee)采用进化思想确认并分析了超过三十种不同的文明形态,其中一些文明乃是来源于其他的文明,并且有些文明像物种一样灭绝了。甚至卡尔·马克思也在社会分析中采用了进化论类比。达尔文发表《物种起源》五十年后,美国心理学家詹姆斯·鲍德温(James Baldwin)就提出,自然选择不仅是生物学的法则,它同样适用于其他研究生活和心智的科学,这就是最早版本的普遍达尔文主义(Baldwin,1909)。他还创造了"社会遗传"(social heredity)这个术语来描述个体通过模仿和教导所进行的社会学习(Baldwin,1896)。

在某些方面,思想和文化显然是在进化的——也就说,变化是逐步发生的,并且是建立在先前存在的基础上。思想从一个地方传到另一个地方,从一个人传给另一个人(Sperber,1990)。发明创造并不凭空产生的,而是建立在先前发明的基础上,如此等等。然而,仅仅是思想随着时间发生积累并不能构成真正意义上的进化论的解释。我们将会看到，一些文化进化理论差不多就是这种思想；其他试图阐明一种特定机制的理论最终还是回到生物进化乃是唯一驱动力这一观点上来，而只有极少数的理论涉及像模因这样的第二个复制子的概念。这就是模因学如此独特和强大的原因所在。文化进化的模因理论的整个主旨就在于把模因恰如其分地看作是复制子。这就意味着，模因的选择驱动了思想的进化，其目的是为了让模因，而不是基因得到复制。这是模因学与先前大多数文化进化理论的显著差异所在。

语言提供了一个关于文化进化的很好的例子。达尔文就提到过物种和不同语言之间的对比："我们发现区别显著的语言具有惊人的同源性，这是由于它们具有共同的起源，而语言之间的可比较性则是由于它们具有相似的形成过程……一种语言，就像一个物种，一旦灭绝，就再也无法重现"（Darwin，1859，p. 422）。他还谈到语词之间会为了生存而相互竞争。达尔文也许知道英国法官威廉·琼斯（William Jones）爵士所做的工作，他在1786年发现梵语、希腊语以及拉丁语之间有着惊人的相似之处，由此得出结论，三者必定有一个共同的来源。但是达尔文在他的有生之年并没有看到多少语言灭绝，或者濒临灭绝。根据最近的一项估计，大约80%的北美印第安语言主要由成年人使用，因此当这些成年人死亡后，这些语言也很可能会随之消失。同样地，大约90%的澳洲语言和这个世界上大概50%的语言都注定要消亡（Pinker，1994）。

如今，比较语言学家们分析各种语言在细微细节上的相似与差异。他们可以根据许多类型的变化（比如音节的省略以及发音的变化）来追溯词汇的来源。这样，我们就可以准确地追溯各种语言进化的历史。语言的谱系就可以被构建出来，与基于DNA差异构建出来的基因谱系做一个比较。同时，人类迁徙的历史也可以从现今所存的语言中推断出来。例如，在非洲现存 1500 多种语言，主要属于五个大的语系，被不同的族群所使用，它们的分布可以揭示过去各个族群之间征服与被征服的关系。从一些仅存的语词我们可以推断出，俾格米人曾经也有自己的语言，但是被迫采用邻近务农黑人的语言，而作为《圣经》和伊斯兰教语言的闪米特语并非来自近东地区，而是来自非洲。美国生理学家和进化生物学家贾里德·戴蒙德（Jared Diamond）（1997）将语言分析作为他研究 13000 年人类历史变化的其中一个部分。他解释了语言是如何随着使用者共同发生进化的，但他并没有将语言的成分看作是进化进程中的一种复制子。

在史蒂芬·平克（Steven Pinker）（1994）的著作《语言本能》（*The Language Instinct*）中，他明确地将进化思维应用于解释语言的发展变化，考察了其中的遗传、变异，以及隔离所带来的变异累加的效果。然而，他并没有借用自私的复制子这个概念来理解语言的进化，也没有解释语言最初为何会发生进化。也许是因为答案过于明显——它具有生物适应性。但是，正如我们所看到的，这不一定就是正确的答案，而模因学可以提供一种新的解释。

以模因看发明

另一个模因的例子就是发明的传播。也许人类历史上最重要的"发明"就是农业。虽然在细节上还存在很多争议，考古学家们基本同意在大约 10000 年前，所有人类都是靠狩猎和采集为生。从那时起，在中东地区发现了子实比野生品种更大的种植谷物，而驯养的牛羊个头则比野生品种来得小。从那之后，农业作为一股巨大的浪潮向外传播，并在大约 4500 年前到达像爱尔兰以及斯堪的纳维亚半岛这样的地方。但是农业有多少次在不同的地方被独立"发明"出来，目前并不明确，可能至少五次甚至更多（Diamond，1997）。

戴蒙德全面考察了这样一个棘手的问题：为什么这个世界上某些地方的人最终拥有了所有的东西，包括粮食生产、枪炮、细菌以及钢铁，而另一些地方的人依然在狩猎和觅食，还有一些地方的人干脆彻底灭绝了？他认为答案与不同地区人们的先天禀赋毫无关系，完全取决于地理环境和气候。粮食生产及其相关技术可以非常容易地沿着东西轴线在欧洲传播开来，但是却很难沿着南北轴线在美洲大陆传播，因为气候的变化实在太大，并且有沙漠和山脉阻隔。澳大利亚没有适合驯养的动物，第一批人类到达澳大利亚以后就消灭了他们所找到的温顺的物种。而在其他的岛屿，像新几内亚，由于多山地形和复杂的环境，使得在一个地方适宜的技术到了几公里外就不适用了。用这种分析方式，戴蒙德解释了农业是如何传播的，它又如何塑造出更为复杂的社会形态。

但是农业为什么会传播呢？答案似乎很明显——例如，农业使生活更容易或者更快乐，或者它使得实践农业活动的人获得了基因上的优势。

事实上，农业看起来并没有让生活变得更容易，也没有改善营养状况或是减少疾病。英国科学作家科林·塔吉（Colin Tudge）（1995）将农业称作"伊甸园的终结"（the end of Eden）。早期农民的生活是十分悲惨的，而不是变得更容易了。古埃及人的骸骨揭示了他们可怕的生活。由于要把玉米磨成粉来制作面包，他们的脚趾和背部因为劳动而变了形；他们表现出佝偻病的症状，下颚有可怕的脓肿。大概很少有人能活过30岁。《旧约》中的故事描述了农民艰苦的劳作，毕竟，亚当被赶出了伊甸园，并被告知"你必汗流满面才得糊口"。相比之下，现代的狩猎采集者据估计每周只需要劳作15小时，因此有大量闲暇的时间——尽管他们生活在现代世界的边缘地区，这些地方较人类祖先所生活过的地方要远为贫瘠。那么为什么世界各地的人们要放弃安逸的生活去过辛苦耕作的日子呢？

第 3 章 文化的进化

塔吉认为，"农业之所以会兴起，主要是因为被自然选择所青睐"（1995，p. 274）。因此发展农业是为了寻求一种基因上的优势。他认为，农业在既定范围的土地上能够生产出更多的食物，因而农民会繁衍出更多的后代，这些后代就会侵占邻近狩猎采集者的土地，破坏他们的生活方式。基于这个原因，一旦农业到来，没有人可以奢侈地说一句"我想要继续过以前的生活"。然而，我们从早期农民的遗骸可以知道，他们普遍营养不良并且体弱多病。所以农业真的让他们获得了基因上的优势吗？

模因学让我们可以问一个不同的问题。那就是，为什么农业作为一种模因可以成功？换句话说，这些特定的模因是如何让自己得到复制的？答案可能包括它们有利于人类的幸福或者人类的基因，但是并不局限于这些可能性。模因也可以因为其他原因而得到传播，包括那些于人无益的原因。它们可能因为显得好像有用而得到传播，而实际上并没有什么用处，也可能是因为它们易于被人类大脑所模仿，还可能是因为它们改变了外部环境使得竞争对手的利益受到了损害，诸如此类。从模因的视角看问题，我们不应该问一个发明如何有利于人类的幸福或人类的基因，而是它如何有利于模因的传播。

转向更现代的技术，从轮胎的发明到汽车的设计，大量证据表明创新是在先前已经存在的事物的基础上不断发展起来的。在《技术发展简史》一书中，乔冶·巴萨拉（George Basalla）（1988）对锤子、蒸汽机、卡车以及晶体管的出现做了进化式的描述。他淡化了发明家个人英雄主义的色彩，强调通过模仿和变异而产生的渐进式的变革过程。例如，很多早期木质建筑的特征都被古希腊人在石料建筑中重现出来，而在 1770 年年末建造出来的第一座铁桥则参考了很多木工的技艺，甚至从微不足道的塑料桶上也常常能看出源于金属工艺的迹象。晶体管是逐步实现微型化的，而无线电信号也以非常缓慢的速度扩大其信号传输的距离。

巴萨拉质疑技术推动人类朝着任何伟大目标（比如"人性的进步"或者"人类整体的改善"）前进的想法（Basalla, 1988）。他以真正的达尔文主义方式来看待技术的进步，也就是说，技术促进我们从当前的状况中产生非常有限的特定的进步，因此他建议我们要抛弃技术促进人类整体进步的幻想。但是这里我需要针对"进步"这个词再给出一个警告。这个词至少有两种用法：一种意味着朝向某个目标前进；另一种则仅仅意味着提升设计、增加复杂性，或者持续的发展，但是没有特定的目标或者终点。巴萨拉和古尔德一样，把这两者都给舍弃了。我只会舍弃第一种用法。今天的技术要比一万年前的技术远为精细和复杂，这就是第二种意义上的进步。但是并不存在朝着某种预定的或者终极的目标前进的进步。我们并不注定要从石斧朝传真机发展，但是我们确实会从石斧朝着某些更专业，更具设计感以及更加不可思议的东西发展。用丹尼特的话来说，人造物的"设计空间"里永远有进步的空间。而用道金斯的话来说，技术总是在不断地攀登其"不可思议之山"。如果我们不说它朝着某个特定目标前进，这就是所谓技术的进步。

所以为什么我们有传真机呢？为什么有罐装可口可乐和手推车？为什么有 Windows 98 和记号笔？我想要这些具体问题的答案。"因为我们想要得到它们"不足以说明问题。"因为我们需要拥有它们"也显然不是真的。如果我们想要知道我们这个技术世界中不可思议的复杂性是如何产生的，仅仅说技术在进化是不够的，我们需要提供一个机制的解释。在后面的章节中，我将说明为什么从模因的视角能够给我们答案。

科学思想也在进化，有很多理论也试图给出解释。著名的科学哲学家卡尔·波普尔（Karl Popper）在他最著名的科学哲学著作中指出，科学知识是通过对研究假设的证伪获得的，而不是靠支持理论的证明或者证据的积累获得。科学可以看作是对立假设之间的竞争，其中一些获得了最终的胜利。

波普尔也运用达尔文主义的思想提出了"宇宙进化三阶段论"：第一个世界是物理客体的世界，例如树木、桌子和人体；第二个世界是主观经验的世界，包括情感、情绪和意识；第三个世界是思想的世界，是语言和故事，艺术和技术，数学和科学的世界。第三个世界尽管是人类创造的，但是在很大程度上是自主的（Popper，1972），它的内容通过一种自上而下的因果关系对其他两个世界产生影响。所以，比如说，科学理论可能会以第一世界里的物体形式（科学家、学术期刊、实验仪器等）出现。但是它们不仅仅是物理客体。而科学思想会影响这些物理客体。问题、假设、理论和智力斗争通过第二世界来影响第一世界。科学思想确实会改变世界："一旦理论产生了，它们就获得了自己的生命"（Popper & Eccles，1977，p. 40）。

一个思想如何改变物理世界？波普尔在这里遇到了一个重要的难题，涉及还原论在科学中的价值和唯物主义作为一种世界观的可行性。我并不认为他把这个问题给解决了。他的三个世界包含着非常不同的物质，他必须提出一和非常巧妙的交互论来将三个世界联系在一起。有趣的是，他提到了模仿的作用，但是并没有意识到它可能有什么帮助。例如，在解释艺术理念如何能产生实际的作用时，他说"雕塑家可能会通过创造一件新的作品，来吸引其他雕塑家去模仿它，或者创造相似的作品"（Popper & Eccles，1977，p. 39）。用他的话来说，雕塑家脑中的思想（第三世界）影响了他人的经验世界（第二世界），从而引导他们产生了新的雕塑作品（第一世界）。

用模因学的术语来说，所有发生的事情——无论是科学还是艺术——都是有选择性的模仿。情绪、智力斗争，以及主观经验——这些都是复杂系统的组成部分，使得某些行为被模仿，而另一些不会。这是因为模仿释放出第二个复制子，从而使得思想开始"拥有了自己的生命"。用这种方式，模因学提供了一种波普尔的"三个世界"所没能给出的关于科学思想进化的机制解释。

虽然波普尔没有使用复制子的概念，但是他的观点直接导致了进化认识论这一新领域的产生，在这里复制子的概念得到了使用。进化认识论始于1974年坎贝尔对波普尔的批判，并将达尔文主义思想应用到了对知识进化的解释中（Hull, 1988a, b; Plotkin, 1982）。美国哲学家大卫·赫尔认为科学思想随时间发展的方式就像物种沿着谱系进化一样。他把科学思想当作复制子，把科学家看作交互体（相较于道金斯的"载具"，他更青睐"交互体"这个术语，因为它更具积极的内涵）。普洛特金认为科学不仅是"'达尔文机器'的产物"，也是"文化的一种特殊形式，会通过进化的进程随时间发生变形"（Plotkin, 1993, pp. 69, 223）。根据进化认识论，生物适应是知识的一种形式，而科学是另一种形式；两者都是通过无意识的变异以及选择性的保存而产生的（Campbell, 1975）。这种取向乃是坚实地建立在普遍的达尔文主义之上的，并不需要把一切都带到基因优势上去理解。

谁的利益？

我们现在可以看到，很多研究文化变迁的理论都使用了进化的思想，但是它们和模因学并不一样。这里面存在两个本质差异。首先，这些理论中的大多数没有区分一般意义上的进化和特定的生物进化。也就是说，它们没有弄清生物和文化之间的关系，因而没能清楚体现基因和文化进化之间所存在的显著差异。其次，这些理论都没有采用第二复制子（比如模因）的思想来看待文化。这就是说，它们没有看到文化进化乃是受自私的复制子的利益所驱动的。

上述第二个差异乃是最重要的问题，所以有必要再详细探讨一下。模因学的整个要点就在于把模因看作复制子，其所作所为都是为了使自己能够得到复制。如果没有第二个复制子，而你又是一个坚定的达尔文主义者，那么无论如何，一切最后都会回到基因上，回到生物优势上去。如果有两个复制子（或者更多），那么就不可避免地存在利益的冲突——在某些情况下，基因的利益在这一头，而模因的利益却在相反的另一头。这些情况对于模因学非常重要，因为我们无法仅凭基因理论对它们做出预测。如果这些冲突真的发生了，那就说明我们确实需要一个模因理论——或者至少是涉及以某种形式存在的第二复制子的理论。这就是模因理论和其他文化进化理论的区别所在。

当丹尼特（1995）问及"谁将受益？"的时候，他实际上提出的是相同的观点。他说："模因的第一条准则，和基因一样，就在于复制并不一定会对任何事物有什么益处；复制子之所以能繁荣纯粹是因为它们擅长……复制！……关键之处就在于，在模因的复制能力，其自身的'适应性'，以及它对**人类**适应性的作用（无论以何标准来判断）这三者之间，不存在**必然**的联系。"（Dennett，1991，p. 203，**italics in the original**）。

道金斯解释道：

一旦原始汤为分子提供了自复制的条件，复制子就开始发挥主导作用了。在三十多亿年的时间里，DNA是地球上唯一重要的复制子。但是它不一定始终保持这种垄断权。无论何时，只要新的复制子进行自我复制的条件成熟，这种新的复制子就会发挥作用，开启属于自己的进化之路。一旦这种新的进化开启了，它就没有必要屈从于旧的进化（Dawkins 1976， pp. 193 – 194, italics in the original)。

当然，模因能够存在，首先必须得有基因提供一个具备模仿能力的大脑才行——而人类大脑的特性又会对模因是否能够在大脑中扎根产生影响。然而，一旦模因存在了，它就将拥有自己的生命。

道金斯认为，生物学家们已经如此深刻地内化了基因进化的思想，以至于他们很容易忘记它只是众多可能进化类型的一种。他抱怨他的同事们"在分析的最后，总是要回到'生物学优势'上去"（Dawkins, 1976, p.193）。换句话说，他们可能接受模因的思想，或者文化进化的某种单位，但是他们依然认为模因的所作作为必须是出于基因的利益。但是这样就完全违背了"第二个复制子"思想的主旨。如果模因如我所确信的那样是复制子，那它们的所作所为就不会是为了种群的利益，或者个体的利益，或者基因的利益，或者别的什么，而只可能是为了模因自己的利益。这就是复制子的全部意义所在。

我目前一再强调这一论点，因为我正准备回顾一下那些涉及第二复制子——或者至少是某种类型的新的文化单元的相关文化进化理论（杜伦在1991年提供了一个更加全面的回顾）。乍一看，它们似乎都等同于模因的思想，但事实并非如此。有很多相似之处，也有很多不同之处，但是最重要的一点是，它们是否真的把新的文化单元当作是独立的复制子。如果不是，这个理论就不等同于模因学。

在1975年，道金斯尚未提出模因思想时，美国人类学家克劳克（F. T. Cloak）就写过关于文化指令的文章。他指出，无论何时我们看见任何行为，我们都假设在这种行为的背后必定有某种对应的内部结构存在于动物的神经系统中。所有的动物都有这样的指令，但是人类不像其他动物，我们可以通过观察和模仿他人而获得新的指令。克劳克认为，文化是通过微小的、彼此无关的片段获得的，他把这些片段称作"文化细胞"（corpuscles of culture）或者"文化指令"。

而且，他非常小心地区分了人们头脑中的指令，以及诸如行为、技术或者社会组织等这些指令的产物。前者他将之称为"i-culture"，后者为"m-culture"。

他非常清楚文化指令的地位，尽管他并没有使用复制子的概念。他说 i-culture 和 m-culture 的终极功能是 i-culture 的保持和传播。因此，他认为，如果我们发现某些 m-culture 的特征所起到的作用对于创造或执行它们的有机体来说是无关的，甚至是破坏性的，我们也不应对此感到惊讶。他把文化指令比作是控制某些宿主行为的寄生虫——有点像流感病毒，通过让你打喷嚏来使自己得到传播。他最后说："简而言之，'我们'的文化指令并不为我们而工作；相反，我们为它们工作。最好的情况下，我们和它们是共生关系，就像我们和我们的基因一样。最坏的情况下，我们是它们的奴隶。"（Cloak，1975，p. 172）很显然，克劳克已经看到了存在第二个自私的复制子的意味——尽管其他人随后辩称，文化指令根本就不是复制子（Alexander，1979）。

在《自私的基因》中，道金斯提到克劳克，说他想要在克劳克和其他人已经开拓出来的方向上走得更远。然而，道金斯将行为和产生行为的指令混为一谈，把它们都叫作模因，而克劳克则将两者区分开来——这种区别有点类似于生物学上的基因型与表现型。后来，道金斯（1982）也做出了和克劳克一样的区分，并将模因定义为"储存在大脑中的信息单元"。稍后我将重新考虑这种区别的重要性。现在，我们只需要注意到，克劳克所说的文化指令，和模因一样，是真正的第二复制子。

模因机器

社会生物学和被控制的文化

当道金斯写作《自私的基因》时，新的社会生物学正在建立之中——它是研究行为的基因和进化基础的学科。那时候，有很多人强烈反对将社会生物学应用到人类行为上来。其中的一些反对声来自社会学家，人类学家以及其他持有这样观点的人，他们主张人类行为几乎完全不受基因限制，因而无法用他们看来是（极其可怕的）"基因决定论"的观点来理解。他们声称，基因只能提供给我们一种"文化潜能"（capacity for culture）。另一些反对声来自普通民众，他们拒绝接受这样的想法，即他们所珍视的信念、决定以及行动都受到基因构造的限制——那么"自由意志"呢？

这种反应使我想起当初对牛顿、哥白尼，以及达尔文本人的敌意。社会生物学似乎将人类推离了他们自我创造的根基——它削弱了人们拥有自由意志和自主性的感觉。我们将看到，模因论在这个方向上迈出了更大的一步，将来也许会收获同样的敌意。但是——正如克劳克所说，"……如果我们真的是'我们'的某些文化特征的奴隶，难道不是到了我们该去知道真相的时候了吗？"（Cloak，1975，p.178）。

许多对社会生物学的敌意都已经消退了，这可能是因为关于人类行为进化基础的证据越来越多了，也可能是因为人们对基因和环境相互作用的方式有了更好的理解。基因为构建身体提供蓝图或者线路图的旧观念现在看来显然是错误的。一个更好的类比是食谱，虽然它与事实也没有很接近。基因是构建蛋白质的指令，而蛋白质合成的结果在每个阶段都受到可用原料及环境特性的影响。没有什么是纯粹由基因决定的，也没有什么纯粹由环境决定。我们人类和其他的生物一样，都是两者的复杂产物——我们的行为表现以及腿部形状都是如此。

尽管面对不小的敌意，社会生物学还是取得了巨大进步，但是正如社会生物学之父 E. O. 威尔逊（Edward O. Wilson）所抱怨的，它对人类个体的思维以及文化的多样性并没有说些什么。1981 年，威尔逊与物理学家查尔斯·拉姆斯登（Charles Lumsden）合作发展了一种基因 – 文化协同进化的理论，并且引入了"文化基因"（culturgen）的概念作为"文化进化中遗传的基本单位"（Lumsden & Wilson，1981，p. x）。他们希望新的理论能从基因导到心智再到文化，并开发出研究不同的文化基因如何影响基因适应性的数学处理方法。然而，他们总是回到将基因作为最终的判决者这条老路上去。如果有时候非适应性的文化基因被选择了，那是因为它们的危害不是立时显现的，在系统适应之前可能存在一些滞后。最终，基因还是会胜出。正如他们所说——"基因控制着文化"。

这个"控制原理"以一种更加令人印象深刻的方式表达出了道金斯所指出的他的同事们"总是要回到'生物学优势'上去"的意思。它也为我们提供了一个有用的画面。如果拉姆斯登和威尔逊是正确的，那么基因就是牵绳的主人，而文化基因就是狗。这条狗链有时会很长——甚至非常非常长——但是在绳的另一端它仍然是一条狗。而根据模因学，基因可能会变成那只狗，而模因则变成主人——或者我们可以饶有兴趣地见到两只狗，两端各一只——每一只都为了自我的复制而疯狂奔跑。

斯坦福大学遗传学家路易吉·卡沃利 – 斯福尔扎（Luigi Cavalli-Sforza）和马库斯·菲尔德曼（Marcus Feldman）（1981）以"文化特征"（cultural trait）为单位，建立了一个详细的文化传播模型。文化特征是通过印刻、条件作用、观察以及模仿或者直接传授习得的（注意，这里的习得方式比模因要来得广泛，根据定义，模因只能通过模仿得到传播，不能通过印刻或条件作用）。他们显然将文化选择与达尔文主义或者自然选择区分开来了，并且他们使用了"文化适应性"（cultural fitness）这个概念——它是指文化特征本身的生存适应性——这个概念在模因学中也是有用的。他们还区分了纵向传播——比如父母传给孩子，以及横向传播——比如从孩子到孩子，或者陌生成年人之间的传播。稍后我们将看到，在一个横向传播占主导的时代，这对于理解生命是多么重要。

卡沃利－斯福尔扎和菲尔德曼列出了文化传播的不同机制，并给出了特定案例的数学模型，包括非适应性的例子。一个典型的非适应性的例子就是新几内亚一个叫福尔（Foré）的高地部落在葬礼上的食人行为。作为祭奠死者的复杂仪式的一部分，他们会吃掉一部分死者的肉体。事实上，他们更喜欢吃猪肉而不是人肉，因而男性会得到更多的猪肉，让女性和小孩吃掉更多的人肉（Durham，1991）。这种做法直接导致了一种名叫库鲁（kuru）的退行性疾病的流行，这种病杀死了大约2500名福尔人，其中大多数是女性和小孩。卡沃利－斯福尔扎和菲尔德曼用数学模型证明像这样的非适应性特征可以消灭多达50%的携带者，并仍能在群体中传播。

然而，尽管对我们理解文化传播和非适应性行为的传播做出了如此多的贡献，卡沃利－斯福尔扎和菲尔德曼仍然认为"文化活动是达尔文主义意义上的适应性的一种延伸"（1981，p. 362），而这就是他们的理论和模因学的区别所在。正如丹尼特（1997）所说，他们并没有提出"谁将受益"这个关乎一切的问题。或者，假如他们问了，对他们来说，这个问题的答案必定是基因，而不会考虑这样的可能性，即"正是文化活动本身从它们所展示的适应性中获益"（Dennett，1997，p. 7）。对于卡沃利－斯福尔扎和菲尔德曼来说，文化适应性是指运用技能、信念等来使基因最终受益——而"非适应性"这个术语指的是基因的非适应性。他们说，即使仅从长期来看，"自然选择机制也会保留最终的控制权"（Cavalli-Sforza & Feldman，1981，p. 364）。换句话说，他们相信这和基因对文化的控制。

只有来自加州大学洛杉矶分校的两位人类学家，罗伯特·博伊德（Robert Boyd）和皮特·理查森（Peter Richerson）似乎摒弃了这种控制。像社会生物学家一样，他们也认为文化有一个"自然的起源"（natural origins），但是他们声称，纳入文化进化的模型——像他们的"双重遗传模型"——比社会生物学有更好的解释力。他们参考了坎贝尔法则，并且像我一样确信，文化的变体必须服从于它们自己的自然选择形式。他们非常详细地分析了文化传播中的结构差异，得出这样的结论："……使个体最大限度地让其文化后代融入文化的行为并不一定能够最大限度地让基因传递给下一代"（Boyd & Richerson, 1985, p. 11）。在他们的协同进化版本中，基因可以控制文化，文化也可以控制基因，或者两者也可以是竞争或互惠的关系（Richerson & Boyd, 1989）。他们似乎确实把文化单元当作一个独立的复制子。博伊德和理查森都是人类学家，他们当然远比我更关心文化变异。然而，他们的很多观点在理解模因的选择时将是非常有用的。

人类学家威廉·杜伦使用了"模因"这个术语作为文化进化的基本单元，第一眼看上去似乎是一种模因学的观点，但是再进一步就可以发现他并没有把模因当作一个真正的自私的复制子。他声称，基因和文化选择都是基于同样的标准——那就是内含适应性——并且是互补的。他认为，博伊德和理查森"把抽象的基因类比做得太过了"，他们是"坚定的反达尔文主义者"，他也不同意他们所认为的人类进化和其他生物具有本质差异的观点（Durham, 1991, p. 183）。

这就是问题的核心所在。对于我，正如对于道金斯和丹尼特一样，模因的进化意味着人是不同的。人类的模仿能力能够创造出第二个复制子，这个复制子以自我利益为出发点，能够产生模因上具有适应性而生物上具有非适应性的行为。这不是一种暂时的失常而最终会被强大的基因所控制，它是永恒的，因为模因和基因一样强大，它们都具有复制的力量。克劳克、博特德和理查森似乎赞同文化传播的基本单位具有独立的复制力量，但是其他人并不接受这种观点。从这个重要的意义上来说，那些人更亲近传统的社会生物学——他们的座右铭也许是"基因总是赢家"。狗链有时会很长，但是狗永远也跑不掉。

于是我们又被带回到了社会生物学的现代继承者这里，他们有着一脉相承的立场。进化心理学的基础是，人类心智进化是为了解决更新世狩猎采集生活中所碰到的问题（Barkow, et al., 1992；Pinker, 1997）。换句话说，我们所有的行为、信念、倾向以及习惯都是为了适应环境。例如，性嫉妒和亲子之爱，我们习得语法的方式或者为了应对营养不足而调整食物的摄入，见到蛇敬而远之以及我们维持友谊的能力，这些通通都是对狩猎采集生活方式的一种适应。因此，进化心理学家们认为，所有行为最终都会回到生物优势上来。

进化心理学可以帮助我们获得很多理解，但是够了吗？我认为不够。从模因学的角度，进化心理学给我们提供了一个至关重要的基础。为了理解为什么某些模因被选中而另一些则被拒绝，我们需要理解为了基因的利益自然选择是如何塑造我们的大脑的。我们喜欢甜的蛋糕和含咖啡因的饮料，我们会对以裸女作封面的杂志忍不住多看一眼，换成火车封面显然就不会有这种欲望。我们喜欢买鲜花，但是厌恶卷心菜烂掉的气味，这些对于我们理解模因选择都至关重要。但这不是故事的全部。为了彻底理解人类的行为，我们必须同时考虑基因和模因选择。大多数进化心理学家完全反对需要第二个复制子的想法。而我在本书中的任务就是要说明为什么我们需要第二个复制子。

我已经探讨了文化进化各种不同的理论思想，这将有助于看清其中是否有和模因学相似的观点，但是采用的是另外的名称。除了我讨论过的少数例外情况，答案是否定的。目前看来并没有一个现成的模因学我们可以直接拿来用。如果我们需要一门模因学，正如我所确信的一样，那么我们就需要从零开始。

可用的主要理论工具包括进化理论的基本原理，也就是道金斯、丹尼特以及其他早期模因学者的基本思想，以及上文中所讨论过的文化人类学的相关思想。当然，我们也可以借鉴心理学领域 100 多年来的研究成果以及近几十年认知科学和神经科学的相关研究。

有了这些理论工具，我将试着建立模因学的学科基础。然后我就可以用它来为旧的问题提供新的答案，从一些细小的问题比如"为什么我的脑子里总是充满各种想法"到重量级问题"人类为何拥有如此硕大的脑袋"。这项事业的第一步乃是以模因之眼看世界。

第 4 章 模因之眼看世界

我们现在可以用一种新的方式来看待世界。我把这叫作"模因之眼看世界"。虽然模因并不真的有眼睛或观点,它们什么也看不见,也不能预知未来,但是这一观点和生物学上的"基因之眼看世界"是一样的。模因是复制子,只要有机会它们就会倾向于增加数量。所以模因之眼看世界就是从复制机会的角度来看待世界——什么能帮助模因进行自我复制,而什么会阻碍它?

我想要问一个简单的问题——实际上我将在接下来不同的地方用上这个问题。想象一个充满了模因宿主(例如大脑)的世界,而模因的数量又远远超过可以寄居的数量。现在我们就要问,哪些模因更有可能找到一个宿主寄居并让自己得到传播?

这是描述我们所生活的现实世界的一种合理的方式。我们每个人每一天都会创造或是碰到数不清的模因。我们的大多数想法都可能是模因,但它们如果不被说出来,就会立刻消失。每次我们说话的时候都在产生模因,但它们大多数在传播过程中都消失了。其他模因则通过广播和电视、重写的文字、他人的行为,或者技术产品、电影和图画来传播。

想一下你在过去十分钟里所产生的想法——更别说一整天了。即使在阅读的时候,你可能也会想到其他人、记起你要做的事情、为当天制定计划,或者(我希望)把握书中所闪现的美妙思想。这些想法中的大多数都不会被重新考虑。它们将得不到传播并就此消失。

想想你今天可能会对别人说多少话——或者你会听到别人说多少话。你可能听收音机、看电视、跟别人吃饭、辅导孩子写作业、跟远在天边的人打电话。这些对话中的大部分内容都将不再被传递下去。其中大部分不会再像"然后他对她说……"或者"你知道吗"那样出现。大多数内容都将烟消云散。

书面文字的效果可能也好不到哪里去。这一页上的文字已经被了,但是也可能仅止于此。即使你把它们传递下去了,你也可能为了记忆方便而打乱内容的顺序,或者因为我没有说清楚,所以信息传输的误差可能并不低。每天有数以百万计的报纸被印刷出来,但是一周以后,大部分报纸都随风而逝,大多数人都想不起里面写了什么。书本的情况可能会好一些——虽然单单在美国每年就有成百上千的新书出版。不是所有的书都具有影响刀或者被人铭记。尽管一些科学论文被广泛阅读和引用,但是据说,大多数论文根本没有人读!

我们无法(甚至在原则上)计算出有多少比例的潜在模因是真的得到传播了,但是这个观点已经足够清楚了。这里面存在巨大的选择压力,因此只有极少数模因能幸存下来。只有少数模因成功地从一个大脑复制到另一个大脑,从大脑复制成文字,从文字复制成另外的文字,或者从声音复制成光盘。我们经常遇到的都是成功的模因——那些在激烈竞争中让自己得到复制的模因。我的问题很简单——取得成功的都是哪些模因?

我将以模因的视角来解决几个棘手的问题。我先从一个简单的问题开始。问题本身并不很深奥,但是却很有趣——并且我们可以把它当作以模因之眼看世界的一个练习。

为何我们不能停止思考？

你能停止思考吗？

也许你已经练习过冥想或者其他方法来让大脑安静下来。如果你真的试过，你就知道这项任务并不简单。如果你还没试过，那我建议你现在清空大脑一分钟试试看（或者你现在做不了，那就找个你没有别的"更好"的事情可干的时候，比如在等水烧开的时候，或者计算机开机的时候）。当有任何想法出现的时候（这必定会发生）接受它，不管它。不要纠结于这些想法，也不要去追踪这些想法。看看你能否在它们之间找到空隙。最简单的冥想形式不过就是这种练习。你会发现它相当之难。

为什么？毫无疑问，你会发现一些想法不知从哪冒出来，抓住了你的注意力。你可能还会注意到它们是什么类型的想法。通常，它们是一些想象的对话或论证、带有新结局的事件回放、自我辩护、对未来的复杂计划，或者是必须做出的艰难抉择。它们很少是简单的表象、感知或者情感（它们来来去去并不会造成困扰）；相反，它们使用你从别人那里获得的语词、论证以及想法。换句话说，这些连绵不断的想法就是模因。你无法命令它们停止。你甚至无法命令它们放慢速度或者告诉你自己不要理会它们。它们似乎有自己的生命和力量。为什么？

从生物的角度来看，这种持续不断的思考似乎并不合理。我很谨慎地说出这句话，是因为我知道，许多起初看起来并不符合基因利益的事情，到后来都被证明是有益的。尽管如此，仔细考量一番还是很有帮助的。

思考需要能量。PET 扫描（正电子发射断层扫描）等技术的诸多好处之一就是当人们思考时，我们可以具象化地观察脑部活动。虽然在分

第4章 模因之眼看世界

辨率上仍然受到很大的限制，但是扫描还是能够显示出大脑不同区域的相对血流量。比如说，当某人在做视觉任务时，大脑的视觉皮质就会更活跃，而听音乐的时候，听觉皮质则变得更活跃。正如长期以来所猜想的一样，想象某个东西与实际看到或听到这个东西所使用的大脑区域是相似的。所以想象对话就会激活大脑言语区。将简单的普通任务和难度较大的任务做比较就会发现，难度较大的任务会产生更高水平的脑部活动。

当然，与爬山相比，思考所消耗的能量是很少的，但并不是说它们就可以忽略不计。血液流动意味着氧气和储存的能量正在被消耗，而这些都是要努力获得的。如果一个有机体可以一直不思考而生存下去，它就会消耗更少的能量，从而获得一种生存优势。

因此，所有这些思考想必是有一些用处的。但是是什么呢？也许我们在练习有用的技能，或者解决问题，或者在社会交换中思考如何达成更好的交易，或者是规划未来的活动。我不得不说，对于我那些愚蠢而又没有意义的想法来说，这个观点似乎行不通。然而，将进化思维应用于当前的情况可能并不合适。我们并没有伴随着书本、电话和城市而进化。

进化心理学家可能会建议我们考虑一下过去的狩猎采集生活来寻找答案。对太多的细节进行推测是危险的，因为我们对遥远的过去所知甚少，但是很多研究者根据现有的证据提供了很不错的描述（Dunbar，1996；Leakey，1994；Mithen，1996；Tudge，1995）。他们倾向于认为，人们生活在大约 100～250 人规模的群体之中，有着牢固的家庭纽带和复杂的社会规则。女性倾向于采集果实而男性则外出打猎。跟现代人相比，他们的寿命都很短。由于这种生活方式需要的领地面积很大，因此人口密度受到限制，并且凶猛的野兽和疾病的威胁时刻笼罩着他们。然而，提供食物并不需要花费一整天的时候，因而他们还是有很多闲暇时光的。

在这种情况下，脑子还整天想东想西有什么意义吗？从生存优势的角度来说，这种消耗能量的做法是合理的吗？或者坐下来什么也不想，节省点能量是不是更好些呢——就像猫科动物在阳光下慵懒地休憩一样？我只是在猜测，但是我认为如果我们停止思考，省点能量，可能对基因更有益处。那么，为什么我们做不到呢？

模因论的答案就是，启动思考就是复制子在试图让自己得到复制。

首先，让我们想一想没有模因的大脑。如果大脑的确是一台达尔文机器，那么它内部的想法、感知、观点和记忆等都需要去竞争大脑有限的加工资源。自然选择将确保大脑的注意机制将大部分资源应用于有益于基因的加工之中。在这些限制下，所有的想法和观点都将围绕注意力和被复制的机会展开竞争。然而，它们都被限制在一个大脑里，并受制于自然选择的压力。

现在想象一个具备模仿能力的大脑——一个充满模因的大脑。有模因的大脑不仅可以储存更多的信息，而且模因本身就是用来思考的工具（Dennett 1991）。当你习得了单词、故事、论证结构，或者思考爱、逻辑以及科学的新的方式，你就拥有了更多的思维方式。现在有很多的想法在争夺大脑有限的信息处理能力。不仅如此，模因还可以从一个大脑复制到另一个大脑。

如果一个模因能让自己得到复制，它就会这么做。一种方法就是控制一个人的大脑资源，让它们不断地得到演练，这样，它们就比那些没有得到演练的模因更具竞争优势。像这样的模因不仅更容易被记住，而且当你下次和别人说话的时候，它们更可能"出现在脑海中"。我们以故事作为例子，如果一个故事因为具有巨大的情绪感染力，或者其他什么原因，使你不停地想起它，就会在你的脑海中不停地盘旋。这将会让这个故事在你的记忆中得到巩固，也意味着，因为你老是想起这个故事，你就更有可能把它讲给其他人听，而其他人可能也会受到类似的影响。

我们现在也许可以回答我在开头所提出的问题。**想象一个充满了大脑的世界，而模因的数量又远远超过可以寄居的数量。哪些模因更有可能找到一个宿主寄居并让自己得到传播？**

比较一下，一个模因不仅能够抓住大脑的注意力，而且还能在大脑中不停地被反复咀嚼；另一个模因在记忆中慢慢地消失，从未有机会被细细品味；还有一个想法太过无聊，干脆就不再被想起。

哪一个会做得更好呢？在其他条件同等的情况下，显然第一个会做得更好。所以这些想法会再次得到传播，而其他的则会渐渐消失。结果就是这个模因的世界——模因池——充满了人们会不断想起的各种想法。我们都遇到过，我们也想了很多。"我"无法强迫自己停止思考的原因是，数以百万计的模因在"我的"大脑中竞争着生存空间。

请注意，这只是一个一般性的原则。用来说明我们为什么会想那么多。我们也应该能够找出哪些模因是成功的。比如说，它们可能会激发特定的情绪反应，或者与性和食物等核心需求相关——进化心理学在这方面可以帮助我们。它们可能为创造更多的模因提供了特别好的工具，或者恰好很适合已经存在的模因复合体如政治意识形态或占星术迷信。但是探究这些原因是一项特定的任务，回头我再详细讨论。现在我只想要展示模因学的一般原理是如何帮助我们理解心智的本质的。

我把这看作模因的"杂草理论"。一个未被占据的心智就像我的菜园子，我给它松土、清理、刨地。这块地是棕色的、粗糙的、富饶的，适合任何想要生长其上的东西。一两周后，一些地方冒出了一些绿色的东西；再过一两个星期，我们就看到植物的样子了；很快，整块地都被绿色覆盖着，爬满了藤蔓，长出了高高的叶子，看不见一点棕色的土地。理由很明显。如果有东西能生长，它就会长出来。风和土壤中的种子远比能够长出成熟植物的数量要多，一旦有种子获得了空间、水和阳光，它就会肆意生长。这就是种子所做的事。模因在大脑中也干着同样的事。

只要大脑有多余的思维空间，模因就会出现并将其耗尽。即使我们已经在思考一些让人很揪心的事情，任何其他更揪心的事情都可能会取代第一个想法，提高它被传播的机会，从而增加其他人被感染的可能性。从这个角度来说，冥想练习就是一种"心理除草"。

在生物学的世界里还有其他的类比（虽然我们必须记住它们只是类比）。以森林为例。在森林里，每棵树都要争夺阳光，能长出高大树干的基因自然会获得优势，并在基因库中扩散开来，而携带短小树干的基因的树则会在黑暗中慢慢消亡。到最后，森林里留下来的都是它们所能够容纳的最高的树木。

谁受益了？不是这些树。它们都耗费了大量的能量来使树干长高，并且仍然和其他树木相互竞争着。它们不可能达成什么君子协定让大家都别长高了，因为如果所有的树都这么做了，只要其中有一棵树违反协定，它就能在竞争中获胜。所以森林就成了地球上一种常见的生物形态。受益的是成功的基因，而不是树木。

回到我们可怜的过度活跃的大脑，我们又要问了——谁将受益？持续的思考显然对基因没什么用处，也不会使我们感到快乐。重点是，一旦模因出现，持续思考的压力就是不可言喻的。随着这些模因之间展开竞争，我们的精神一日不得安宁。

当然，不管是基因还是模因都不在乎这些——它们只会无意识地复制。它们并无远见，当然也不能根据行为后果来制定什么计划——即使它

第 4 章 模因之眼看世界

们会在乎。我们不应该期望它们给我们创造一种快乐又惬意的生活，事实上它们也没有。

我用这个简单的例子来说明我想要怎样使用模因学来理解人类的心智。稍后我将以同样的方式来问一个非常相关的问题——我们为什么话这么多？你可能会觉得答案不是显而易见嘛。但在我们详细展开这个问题之前，我想要提前做一个重要的警告。

不是所有东西都是模因！

不是所有东西都是模因

一旦你掌握了模因的概念，你就很容易被热情冲昏头脑，把一切都看作模因——把模因等同于观点、思想、信念、意识的内容或者任何你可以思考的东西。这种倾向是非常具有迷惑性的，会妨碍我们理解模因能做什么、不能做什么。我们需要给模因一个清晰而精确的定义作为开始，这样才能判断哪些算模因，哪些不算。

最重要的一点是，正如道金斯最初的构想，模因是通过模仿传播的。我对模因的描述是"储存在大脑（或其他实体）中，通过模仿传播的实施行为的指令"。新版《牛津英语词典》对模因的定义是："meme，读作 [miːm]，名词。生物学术语（mimeme 的缩写，意为模仿，构词类 gene）。一种文化的基本单位，通过非遗传的方式，特别是模仿而得到传递。"模仿是一种重复，或者复制，这就是为什么模因是复制子，并具有复制能力的原因所在。如果听起来不那么尴尬的话，你甚至可以说"模因是任何通过模仿来传播的东西"。

我们可能（也将会）辩论，什么可以算作是模仿，但是现在我将

"从广义上"来用模仿这个词，一如道金斯所做的。当我说"模仿"的时候，我的意思是指通过使用语言、阅读、指令以及其他复杂的技能和行为来使信息得到传递。模仿包括任何形式的思想和行为从一个人到另一个人的复制。所以当你听到一个故事，并将故事梗概讲给别人听，你就复制了一个模因。很重要的一点是，对模仿的强调让我们排除了任何不能被传递的东西，这些东西都不能算作模因。

　　把目光从这一页内容移开一会儿，让你的眼睛停留在窗户、墙上、一件家具或者一株植物上。任何东西都可以，只要能让你静静地走神五秒钟然后再回到书本上来。我想在这短短的时间里你一定经历了一些什么。在这短短的几秒钟里，你的脑海中可能闪过一些场景、声音或者印象，它们都构成了你这几秒钟的经历。它们里面有模因吗？也许你在心里跟自己说"这棵植物需要浇水了"或者"我真希望外面的交通没这么拥堵"，如果这样的话，你是在使用语词；这些语词以模因的方式被你习得，你可以再次将它们传递出去——但是就感知经历本身来说——它并不一定涉及到模因。

　　当然，你可能会说，现在我们有了语言，我们所经历的一切都染上了模因的色彩。所以让我们来思考一下那些没有语言的动物所拥有的经历。拿我的一只猫做例子。它显然不是最聪明的生物，但是它确实有一个丰富有趣的生命以及很多能力，但是这些几乎都不是通过模仿得来的。

　　首先它能看能听。它能追蝴蝶，还能爬树——这些都需要复杂的感知和运动技能。它可以尝，可以嗅，喜欢 Whiskas 牌猫粮胜过 Katkins 牌。它有很强的等级意识和领地意识，会对一些猫发出嘶嘶声或者逃走，也会和它们玩耍。它能认出其他的猫，也能认出一些人，对他们（它们）的声音、脚步声或者触摸做出反应，并能通过动作、肢体接触以及它洪亮的叫声来交流。它的心理地图是复杂和详细的。我不知道它的范围有多大，但是它至少包括了四个花园，两条路和人类及猫踩出来的小道。它能将一个人在窗边的位置与他所在的房间建立起坐标关系，能够凭刀叉碰到碗具时发出的声音立即识别出进入厨房的最佳路径。到了厨房后，当它听到"Hup"这个词时，它会立马用后腿站起来，用前爪作揖。

它的"猫生"中包含有很多我能在自己的人生中找到的经验——感知、记忆、学习、探索、食物偏好、交流以及社会关系。这些都是没有通过模仿而获得的经验和行为的例子，因而它们都不是模因。注意，我的猫在它的生命中学到了很多东西，有些是从我这学到的，但是这些东西都不能"通过模仿得到传播"。

如果我们要确定模因是什么意思，那我们就要仔细区分模仿学习和其他类型的学习。传统心理学处理两种主要类型的个体学习（动物或人类的）——经典性条件作用和操作性条件作用。在巴甫洛夫和他的狗所做的经典性条件作用的实验中，两种刺激通过重复配对出现而建立了联系。而我的猫可能也学会了把特定的声音和进食时间，个别猫的出现和恐惧，以及下雨的声音和"今日不宜出门"建立联系，诸如此类。就像我一听到牙医钻牙的声音就会整个人僵住（现在还是会这样，即使距离我上一次被麻醉后修牙已经过去整整 25 年了！），而听到往杜松子酒里加入冰块的声音，整个人就会感到轻松惬意。你可以说，在经典性条件作用中，环境中的某些方面已经被复制进大脑了，但一切到此为止，这种联系是不能通过模仿得到传播的。

操作性条件作用是指通过奖励或惩罚来提高或降低动物的某种行为在将来出现的频率。斯金纳在这方面的研究非常有名，他让笼子里的老鼠或鸽子进行试误学习，通过按压杠杆来获取食物。我的猫可能通过操作性条件作用学会了使用猫门，以及更好地捕捉田鼠的方法。它也用这种方式学会了讨吃的。就在刚刚，它轻轻地把鼻子凑到我端盘子的地方。然后，

模因机器

45 在"行为塑造"的过程中,我会逐步地奖励它,让它做出越来越规范的乞食动作,最后将盘子藏在我背后,然后说"Hup"。如果你认为这是一只弱小的动物受到一只强大动物的不平等对待,那么我要指出的是,它也成功地训练了我,让我在它需要的时候离开桌子来抚摸它。

斯金纳还指出了操作性条件作用和自然选择之间的相似性——有些行为被选择了,而另一些行为则被淘汰了。从这个意义上说,学习可以看作一个进化系统,而控制行为的指令则是复制子。很多关于学习和大脑发展的选择理论被提出来,但是只要行为无法通过模仿从一个人传递到另一个人,那么它们就不是模因,因而这种选择就不是模因选择。

人类的很多学习都是斯金纳式的,而不是模因式的,不管是否有意识,父母都通过强化的方式来塑造孩子的行为。对孩子来说最好的奖励是关注,并且奖励比惩罚的效果更好。因此,如果父母在孩子表现良好的时候给予他们很多关注,而在他们尖叫或者发脾气的时候表现得漠不关心,那么对孩子来说,表现良好才最符合他们之所需,因而他们就会这么去做。什么都替孩子做的父母最终会培养出依赖性强的孩子,而那些期望自己的孩子获得生活的技能、要是上学迟到就让孩子自己承担老师的惩罚的父母,最终就会培养出有担当的孩子。你可能以为是你教会了你的女儿骑自行车,但是事实很可能是,你买了一辆自行车,鼓励孩子去学习,然后在不断的试误中你女儿逐渐学会了骑自行车。在这一过程中(除了骑自行车的想法)并不需要任何模因的参与。我们学到的很多东西都只是自己用,而不会把它们传递下去。

事实上,我们可能很难区分出我们通过模仿学到的东西以及通过其他方式学到的东西——但是原则上,这两者是不同的。我们知道很多东西都不是模因。然而,一些作者暗示,我们所知道的一切东西几乎都是模因(e. g. Brodie,1996;Gabora,1997;Lynch,1996)。布罗迪把所有的操作

第4章 模因之眼看世界

性条件作用，事实上是所有的条件作用都看作是模因式的。加博拉（Gabora）甚至走得更远，认为"任何可以成为当下经验的对象"都是模因。这就让人非常困惑了。它剥夺了模因作为一个复制子这样一种观念所蕴含的力量，对于如何处理意识这个本已棘手的问题也没有什么帮助。如果我们要取得进展，我们就需要牢牢记住模因清晰而简单的定义。

那么情绪呢？情绪是人类生活中不可分割的一部分，甚至在理性思考和决策中起着非常重要的作用。神经学家安东尼奥·达马西奥（Antonio Damasio）（1994）研究过很多大脑受损的病人，这些损伤通常发生在额叶，会让他们失去正常的情绪反应，变得非常冷淡。但是他们并没有变成超级理性的决策者，能够不受所有烦人的情绪干扰，好好制定生活的计划，相反地，他们变得优柔寡断、寸步难行。到底是选择泡菜和南瓜片，还是奶酪和洋葱，这样的小事情都可能成为一个伤脑筋的问题，只有经过长时间的审慎思考才能解决，所以他们根本就无法正常生活。我们大多数人会这样想"恩，我今天想吃奶酪和洋葱"，并没有意识到情绪完成了所有复杂的工作，它帮我们掂量所有可能的后果，根据过往经验权衡这些结果，再把我们经过演化所产生的口味偏好放进来，产生出一种模糊的生理反应倾向，从而让我们大脑中那一块小小的言语区说出"我想我会选择奶酪和洋葱——如果你不想要的话"。《星际迷航》中的机器人"数据"简直就难以置信，如果它真的没有感情，那它就无法决定早上是否起床，什么时候和皮夏德舰长说话，或者喝茶还是喝咖啡。

情绪和思维还以其他的方式相互联系。控制情绪状态的激素很少，像是肾上腺素和去甲肾上腺素，但是由于我们会给生理反应贴上不同的标签，做出不同的解释，因此我们会产生大量不同的情绪体验。通过这种方式，你可以说模因与我们的情绪有关，但是情绪是模因吗？结论是——只有当它们可以通过模仿传递给别人的时候才可能是。

说"你根本不知道我的感受"这句话几乎是不言而喻的。情绪是很私人化的，因而很难进行交流。我们写诗、送玫瑰、画画，试着用各种细微的方式来传递情感。当然，我们可能会从别人那里获得情绪，这看起来很像模仿，就像当我们看到别人悲痛的时候，伤感的眼泪也会不自觉地流出来。这种传染式的行为传播看起来就像模仿，因为当一个人做了某件事，另一个也会做一样的事。但是严格说来它不是。想知道为什么，我们就需要给模仿下一个定义。

模仿、传染和社会学习

心理学家爱德华·李·桑代克（Edward Lee Thorndike）（1898）可能是第一个给出模仿明确定义的人。他把模仿定义为"通过观察来学会完成某种行为"。桑代克的定义（尽管局限于视觉信息）抓住了一个重要的概念，即在模仿中，人们是通过复制他人的行为来习得新行为的。一百多年后的今天，我们可以看到这一点在区分传染、"社会学习"以及"真正的模仿"中的重要性。

"传染"这个词可以有很多用法。我们可以认为思想是具有传染性的，并将模因的传播与传染性疾病相比较（Lynch，1996）。此外，"社会传染"这个词也被用来描述某种狂热，甚至是自杀行为在社会中的传播（Levy & Nail，1993；Marsden，1998）。但这不是我要拿来与模仿做比较的那种传染。相反，我指的是各种各样被称作本能模仿、行为传染、社会促进、联合行动，或者直接就是传染的东西（Whiten & Ham，1992）。遗憾的是，社会心理学家经常将模仿和传染混为一谈，或者干脆把它们当成一回事（Grosser et al.，1951；Levy & Nail，1993）。然而，比较心理学家们

（那些将动物和人类行为作比较的学者）近来已经做出了一个清晰有益的区分。

打哈欠、咳嗽和大笑都是非常具有感染性的。事实上，如果你身边的人都在开怀大笑，你想不笑都很难。这种传染被认为依赖于特定的刺激特征觉察器，它能够探测到来自他人的笑声或呵欠声，进而触发相同的本能反应。在其他动物中，警报声和其他声音是可以传染的，但是笑声的传染似乎仅限于人类（Provine，1996）。其他的例子还包括心境和情绪在群体中的传播，以及当人们看到别人在盯着什么东西看的时候，也会不自觉地停下来看看到底是什么。

这些传染都不是真正的模仿。我们只要看看桑代克的定义就可以发现其中原因。打呵欠、咳嗽、大笑以及注视都是本能行为。当我们因为看到别人笑而大笑的时候，我们并没有学到"如何做出一个行为"。我们已经知道怎么笑，我们发出的笑声并不是在模仿我们听到的笑声。所以这种传染不是模仿，因此不能被看成是模因式的。

其次是社会学习（与个体学习相对），它是通过观察，或者与其他的动物或人的互动而产生的一种学习。模仿是社会学习的一种形式，但是社会学习还存在模仿以外的形式。动物研究者最近在区分这些类型的学习和找出哪些动物具备真正的模仿能力方面取得了重大的进展（Hayes & Galef，1996）。结果令人惊讶。1921年，在英格兰南部，人们看到山雀（一种小型的园丁鸟）撬开了放在门阶上的牛奶瓶盖取食奶油皮。随后，这种习性在英格兰，以及苏格兰和威尔士的部分地区传播开来，其他种类的鸟也学会了这种行为，它们还会去啄铝箔箱顶部。山雀互相学习的方式表明，这种伎俩逐渐从一个村庄传播到另一个村庄，从一个地区跨到另一个地区，虽然这种伎俩在这个过程中显然经历了多次独立的再发明（Fisher & Hince，1949）。随着超市和硬纸板包装的出现，送奶工留下的

模因机器

瓶子越来越少了，但即使在今天，你偶尔也会看到你的银色瓶口上被什么戳出了一个洞。

啄奶瓶现象的传播不过是一个简单的文化现象，但是纯粹主义者会辩称这种行为并非基于模仿，而是基于一种更简单的社会学习（Sherry & Galef, 1984）。想象一下，一只鸟通过反复的试误，知道了可以通过啄瓶子来获得奶油。然后另一只鸟碰巧经过，目睹了这一行径。啄是山雀的一种本能行为，既然第二只鸟的注意力被吸引到瓶子上，那么它就更可能也会飞到瓶子上去啄它。在美味奶油的强化下，这只鸟会重复这种行为，然后又会被别的鸟看到，以此类推。事实上，这些鸟用了很多不同的方法来打开瓶子，这表明它们并不都是通过直接的模仿来学习。

这种社会学习有时候被称作"刺激增强"（stimulus enhancement）——在这个例子中，瓶盖作为一种刺激，变得更容易被注意到。类似的，"局部增强"（local enhancement）是指注意力被引向某个特定的区域。动物们也通过互相学习知道了哪些对象或地方应该引起恐惧或者忽视。例如。年幼的恒河猴通过观察父母对蛇的恐惧反应学会了躲避蛇，而当章鱼看到其他同类攻击某个对象时，也会选择攻击这类对象。鸟类和兔子通过跟随其他"大无畏"的同类学会了对火车无所畏惧，从而对可怕的噪声变得习以为常。蛎鹬会沿袭群体的习俗，通过戳刺或者锤击技术来打开贝壳，而鸟类会从其他同类那里学习如何选择迁徙路径和筑巢地点［邦纳（Bonner）在1980年给出了很多有趣的例子］。但这些过程都不是真正的模仿，因为没有新的行为从一个动物传递给另一个动物（关于社会学习和模仿的综述参见Heyes & Galef, 1996; Whiten & Ham, 1992; Zentall & Galef, 1988）。

其他看起来像是基于模仿的真正的文化学习的著名例子还包括日本的一群猴子学会了洗地瓜，以及黑猩猩学会了把树枝戳进土堆里抓白蚁。然而，对这些技能的传播以及动物学习能力的进一步研究表明，这些行为都依赖于个体学习以及上述所说的那种社会学习，而不是真正的模仿（Galef，1992）。所以从真正精确的意义上来看，你不得不说，啄瓶盖、抓白蚁，以及洗地瓜都不是真正的模因——虽然它们已经非常接近。

那么你家隔壁邻居养的画眉会模仿闹钟或者汽车报警器的声音又是怎么回事呢？真正的模仿行为确实会发生在鸟类身上，虽然它们的模仿能力仅限于声音，而且仅限于特定种类的声音（可能鹦鹉除外，它能模仿一些简单的姿态）。因此，鸟叫声一直以来被视为一种特例（Bonner，1980；Delius，1989；Thorndike，1898；Whiten & Ham，1992）。很多鸣禽有着模仿的悠久传统。幼鸟通过模仿它们的父母和邻居来学会唱歌。例如，在苍头燕雀中，幼鸟在学会唱歌之前会长时间地听它父亲唱歌。几个月后它开始胡乱地发出各种各样的声音，渐渐地，发声范围会逐渐缩小到它小时候听到过的那首歌的音域。实验表明，鸟类学习唱歌存在一个关键期，它必须听到自己的歌声，并将其与所模仿的记忆中的那首歌进行比对。人工饲养的鸟类可以从录音机上学习歌曲，而被收养的鸟所唱的歌更像它们的养父母，而不是亲生父母。一些鸟类会从邻居那里学到很多歌，而少部分，像鹦鹉和八哥，还能模仿人类讲话。所以我们可以把鸟叫声算作一种模因。事实上，苍头燕雀歌曲的文化进化已经被拿来从变异、流动和漂变这几个方面作了研究（Lynch et al.，1989），而对食蜜鸟的研究表明，它们的歌曲模因池在澳大利亚大陆比在附近的岛屿上更具多样性（Baker，1996）。因此鸟叫声不同于我们前面所考量过的那些社会学习的例子。

区别之处理由如下。模仿是通过观察别人来学习某种形式的行为，而社会学习是通过观察别人来认识和了解环境（Hayes，1993）。山雀已经知道如何去啄，它们只是学会了啄什么；猴子们已经知道如何感到害怕，它们只是学会了应该对什么感到害怕。

经过近一个世纪的研究，几乎没有什么证据表明在非人类的动物中存在真正的模仿。鸟叫声显然是一个例外，而我们可能对水下世界里海豚的模仿行为知之甚少。在人类家庭中长大的黑猩猩和大猩猩偶尔会以在野生同类中不存在的方式进行模仿（Tomasello et al., 1993）。不过，当我们向猿类和人类儿童提出同样的问题，只有人类儿童能够很容易地通过模仿来解决这些问题（Call & Tomasello, 1995）。用动词"模仿"（to ape）来表示模仿似乎是错误的，因为猿类很少模仿。

相反，人类是"完美的模仿多面手"（Meltzoff, 1988, p. 59）。人类婴儿能够模仿各种各样的声音、身体姿态、对物体的动作，甚至是完全任意的动作，比如在塑料垫子上弯下腰来用膝盖碰你的头。到了 14 个月大的时候，婴儿甚至可以进行延迟模仿，延迟时间在一周甚至更长时间（Meltzoff, 1988），而且他们似乎可以意识到什么时候大人在模仿他们（Meltzoff, 1996）。与其他动物不同，我们很容易模仿几乎任何东西，并似乎以此为乐。

如果我们把模因定义为通过模仿传播的，那么我们必须得出这样的结论：只有人类有能力进行广泛的模因式传播。其他一些理论家在他们对文化进化的定义中涵盖了社会学习的所有形式（e.g. Boyd & Richerson, 1985; Delius, 1989），他们所构建的数学模型可能适用于所有类型的社会学习；但是，我认为模因学最好还是保持模因的原始定义。原因是其他的社会学习形式并不支持一个具有真正遗传性的复制系统，因为在它们里面，行为并没有真的被复制。

我们可以这样来想。在社会学习中，一只动物可能会在个体学习中创造出一种新的行为，然后以某种方式引导另一只动物进入这样的情境，使它可能会学习同样的新行为——或者，第一只动物的行为方式可以改变第二只动物学习的机会，使其能够学习同样的（或者相似的）新行为。结果看起来像是复制，但实际上不是。因为行为必须由第二个学习者重新创造。社会环境和其他动物的行为在其中起着一定的作用，但是第一只动物行为的细节并没有得到传递，因而就无法使行为得到延续并在此基础上作进一步的改进。从这个意义上说，这里不存在真正的遗传。这意味着没有产生新的复制子，没有真正的进化，因此这个过程就不应该被看作模因式的。

相比之下，泛化模仿的技能意味着人类可以创造出无限种可能的新行为并彼此复制。如果我们把模因定义为通过模仿传播的，那么任何通过这个复制过程传播的东西都是模因。模因符合复制子的要求，因为它具备全部三个必要的条件，包括遗传（行为的形式和细节都得到了复制）、变异（复制时带有错误、修饰或者其他的变异），以及选择（只有某些行为能够成功地被复制）。这是一个真正的进化过程。

我们现在已经确定模仿是稀少而又特殊的，但是模仿行为究竟意味着什么呢？目前已有大量关于婴儿和儿童模仿行为的研究（Meltzoff & Moore，1977；Whiten et al.，1996；Yando et al.，1978），有些是关于运动的，有些是关于社会从众的，有些是关于暴力视频是否会导致暴力模仿之类的问题（Bandura & Walters，1963），还有一些是关于自杀、车祸，甚至是谋杀行为是否会通过模仿传播的（Marsden，1998b；Phillips，1980）。然而，关于模仿背后的机制研究甚少，因此我只能作一些推测。

我们可以把这个过程比作"逆向工程"（reverse engineering），这是现代工业中窃取创意的一种常用手法。如果一个不择手段的制造商想要制造最新高科技激光唱机的廉价版，那么，经过专业训练的工程师就会将原版唱机一点一点地拆开来，试图弄清楚所有的零部件是干什么用的，以及它们是如何造出来的。如果幸运的话，他们就可以造出具有同样性能的翻版——无需支付专利费。但这其实并不容易。

现在想象你要复制某个简单的动作。假设我现在将手放到嘴边呈喇叭状，朝上发出"嘟嘟"的声音。我敢打赌，除非你生理上不便利，否则让你复制这个动作没有任何困难——观众朋友们对你的表演水平也一定产生一个一致的见解。这有什么难的呢？

每件事都不容易。首先，你（或者更确切地说，是某些无意识的大脑机制）必须要决定复制动作的哪些方面——腿的角度重要吗？脚所站的位置呢？更重要的是你的手是要看起来像喇叭，还是它们的确切位置要尽可能接近我的喇叭呢？你发出的声音必须是同一个声调，还是只需要哼出一样的旋律就行呢？我相信你也可以提出自己的问题。在你决定了哪些重要的方面需要被复制以后，还必须进行一组困难的转换。假如说，你是站在侧面观察我。你所看到的我的动作和你自己实施这些动作的时候从你的角度所看到的这些动作都是不一样的。你只能看到靠近你嘴边这一端的"喇叭"。无论如何，你的大脑必须对我所做的动作进行转换，使它能够指导我的肌肉做出该做的动作，让你的动作在别人看来跟我的是相似的。现在事情听起来已经复杂起来了。

这听起来很复杂，因为它确实如此。模仿必须包含：（a）决定模仿什么，或者什么是"相同的"或"相似的"，（b）从一个视角到另一个视角的复杂转换，以及（c）产生相匹配的身体动作。

一旦你意识到这种看似自然的行为有多么复杂，你就很容易认为我们是不可能做到的——虽然很显然我们确实可以做到。你也会倾向于认为模因论作为一种科学不可能建立在如此怪异的基础之上。但是只要提醒自己，人类生活确实就是这样子，我就会感到宽慰。我们无时无刻不在互相模仿，而我们又总会低估模仿这种行为里面所包含的东西，因为它对我们来说是如此轻而易举。当我们互相模仿时，某些东西虽说无形，但总会被传递下去。这种东西就是模因。模因之眼看世界就是模因学的基础。

第 5 章　模因三问

贝多芬的《第五交响曲》是模因吗？或者仅仅前四个音符是？

这给模因论提出了一个真正的问题，一个值得探讨的问题——但我个人并不认为这是一个问题。模因论经常遭遇这样的质疑，值得我们好好去思考并将其解决。我将着重考虑三个问题，这三个问题在我看来，要么是可以解决的，要么是无关紧要的。

模因的基本单位无法确定

无论是巧合还是模因传播的结果，贝多芬都是说明这个问题最好的例子。布罗迪（1996）使用了贝多芬的《第五交响乐》，道金斯（1976）使用了《第九交响乐》，而丹尼特（1995）两者都采用。丹尼特补充说，贝多芬《第五交响乐》的前四个音符是极其成功的模因，在贝多芬的作品完全不为人所熟知的情况下使自己得到了传播。所以这四个音符是模因吗，还是整个《第五交响乐》才是？

如果我们不能回答这个问题，我们就不能确定模因的单位，有些人显然认为这是模因学所存在的一个问题。例如，许多年前雅各布·布鲁诺斯基（Jacob Bronowski）想知道为什么我们对社会变化没有一个更好的理解,并指责我们不能确定相关的基本单位(Hull,1982)。我曾听说有人对整个模因学思想不屑一顾,他们给出的理由就是"你甚至不能说出模因的基本单位是什么"。好吧,这是事实,我确实说不出。但是我并不认为这是必要的。复制子并不需要整齐地打包成现成的单元。既然基因是我们最熟悉的例子,我们来看看基因所存在的同样的问题。

定义一个基因并不容易,事实上,培养员、遗传学家以及分子生物学家对这个术语的用法不尽相同,因为他们所感兴趣的东西不一样。在分子层面,基因由沿着一条 DNA 分子排列的核苷酸序列组成。不同长度的 DNA 有着不同的名字,比如密码子,它是由三个核苷酸组成的序列,或者顺反子,它是一个相当长的核苷酸序列,可以提供构建一个蛋白质的指令——其中包括一个起始符号和一个终止符号。在有性繁殖中,这两种基因都不一定会完全地传递下去,也不符合我们所认为的"具有特定目的"的基因的概念。DNA 为蛋白质合成提供了指令,从 DNA 出发到拥有蓝色或棕色眼睛,男人比女人更好色,或拥有音乐天赋,这之间是一条很长的路径。然而正是这些基因的作用让自然选择发挥了作用。所以基因的基本单位是什么呢?

也许并没有最终的答案。一个有用的意见是,基因是一种遗传信息,它持续的时间足够长,因此会受到相关选择压力的影响。一个太短的 DNA 序列是无意义的——它几乎会无止境地代代相传,但参与了无数种不同类型蛋白质的合成以及无数种不同的表现型效应。一条太长的 DNA 序列则难以存活足够多代来被选择或者淘汰。所以必须选择一个中间长度,即使这个长度也会随着选择压力的大小而发生变化(见 Dawkins,1976;Williams,1966)。

基因单位的这种内在不确定性并没有妨碍遗传学和生物学的进步。它并没有让人们说出"我们无法决定基因的基本单位是什么,所以让我们把遗传学、生物学和进化通通都扔掉吧"。这些科学家都是通过使用他们认为对他们当时的工作最有帮助的单元来展开研究的。

同样的道理也适用于模因学。丹尼特（1995）将模因的单位定义为"基于可靠性和繁殖力来复制自己的最小元素"（p.344）。一团粉色颜料是一个太小的单位，不足以让模因的选择压产生作用——不能欣赏，不能厌恶，不能拍照，也不能扔掉。一整个画廊的画又是太大的单位。对大多数人来说，一幅画是一个天然的单位，这就是为什么我们会记住梵·高的《向日葵》或者购买印有爱德华·蒙克的《呐喊》的明信片。印象派和立体派等绘画风格也可以被模仿，因此可以看作是模因，但是很难被分割成单元。一个词太短了，不能申请版权，一整个图书馆又太长，但是从一首巧妙的广告歌到一本10万字的书中的东西是可以并且确实是具有版权的。所有这些都可以算模因——"模因**真正**的单位是什么"——这个问题并没有什么标准答案。

我可以争辩说四个音符太短了，不足以成为模因，但是每个人都喜欢这四个音符，证明我错了。如果一个音乐天才选对了四个音符，用它们写出了美妙的交响乐，并有幸让他的作品存活到了大众化传播的时代——那么这四个音符就可以被数十亿人听到并记住。如果你恰好是这其中一个人，现在你肯定无法将这四个音符从你的脑海中清除掉，我对此深表遗憾。

这个问题——为什么我不能把这个调调从我的脑子里清除出去——提供了模因学作用的一个很好的例子，我将用它来证明模因单位的大小没有什么影响。

为什么有时候旋律在我脑中一遍又一遍地循环着，挥之不去？为什么我们有这样的大脑？整天哼着"Coke Refreshes you Best"，或者隔壁传来的电视主题曲对我有什么用处呢？模因学的答案是，这对我一点用处也没有——但这对模因是有用的。

模因是复制子，如果它们能让自己得到复制，它们就会这么做。大脑的模仿机制是复制曲调的绝佳环境。因此。如果一个调子足够令人难忘，能在你的大脑中驻足留下，然后传递下去，那么它就会这么做——如果它真的非常令人难忘，或者琅琅上口、值得玩味，那么它就会进入很多人的大脑。如果这调子恰好是某些电视制片人在她的最新肥皂剧开始时所需要的东西，那么它将进入更多的大脑，而且每次你开始哼唱它，都有可能被别人听到，那么你就起到了传播的作用。与此同时，很多其他的曲调再也听不到了。所有这一切的结果就是，成功的模因以牺牲其他模因为代价增加了其在模因池中的数量。我们都会受它们感染，把它们储存在记忆中，随时准备激活，并传递给任何未被感染的人。所有这些哼唱对我们自己没有什么实际的好处，对我们的基因也没有。我们拥有具备模仿能力的大脑所必然产生的后果就是被这些洗脑的曲调所萦绕。

我们要注意到，不管为什么一段旋律琅琅上口、受人喜爱，上述论证都是成立的。这些具体的原因可能包括，比如说，对某些声音的内在偏好，在声音的可预测性和不可预测性中找到乐趣，或者是音乐整体的复杂性。加德拉（1997）从其组成部分的适应性角度探讨了爵士乐的发展，考察了复杂性、易记性，以及在不同时期可使用的技术的效果。简单的旋律很容易记住，但是对人们来说可能不够有趣。复杂的即兴音乐可以进化，但是它们只能在受过训练的音乐家和听众中间生存，而更加复杂的音乐就难以记忆了，即使它可能非常美妙，也难以得到复制。

模因学在未来可能会发现在音乐中什么造成了成功的复制。它可能会发现不同的音乐类型是如何占据不同的生态龛位的，例如曲高和寡，或是雅俗共赏。但是这些都和我在这里所作出的论证没什么关系。也就是说，任何在你头脑中盘旋的琅琅上口的曲调都会被传递出去，所以我们都会遇到这样的曲调，并且随时都有被洗脑的可能。

模因论为我们头脑中不断循环的烦人曲调提供了一个简单明了的解释——一如为什么我们不能停止思考。曲调就像野草，肆意生长。在这两种情况下，我们认为什么是模因的基本单位重要吗？我认为不重要。无论我们如何分割相互竞争的指令，争夺剩余脑力的竞争都将持续下去。模因就是"任何通过模仿传播的东西"。如果你在工作时没完没了地哼唱威廉·布莱克的《耶路撒冷》，整个办公室都被你洗脑，那么整首歌就构成了一个模因。如果你只用"da, da, da, dum"来影响他们，那么这四个古老的音符就构成了一个模因。

我们无法知道复制与存储模因的机制

确实，我们无法知道。我们现在对 DNA 是如何工作的了解得如此之多，这一事实很容易让我们想象，我们对模因的工作方式也应该有如此高水平的理解——立即马上。但我不这么认为。不要忘了 DNA 是在进化论提出来很久以后才被我们发现的。达尔文的《物种起源》是在 1859 年发表的。直到 20 世纪 30 年代，遗传学和自然选择才被结合在一起（Fisher 1930）；直到 20 世纪 40 年代，科学的其他领域才被引入如今被称作"现代综合进化论"的体系中，因而产生了新达尔文主义理论；而直到 20 世纪 50 年代，DNA 的结构才终于被发现（Watson, 1968）。在达尔文主义问世后最初的一个世纪里，我们对进化论的理解取得了巨大的进步，但是我们对化学复制、蛋白质合成的控制，或者 DNA 到底做什么一无所知。

我们在 20 世纪末所建立起来的模因论毫无疑问会在下个世纪的时间里显得过时，但这不是阻止我们工作的理由。如果不了解模因选择所依赖的大脑机制,那么我们想要获得模因选择的一般原理就会有一段很长的路要走。但我们可以根据已知的一点点信息对这些机制做一些有根据的猜测。

首先我们可以假设,至少在复制的某个阶段,模因需要储存在大脑中。就存储而言,神经科学在研究记忆的生物学基础方面正在取得长足的进步。人工神经网络相关研究已经证明,人类记忆的许多特征可以用计算机模拟出来。对突触传递,长时程增强和神经递质的研究正试图发现真正的大脑是否就像我们所模拟的一样工作。如果确实是,那么我们可以猜测,人类记忆可能就是像这样工作的(例如,参考 Churchland & Sejnowski,1992)。

大脑中的神经网络由许多单个细胞组成,其中一层细胞负责接收输入的信息(比如,来自眼睛或其他网络),另一层细胞提供信息输出(比如,传递给肌肉、发声器官或者其他系统的网络),这两者之间还有很多层细胞。每个神经元都与其他神经元有联系,而这些联系的强度因过往历史而异。在神经网络的任意状态下,某种输入都会产生某个特定的输出,但是两者之间的关系并不固定。网络是可以被塑造的,例如持续不断地对特定种类的输入进行配对,这些经验会改变它对新输入信息的反应。换句话说,它产生了记忆。

这种记忆跟一台计算机的记忆完全不同:计算机有固定的存储位置;它也不像磁带录音机:它或多或少忠实地复制输入的一切。在大脑中,每一个输入都建立在先前存在的基础上。在充满复杂经历的一生中,我们不会把每一段经历都储存在一个黑匣子中,等我们需要的时候再把它提取出来——相反,每一段经历都会进入我们复杂的大脑,并对原先的记忆产生或多或少的影响。有些事情几乎没什么影响,并被完全遗忘(否则大脑就无法工作)。有些经历产生足够的影响,会在短时记忆中短暂停留,但随后就消失了。而有些经历则带来巨大的变化，真实的事件很容易被重构，整首诗能被我们背下来，或者一张特殊的面孔永远不会被我们忘记。

有效的模因是那些能够产生高保真的持久记忆的模因。模因之所以能够传播，不是因为它们重要或有用，而是因为它们容易被人记住。

科学中的错误理论之所以会传播，是因为它们易于理解，而且与现有理论能很好地兼容，而一些劣质的书之所以能畅销是因为当你去逛书店的时候，这些书的书名很好记——虽然我们可以运用一些策略来克服这些偏见。模因论的一个重要任务就是将记忆心理学与对模因选择的理解相结合。

有些人认为模因不是数字化的（Maynard Smith，1996），而只有数字化的系统才是可以支持进化的。当然，基因是数字化的，而且数字化存储比模拟存储要好得多。我们知道，数字视频和音频记录无论看起来还是听起来的效果都比先前的模拟技术要好；数字系统让信息以更少的损耗来进行存储和传输，即使在存在噪声的信息轨道上也是如此。然而，没有任何法则规定进化必须以数字化为基础——这实际上涉及复制质量的问题。

那么，什么才算是高质量的复制子呢？道金斯（1976）将其归纳为三个词——保真度、繁殖力以及持久性。这意味着复制子必须精确复制、数量要够多、持续时间要够长——尽管这三者之间可能存在权衡。基因在这三个方面都做得很好，数字化保证了复制的精确性。那么大脑呢？

我们的记忆力显然足够让我们能学习几门外语，在一次展览中辨别出几千张照片，并回忆起几十年来我们生活中的重大事件。那么它是否足以支撑模因的进化呢？我认为这是一个可以检验的实证问题。在未来，模因学家可能建立起数学模型来确定记忆的保真度要多高才能支持模因的进化，并将其与人类实际的模因表现进行比较。我猜测，人类的记忆将被证实是足够精确的，不论最终我们发现它是否是数字化的。

第二点，模因依赖于从一个人到另一个人的传播，并且，根据定义，这种传播是通过模仿实现的。我们已经看到人类对模因的理解是很少的，但是至少我们可以做一个简单的预测。易于被模仿的行为将成为成功的模因，而难以被模仿的行为则无法成功。

除此之外，模因的有效传播在很大程度上取决于人类的偏好、注意、情绪以及欲望——换句话说，就是进化心理学所涉及的那些东西。由于基因的作用，我们天生就对性（对不同种类的性）对食物（对更好的食物）对躲避危险以及对刺激和权力都充满了渴望。进化心理学已经为我们提供了大量的信息，解释了为什么某些模因总会反复吸引人们的注意，而另一些则无关痛痒。我们需要利用这些信息，并以此为基础。

总而言之，我们确实不知道模因如何存储和传播的具体细节。但是我们拥有大量的线索，我们也知道得足够多，因而可以开启这项工作。

模因进化是"拉马克式"的

生物进化不是拉马克式的，而文化进化是——至少我听说是这样。这种明显的差异经常被注意到，很多人把它当成一个问题（Boyd & Richerson, 1985; Dennett, 1991; Gould, 1979, 1991; Hull, 1982; Wispé & Thompson, 1976）。在最近一次关于人工生命的讨论中，英国生物学家约翰·梅纳德·史密斯（John Maynard Smith）提出了一个问题：任何进化系统——自然的或者人工的——都必须具备哪些特征？而他给出的答案是"数字化编码和非拉马克式遗传"（Maynard Smith, 1996, p. 177）。所以模因进化真的是拉马克式的吗？如果是的话，模因论的意义是什么？

首先,"拉马克式"这个术语仅指让-巴蒂斯特·德·拉马克(Jean-Baptiste de Lamarck)进化论的一个方面。拉马克相信一系列今天已经被否定的东西,包括进化就意味着进步,以及生物体努力提升自己的重要性。然而,现在人们所说的"拉马克主义"主要是指"获得性遗传"。也就是说,如果你在一生中学到了某些东西或者经历了一些变化,你就可以把它传递给你的后代。

拉马克主义(在这个意义上)并不适用于生物进化,至少在有性繁殖的物种中是这样。遗传的运作方式(这在达尔文或者拉马克的时代人们还不了解)使这无法实现。这有时被称作"魏斯曼屏障"(Weismann's barrier),它以奥古斯特·魏·斯曼(August Weismann)命名,在19世纪末的时候,他提出了"种质连续性"(continuity of the germ-plasm)理论。在更现代的概念中,我们可以这样来看——以有性繁殖和人类为例:

基因由 DNA 编码,并以配对染色体的形式储存在身体里的每一个细胞中。在染色体上的任何位置,不同的人可能会具有不同的等位基因(版本),所有基因的总体构成就被称作基因型。相应地,最后每个人的各种外在特征就被称作表现型。这些基因不是未来表现型的蓝图或图谱,它们是构建蛋白质的指令。这些指令控制胚胎生长时的发展,以及成体在各自独特环境中的发展。结果就是表现型高度依赖于起始阶段的基因型,但无论从何种意义上说,它都不是基因型的一个复制品或者完全受其决定。

现在想象一下,你通过学习一门语言、练习弹钢琴或者锻炼你的大腿肌肉获得了新的特征——也就是说,你的表现型发生了变化。你身上的这种变化不可能影响到你所要传递的基因——尽管它会影响你是否传递其些基因。你的孩子将继承的基因是直接从你继承的基因中得到的,这是一条连续的"线",被称作"生殖细胞系"(germ line)。可以想象,如果基因是作为某种存储的蓝图或图谱来工作，那么表现型所产生的变化就可以反馈到基因从而改变图谱，但事实并非如此。同样我们也可以想象，减数分裂的过程，即细胞分裂成卵子和精子的过程，可能会受到某些表现型变化的影响，但这不会发生，而且无论如何，女性卵巢中所携带的卵子在她出生的时候就已经存在了。我们必须想象生殖细胞系是连续不断的，每一代的基因都被重新洗牌和重组。这些基因指导表现型，随后表现型自行运作，或成功或失败，但是表现型并不反过来指导基因。

尽管拉马克式遗传不能在这样的系统中发生，但是我们依然在这方面做了大量的实验。魏斯曼本人曾切除连续几代老鼠的尾巴，但结果发现此举对后代尾巴长度没有什么影响。然而，严格来说这并不能算是对这个理论的一个检验，因为拉马克认为，有机体必须努力提升自己，就像长颈鹿伸长脖子，鸟类练习飞翔，而魏斯曼的老鼠并没有努力想要把它们的尾巴给变短。在俄罗斯，以李森科（T. D. Lysenko）为代表的官方科学就是以拉马克主义为基础的，但是并没有带来生物学上的进步，却给前苏联的农业带来了灾难，因为他们的植物育种计划失败了。

拉马克的想法仍然很流行，并以多种形式出现，包括对前世的记忆被归因于"遗传记忆"，以及精神力量被解释为"精神进化"。它之所以会流行，可能是因为它在暗示我们，如果我们努力提高自己，那么我们的艰苦工作都将是有意义的，或者对我们的后代有益。但是从纯粹的基因角度来看，并不存在这样的好处。这种思想可能很流行，但它并不是真的。

至少，拉马克主义对有性繁殖的物种并不是真的。对于其他种类的生物来说，这个想法也不适用。这个星球上最常见的生物是单细胞生物，比如细菌，它们通过细胞分裂繁殖。对这些无处不在的生物来说，基因型和表现型之间并没有明显的区别，遗传信息会以多种多样的方式得到交换，也没有明确的生殖细胞系。所以拉马克遗传的整个思想在这里是不相关的。

那么文化进化呢？答案很大程度上取决于你是如何在基因和模因之间做出类比的，正如我之前所强调的，做这种类比的时候我们一定要非常慎重。

一个类比的方法就是始终明确人类基因型、表现型与世代这几个概念。在这样的前提下，后天习得的特征当然会传递下去，就像宗教代代相传一样。但是模因并不局限于生物意义上的世代，它可以朝任意方向发生传播。如果我发明了一种很棒的南瓜汤做法，我就可以把它传给你，你可以传给你奶奶，你奶奶又可以传给她最好的朋友。并且，这也不是生物学意义上的遗传，基因不会受到影响。因此它不是拉马克式的。

使用这个类比的一个更有趣的方法，是用模因和模因世代来替代表现型和生物世代。在上述南瓜汤的例子中，在我和你奶奶最好的朋友之间存在三个世代。在每个世代，食谱从大脑中的指令转变成厨房中的烹饪行为，又进入下一个世代的大脑（如果你观察我熬汤的话）。这里面存在后天特征的遗传吗？让我们把我头脑中的模因等同于基因型，把我在厨房的烹饪行为比作表现型。然后，是的，这种遗传是拉马克式的，因为如果我这次放了太多的盐，或者你忘记了我的一种特殊的香料，或者没能准确复制我切大蒜的方法，那么当你奶奶看你做汤的时候，你传递下去的就是一个新的版本，而新的表现型就会获得相应的特征。

但是如果你没有看我做汤呢？如果我把食谱邮寄给你，你把它拿给你奶奶，你奶奶又给她朋友复印了一份呢？那么现在情况就很不同了。我们可以这样和生物学做个类比。写下来的食谱就像基因型，它包含了如何做汤的指令。而做出来的汤就像表现型。而汤的美味就是食谱之所以会被复制的原因——你奶奶只会因为喜欢这道汤才会要这个食谱。而如果你奶奶没能准确地遵照这个食谱来熬汤的话，那她所做的改变可能会影响到其他想要的人获得这份食谱的机会，但是这些改变并不会被传递下去，因为它们只会停留在汤里（表现型），而不会写在食谱（基因型）中。在这种情况下，这个过程完全类似于生物学上的情况，因而也不是拉马克式的。

我将把这些不同的传输方式称作"复制产品"（copy-the-product）和"复制指令"（copy-the-instructions）。音乐提供了一个稍微不同的例子。让我们假设我的女儿艾米莉弹了一段美妙的音乐给她的朋友们听，其中有一个人也想学着弹。艾米莉可以反复地弹奏，直到她的朋友能够准确地复制（复制产品），或者只需把乐谱给她朋友就行（复制指令）。在第一种情况下，艾米莉所做的任何改变都会被传递下去，如果随后还有一系列的钢琴演奏者互相模仿，这首乐曲可能会逐渐发生改变，融入每个演奏者的失误或者修饰。在第二种情况下，每个演奏者的个人表演风格都不会对原曲有任何影响，因为被传递下去的是（未经修饰）白纸黑字的乐谱。第一种情况看起来像是拉马克式的，而第二种情况不是。

在生物世界里，有性繁殖的物种复制指令。基因是被复制的指令，表现型是结果，并且不会被复制。在模因的世界里，这两个过程都有用到，你可能会认为"复制指令"是达尔文式的，而"复制产品"是拉马克式的，但是我认为这只会产生更多的混淆。我有意地描述汤和音乐这两个例子，目的是让这两种复制模式能够容易被区分开来，但实际上它们可能是不可避免地融合在一起的。从我这出发到你奶奶的朋友那里，做汤的指令可能会从大脑传到纸上，传到行为上，传到另一个大脑上，传到计算机磁盘上，再传到另一张纸上，再传到另一个大脑上——这期间可以产生许多不同版本的汤。每种情况下哪个是基因型，哪个是表现型呢？只有大脑中的指令才是模因呢，还是写在纸上的也算？行为算是模因还是模因表现型？如果行为是表现型，那么汤是什么呢？模因进化有很多种可能，因为模因不受 DNA 刚性结构的限制。它们的传播方式多种多样。但只有回答了这些问题，我们才可以确定模因进化是否确实是拉马克式的。然而，我们似乎陷入了僵局。

幸运的是，我们不必担心。所有这些麻烦都是由于我们期望在模因和基因之间做一个高度相似的类比，而实际上并不需要。我们必须记住坎贝尔法则和模因学的基本原理——基因和模因都是复制子，除此以外，它们并不相同。我们不需要，也不能期待所有生物进化的概念都能平行地移植到模因进化上来。如果我们这样做了，我们就会像在这里一样遇到麻烦。

我的结论是，最好不要问"文化进化是拉马克式的吗"这个问题。只有当你在基因和模因之间做一个严格的类比时，这个问题才有意义，但这种类比并不合理。我们最好把"拉马克式"这个术语限定在对有性繁殖物种的生物进化的讨论上。当我们谈到其他种类的进化的时候，"复制指令"和"复制产品"这两种机制的区分对我们的帮助会更大。

术语

那么这个汤应该叫什么呢？问这个关于拉马克的问题的价值在于，它迫使我们面对关于术语的某些真正棘手的问题。可以理解，之前的一些学者回避了这些问题，而另一些则提出了一些可能不太合理的区分。事实上，模因论的术语很乱，需要整理一番，我将考虑使用三个术语：模因，模因表现型（meme-phenotype，有时称作 phemotype）和模因载具。

首先，什么可以算作是模因呢？以汤为例，模因是我头脑中存着的指令，汤本身，我在厨房的烹饪行为，写在纸上的食谱，还是说这些全都算或者全都不算？我们可能会质疑汤不算模因，因为无论它多么好喝，我们都很难尝出它是怎么做出来的——虽然一个专业的厨师可能可以，就像一个音乐家听一遍乐曲就能把它再现出来一样。所以我们是否需要不同的方案来分别处理可复制模因产品和不可复制模因产品？我刻意给自己找麻烦，因为到目前为止还没有达成共识，而模因论如果想要取得进展的话，我们就得在这些基本问题上达成共识。让我们看看定义的存在是否能帮助我们理清所有问题。

道金斯（1976）最初的时候并没有给出十分明确的定义，而是将"模因"这个词用于描述以行为、大脑中的物理结构，以及其他方式储存的模因信息。我们要记住，他最初的例子是曲调、想法、流行语、服装时尚，以及制作锅碗瓢盆和拱门的方法。后来他决定"模因应该被视作储存在大脑中的信息单元（克劳克所说的 i-culture）"（Dawkins，1982，p.109）。这就意味着服装或者拱门样式中所包含的信息并不能算作模因。但后来他又说，模因可以"从一个大脑传到另一个大脑，从大脑传到书本，从书本传到大脑，从大脑传到计算机，从一台计算机传到另一台计算机"（Dawkins，1986，p.158）。如果是这样，我们就应该推测，它们在以所有这些形式存储时都应该算作模因——而不仅仅是在大脑里的时候。

丹尼特（1991，1995）认为模因是一种被传递的思想；无论是储存在大脑中，书本上，还是其他的物理结构中，它们都是要受进化算法考验的信息。他指出，任何两个大脑中所存在的模因的结构可能都不是一样的——事实上，几乎可以肯定它们不一样——但当一个人实施任何行为时，他的大脑中必定储存着某些指令，当其他人复制并记住这个行为时，大脑中的神经活动必定也会发生某种相应的变化。杜伦（1991）同样把模因当作信息，不管它是如何储存的。

相比之下，戴留斯（1989）将模因描述为"神经记忆网络中激活和非激活突触的星云团"（p.45），或"修饰的突触阵列"（p.54）。林奇

（1991）将模因定义为记忆抽象，格兰特（Grant）（1990）将模因定义为影响人类心智的信息模式。根据后面的这些定义，模因大概也不能储存在书本或者建筑中，而书本和建筑必须被赋予其他的角色。这是通过进一步的区分来实现的。

当然，通常的区分方法是通过与基因的类比。其中之一就是使用表现型的概念。克劳克（1975）是第一个这样做的，并且用得很明确。他把i-culture定义为人们头脑中的指令，把m-culture定义为人们行为的特征、技术的特征和社会组织的特征。他明确地把i-culture比作基因型，把m-culture比作表现型。正如我们所看到，道金斯最开始的时候并没有做这样的区分，但是在《延伸的表现型》（The Extended Phenotype）一书中，他说"不幸的是，与克劳克不同，我对作为复制子的模因本身，和它的'表现型效应'（phenotypic effect）或'模因产物'（meme products）之间的区别还不够清楚"（Dawkins，1982，p.109）。接着，他将模因描述为大脑中躯体化了的结构。

丹尼特（1995）也讨论模因和它们的表现型效应，但是是以一种不同的方式。模因是内在的（虽然不局限于大脑），而它向世界展示的设计，"它影响周遭事物的方式"（p.349），是它的表现型。与此完全相反的是，本宗（Benzon）（1996）将水壶、小刀和文字（克劳克的m-culture）比作基因，把思想、欲望和情绪（i-culture）比作表现型。加博拉（1997）将基因型比作模因的心理表征，将表现型比作模因的实现。戴留斯（1989）将模因定义为存在于大脑中的信息，将行为称作模因的表现型，但是对服装时尚等所扮演的角色依然含混不清。格兰特（1990）将"模因型"（memotype）定义为实际的模因信息，将其与"社会型"（sociotype）或社会表达区分来开。他明确表示，他的模因型/社会型分类是以基因型/表现型为基础的。

尽管这些想法有些共同之处，但它们并不相同，并且哪一个更好也不甚了了，至少对我来说是这样。总的来说，我认为他们都没有说到点上，因为他们都没有意识到复制产品和复制指令之间的区别。表现型的概念很容易适用于其中一个，但不适用于另一个，而且可能还有其他的传播方式。因比，我将不会使用模因表现型（meme-phenotype）这个概念，因为我无法给出一个清晰而不含糊的定义。

另一个类比是关于载具的概念。道金斯（1982）最初在基因选择的背景下提出复制子和载具的区分，是为了明确基因是自私的复制子，虽然实际上是更大的单位——通常（虽然并不是必须的）是整个有机体——才有生存或死亡。他提出有机体是基因的载具，用于携带和保护它们。道金斯将载具描述为"足够离散而能够给予命名的任何单位，内在包含着一组复制子，并作为保存和传播这些复制子的单位而发挥作用"（p. 114）。

运用这个概念，丹尼特将思想看作是模因，将携带它们的物理实体看作是模因载具。所以，比方说，"一辆带辐条轮子的货车，不仅可以把谷物或者其他货物从一个地方运到另一个地方，它还把带辐条轮子的货车这样一种绝妙的想法从一个头脑传到另一个头脑里"（Dennett，1995，p. 348；1991，p. 204）。图片、书籍、工具和建筑对丹尼特来说都是模因载具，他明确地将之与基因载具进行比较。布罗迪（1996）和其他人一样紧随丹尼特，也使用"载具"这个术语指代模因的物理显现。然而，这种类比存在一些问题（Speel，1995）。一辆货车可能确实携带着关于辐条轮子的想法，但是它是否内在包含着一组复制子呢？它是否作为保存和传播这些复制子的单位而发挥作用呢？从这个意思上来看，一本书看起来很像一个载具，但我的南瓜汤就不太像了。我完全不确定它们之间应该如何划定一条界限。

我们必须避免总是假定有一个载具存在的诱惑，从而迫使模因与之相符。道金斯说，他杜撰出"载具"这个概念不是为了吹捧它，而是为了埋葬它。没有必要形成载具，在很多进化中它们可能不会形成。我们不应该问"在这种情况下，载具是什么"，而是要问"在这种情况下，是否存在载具呢，如果存在，为什么存在"（Dawkins，1994，p.617）。因此，我们可能会问，模因是否真的聚集成团，形成"保存和传播这些复制子的一个单位"，如果是的话，那么这些真正的模因载具会是什么样子的呢？像宗教、科学理论或者政治意识形态这样大型的自我保存的模因群可能比货车或者食谱更适合这个类比，但很明显，"载具"这个概念在这里的用法完全不同。最后，"载具"一词可以以非常普通的方式使用，即人们同时携带基因和模因，从而充当它们的"载具"。

我对这些区分都做了长期而艰苦的思索。我尝试着看看哪一种分类效果更好，哪一种不好，因而采用其中的某个版本。我也试过自己提出一种新的区分，但是效果不尽如人意。最后，我回到了我所说的模因论最基本的原则上来——基因和模因都是复制子，除此以外，它们并不相同。基因和模因之间的类比会让很多人误入歧途，并且在接下来很长时间里都将如此。这里面确实有一个类比，但这只是因为它们都是复制子。除此之外的类比就不成立了。我们并不需要表现型或载具严格的模因对应物，就像不存在基因概念（例如等位基因、位点、有丝分裂、减数分裂等）严格的模因对应物一样。在生物进化中，基因会构建自己的表现型，但它们会通过细胞生殖系直接复制产生自己的后代。但是在模因进化中，这种传递更多是非线性的，模因会从大脑跳跃到纸上，到计算机上，然后又回到大脑里。

我从这一切思考中得出的结论是，应尽可能让事情保持简单。我将不加区别地使用"模因"一词来指代包含模因信息的任何一种形式；包括思想、实现这些思想的大脑结构、这些大脑结构产生的行为，以及它们在书籍、食谱、地图和乐谱中所存在的各种版本。只要这些信息可以通过我们从广泛意义上称作"模仿"的过程得到复制，那么它就可以算作是一个模因。我将只在常规意义上使用"载具"这个词的意思，即携带某物之物，而我将不会使用诸如"社会型"或"模因表现型"这类术语。如果将来证明我们需要更多的术语和区分，那我相信一定有人会给出的。对其他人来说，在将来增添必要的区分，要比消除我现在所做的无用的区分要容易得多。

对于模因论所存在的一些问题（当然不是全部），我们还需要经历一个长期的斗争过程才能解决，但是我认为这对于我们是有好处的。利用我们已经得出的简单方案，对潜在危险保持警惕，我们就可以继续探索作为科学的模因论可以做什么——比如解释为什么我们人类有这么大的脑袋。

第 6 章 硕大的脑袋

人类的脑袋奇大无比。为什么？没人能给出确定的答案。当然，有很多理论已经对此做出过解释，但是仍然没有一个答案是得到公认的，谜团依然是谜团。大多数理论家都假设硕大的脑袋是由自然选择进化而来的。比如美国的神经科学家和人类学家泰伦斯·迪肯（Terrence Deacon）（1997），他说"毫无疑问，大脑结构进化的这种强劲而持久的趋势反映了自然选择的力量"（p. 344）——但如果是这样，我们就必须能够确定这其中所涉及的选择压力。那么，这压力是什么呢？答案并不明显，需要完成的解释任务很艰巨。基本情况就是这样。

人类大脑的起源

人类大脑今天所能够达成的非凡成就远在这个星球其他物种的能力范围之外。我们不仅会讲话，还发明了冰箱、内燃机和火箭；我们会（当然，是我们中的一些人会）下象棋、打网球、玩电子游戏；我们会听音乐、跳舞、唱歌；我们还发明了民主制度、社会保障制度，以及股票市场。这些东西能让我们具有什么进化优势呢？或者更准确地说，对于具有这种能力的大脑来说，有什么选择优势呢？我们的大脑似乎"是过剩的，对适应的需要来说是过剩的"（Cronin，1991，p. 355）。

第6章 硕大的脑袋

在达尔文那个时代,这个问题深深地困扰着阿尔弗雷德·罗来·华莱士(Alfred Russel Wallace),尽管独立地发现了自然选择的原理,他还是得出结论说,自然选择无法解释人类所具有的更高的能力(Wallace,1891)。他推断,原始的狩猎采集者不可能需要这么大的脑袋,所以一定有某种超自然的力量的干预。华莱士支持唯灵论者,他们声称自己能够与现存的亡灵交流,而达尔文则站在他们的对立面。华莱士相信,人类的智力和精神本质远远高于动物,因此我们在本质上与动物是不同的。虽然我们的身体是通过对远古动物的不断改造进化而来的,但是需要用其他的方式来解释我们的意识、道德和精神本质、"纯粹道德的高级情感"、勇敢的自我牺牲、艺术、数学和哲学。

求助于上帝或灵魂来解开谜团毫无帮助,而在现在几乎没有科学家支持华莱士的"解决方案"。然而,这一古老的论证凸显了一个真实的问题:我们的能力与其他生物相差甚远,而且这些能力显然不是为生存而设计的。

从纯物理测量的角度来看,差距是明显的(Jerison,1973)。现代人类脑容量大约是1350立方厘米(大约是同等体型现存类人猿脑容量的三倍)。比较脑容量的一种常用的方法是借助"脑化商数"(encephalisation quotient),它将特定动物的脑体比与一组动物的平均脑体比做比较。对于任何一组具有亲缘关系的动物,脑容量和体型之间的比值经对数转换后大致呈线性关系。但如果把我们人类放到跟我们亲缘关系最近的物种中,人类就不符合这种函数关系。我们的脑化商数是其他灵长类动物的三倍。我们的大脑相对于身体来说实在是太大了。

当然,脑化商数只是一种粗略的测量,掩盖了脑体比的其他测量方法。例如,吉娃娃的脑化商数比大丹犬高出很多,但这是因为它被专门培育出娇小的身材——并不是它有一个大脑袋或者高智商！所以有没有可能我们也是这种情况呢？迪肯（1997）指出"吉娃娃谬论"将灵长类具有更高的脑化商数这一事实解释为它们进化出了更小的、生长更缓慢的身体。灵长类的大脑和其他物种的大脑生长速度相同，但是它们的身体发育更缓慢。然而，当你把人类和其他灵长类进行比较时，情况就不同了。人类胎儿刚开始的时候是与其他灵长类以同样的方式生长的，但人类大脑发育的时间要更久。所以人类大脑看起来确实通过选择而获得了额外的发育。人类更高的脑化商数首先归因于灵长类缓慢的身体发育速度，其次来自额外的大脑发育。

人类大脑是在进化的哪个阶段开始变大的呢？大约 500 万年前，人类祖先与现今非洲类人猿的祖先分道扬镳（Leakey, 1994；Wills, 1993）。在此之后，我们早期的古人类祖先包括南方古猿属的各个种以及**人属**的各个种，包括**能人**、**直立人**，以及晚近的**现代智人**。

南方古猿包括著名的骸骨露西（Lucy），她属于南方古猿阿尔法种，由莫里斯·塔伊布（Maurice Taieb）和唐纳德·约翰森（Donald Johansen）在埃塞俄比亚发现，并以披头士乐队的歌曲《*Lucy in the Sky with Diamonds*》命名。阿尔法种据测算生活在距今 400 万年至 250 万年前之间。露西本人被认为大约生活在 300 多万年前。她大约 3 英尺高，长得像猿类，脑容量约为 400 ~ 500 毫升——并不比今天的黑猩猩大多少。根据脚印化石和基于骨骼化石的计算机模拟行走来看，很清楚，阿尔法种南方古猿肯定是直立行走的，虽然可能跑不起来。所以我们认为，早在人类大脑开始显著变大以前，直立行走就已经出现了。

脑容量的增大始于 250 万年前左右，石器的起源和南方古猿属向人属的过渡差不多也在同一个时期（从考古学上来说）。在那个时期，全球变冷在把非洲大部分茂密的森林变成林地，进而变成了草原。南方古猿属向

第6章 硕大的脑袋

人属转变的部分原因就在于对这种新环境的适应。人属的第一个物种是能人，意思是"手巧的人"，因为他们制造出了原始的石器。南方古猿可能像今天的其他类人猿一样，使用他们所找到的棍棒或石头作为工具，但能人首先把石头削成特定的形状来使用，比如小刀、斧头或刮刀。他们的脑容量显著大于南方古猿，大约为600~750毫升。

肯尼亚出土的化石显示，直立人大约在180万年前出现。直立人长得更高，脑容量也更大，约为800~900毫升。他们是第一批走出非洲的原始人，最早掌握和使用火，他们在世界的某些地方生存下来，一直到10万年前才消失。最近，化石记录变得大大丰富起来，但是关于现代人的起源却有很多的争议。所谓的远古智人分布广泛，脑容量大约1100毫升，五官前突，眉骨粗大，但是它们产生了两个分支。其中一支似乎进化成了现代智人，出现在大约12万年前的非洲。另一支生活在同一个时期，最终在大约35000年前灭绝了——他们是尼安德特人。他们有着粗大的眉骨，五官突出。他们的大脑可能比我们的更大，越来越多的证据显示他们会使用火，有自己的文化，还可能有自己的语言。到底是哪个人类谱系产生了现代人，以及尼安德特人到底遭遇了什么，目前还有很多争论。然而，线粒体DNA测序表明，他们不是我们的祖先（Krings et al., 1997）。所以是我们把他们消灭了吗，就像我们消灭了其他很多物种那样？或者是别的什么原因导致他们灭绝？

一个相当奇怪的事实是，在过去500万年的大部分时间里，一直有若干原始人种同时生活着，就像今天同时生活着很多不同种类的灵长类一样。而今天，世界上只有一个人种，我们以微乎其微的差异生活在世界的各个角落。其他人种到底遭遇了什么？

这些都是令人着迷的议题，但是我们必须回到我们主要的论证上来。最关键的是，在最后一批南方古猿和现代人类分道扬镳的短短250万年时间里，人类的脑容量急剧变大。到大约 10 万年前，所有活着的原始人可能都属于智人种，拥有和今天的我们一样大的脑袋。

从能量消耗的角度来说，脑容量的这种大幅度的增长必定代价不菲。首先，大脑运转起来是很耗能的。通常说来，大脑只占人体重量的 2%，却消耗了身体 20% 的能量。这个数据是有误导性的，因为它指的是人在休息的时候。在火车鸣笛，你和你的行李被大块的肌肉以尽可能快的速度拖着穿过站台时，大脑的能量消耗占比就会变小。不过，你的肌肉经常会休息，但是你的大脑却不会，甚至在睡觉的时候也一样。它每时每刻所消耗的能量大约相当于一只灯泡所消耗的能量。

大脑主要由神经元构成，神经冲动沿着这些神经元的轴突进行传导。这些神经冲动是由去极化波组成的，当带电离子能够自由穿透轴突的膜时，神经冲动就会沿着轴突传导。大脑所消耗的大部分能量都用在了维持细胞膜内外的化学差上，这样神经元就可以持续做好传导的准备。此外，也有很多神经元一直维持在一个低频放电的状态，因此传入的信号可以通过增加或减少静息频率来传递信息。身体的能量预算必须找到一大份富余来维持这一切。所以，一个稍小些的脑袋肯定能节省很多能量，而进化是不会平白无故浪费能量的。正如平克（1994，p. 363）所说："为什么进化会选择这样一个大脑瓜子，这个球形的、新陈代谢旺盛的器官？……任何对脑容量大小的选择显然都应该更青睐针头一样大的脑袋才是呀。"

第二，大脑造价昂贵。神经元被髓鞘包裹，从而与外界隔绝，加快了神经冲动的传导速度。髓鞘的形成发生在胎儿发育和儿童早期，对于婴儿来说，这一定是一种巨大的资源消耗。直立人可能比南方古猿开始吃更多的肉（并且学会了制造工具来切肉），主要是为了满足大脑发育日益旺盛的需求。

第6章 硕大的脑袋

从生育的角度来说，大脑也是一个危险的器官。两足动物有一个大脑袋的事实可能只是一个巧合，但我们其实特别不适合生育大脑袋的婴儿。为了使之成为可能，人类做出了很多适应性的改变，包括与绝大多数其他物种相比，人类婴儿出生过早，因而新生时很不成熟。他们非常无能，无法自己照料自己，出生时头骨很软，随着发育才渐渐硬化。婴儿出生时脑容量只有385毫升左右，在出生后的头几年里，脑容量扩大至原来的三倍多。即使有这些适应性的改变，对于现代人类来说，生育依然是一个危险的过程。由于头骨太大无法顺利分娩，很多婴儿和孕妇都会不幸死亡。所有这些事实都表明，有一种强大而持久的选择压力使得人类的大脑不得不日益变大，但我们不知道到底是什么样的压力。

到目前为止我一直在谈论脑容量的增大，好像大脑的进化只是简单的体积变大，事实上它要比这复杂得多。一般来说，高等脊椎动物比其他动物拥有更发达的大脑皮质，而大脑中控制呼吸、进食、睡眠-觉醒周期和情绪反应的较为原始的部分则差别不大。然而，最有趣的是人类大脑和一只同等体型的典型的类人猿的脑。虽然人类在很大程度上是视觉动物，但是我们的视觉皮层（位于后脑勺）相对较小，而位于脑门位置的前额皮质体积则是最大的。这种差异很可能是因为我们的眼睛是正常大小，而处理复杂视觉信息所需要的皮质大小对于任何类人猿来说都是相对恒定的。相比之下，前额皮质并不直接接收感觉信息，而是处理来自大脑其他区域的神经信号。

额叶皮质本身就是一个谜。对于"额叶到底是干什么用的"这个问题并没有一个明确的答案。这相当令人沮丧，因为如果我们知道额叶到底是干什么用的，我们就可以进一步知道人类大脑进化所面临的选择压力到底是什么——但是我们并不知道。当大脑额叶严重受损时，人们竟然还能照常生活，从著名的1848年菲尼亚斯·盖奇（Phineas Gage）的案例就可以看出，这位铁路工头的前额皮质在一次意外爆炸中被一根铁棒直接穿透。虽然他的性格完全变了，也无法再干原来的工作了，原先的生活一去不复返，但是他仍然能够走路和讲话，并在一定程度上看起来是正常的。额叶切除术的受害者也是如此。额叶切除术是一种非常粗暴的手术，破坏了部分额叶皮质，曾被误用于治疗严重的精神疾病。手术后，病人不再是"自己"，但考虑到这种恐怖的"治疗"对大脑所造成的大面积损害，这种变化是很轻微的。关于额叶的功能有很多的学说，但是没有一个是被普遍接受的。因此，我们无法通过了解额叶的功能来发现为什么我们的大脑会进化成这样。

除了额叶增大以外，大脑还以其他方式进行了重组。例如，大脑皮质有两个脑区对语言非常重要，布洛卡区负责言语生成，威尔尼克区负责语言理解。有趣的是，这两个区域似乎分别是从运动皮质和听觉皮质进化而来的。大多数其他动物发出的声音，从咕噜声到各种叫声和鸟鸣声，都是由中脑产生，这些区域与控制情绪反应和一般唤醒水平的区域密切相关。一些人类的声音，比如哭泣声和大笑声，也是由中脑产生，但是言语是由大脑皮质控制的。大多数人的主要语言区都位于左脑半球，所以人类大脑的两半球是不一样的。大多数人是右撇子，这就意味着左半球是优势脑区。尽管也有一些猿类表现出左右利手，但是大多数猿类并没有，而且在其他灵长类中也没有出现像人类一样的左右脑非对称性。很显然，人类大脑在很多方面都发生了改变，而不仅仅是脑容量。

我已经非常简要地描述了需要解释的东西——在大约 250 万年的时间里，古人类的大脑稳步增大，这种变化显然是有代价的，并且是被一种强大的选择压力所驱动。但我们并不知道这种压力到底是什么。

第 6 章 硕大的脑袋

关于人类大脑进化的理论

理论比比皆是。大多数早期理论认为，工具制造和技术进步驱动了对脑容量扩张的需求。这类理论主张，选择压力来自物理环境和其他动物的威胁。我们需要比其他的捕食者更机敏。工具能够带来明显的竞争优势，而更大的脑袋可以制造出更好的工具。这种理论所存在的一个问题是，仅仅这种程度的需要和脑容量增大的程度是不成比例的。硕大脑袋的代价是如此之大，如果可以用小一点的脑袋就足以抓取猎物，那显然更划算，更有进化优势。以人类的标准而言，许多群居动物的脑袋都很小，但是捕猎效率却很高。事实上，正如我们所看到的，直立人似乎吃更多的肉来满足大脑的发育，而不是反过来。一定是别的什么因素驱动了脑容量的变化。

早期人类通过外出觅食获取大部分食物。因此我们的大脑袋可能是用来想办法获取难觅的食物，或者是用于形成空间能力和认知地图的，这样在杂乱而不可预测的环境中觅食时能够导航和定位。然而，脑袋很小的动物也能够在很多地方储存和寻找食物，许多动物，比如松鼠和下水道里的老鼠，都可以在大脑中形成一大片区域的认知地图。具有这种良好空间能力的物种确实在大脑结构上存在差异，但在脑容量上没有。并且，这种理论也无法支持关于脑容量和觅食范围相关关系的预测（Barton & Dunbar，1997；Harvey & Krebs，1990）。

其他的理论则强调社会环境。剑桥心理学家尼克莱斯·汉弗莱（Nicholas Humphrey）（1986）提出，早期的古人类相比他们的祖先在进化上取得的一大进步，是他们开始懂得审视自我的心智，以此来推测他人的思想和行为。比如说，当你想要和一只迷人的雌性大猩猩交配时，你会想要知道，它边上的那只体型硕大的雄性大猩猩会不会攻击你，于是你就会想：假如我是那只雄性大猩猩，我会不会攻击呢？这种内省就是汉弗莱所说的"人属心理学"（Homo psychologicus）的起源，即人类能够理解他人的心智的能力，这种能力最终产生了自我意识。

意识本身是对我们非常重要的东西，我们倾向于认为它是人类所独有的，特殊的，但是它是否在进化中让我们获得了选择优势，这是相当有争议的（e.g. Blakemore & Greenfield, 1987; Chalmers, 1996; Dennett, 1991）。一些人认为意识只有具备某种功能才能够进化，而另一些人则并不认为意识有什么功能。例如，如果意识是注意、语言，或者智力的附属现象，那么具有选择优势的将是那些能力，而不是意识。更为激进的是，有些人认为意识是一种幻觉，或者意识的整个想法最终会被抛弃，就像当我们开始理解生命机制时，"生命力"这个概念就被抛弃了。显然，意识不能帮助我们解释大脑的进化；你不能用一个谜团来解决另一个谜团。

社会理论的一个有影响力的版本是"马基雅维利式智慧"（Machiavellian Intelligence）假说（Byrne & Whiten, 1988; Whiten & Byrne, 1997）。社会互动和社会关系不仅复杂，而且多变，因此需要快速的并行处理（Barton & Dunbar, 1997）。这种理论与尼科洛·马基雅维利（Niccolò Machiavelli）（1469–1527，16世纪意大利王储们的精明顾问）的观点相似之处在于，大部分社会生活都涉及一个问题：如何比别人更精明。这在于谋划和玩心计，结盟以及在必要的时候叛变。所有这一切都需要大量的脑力来记住谁是谁、谁对谁做了什么，以及想出更多狡猾的诡计，并要假想你的对手有双倍的诡计——从而导致了一场螺旋上升的军备竞赛。

"军备竞赛"在生物中非常常见，比如捕食者要进化得速度更快才能抓住同样变快的猎物，或者寄生虫要进化到比宿主的免疫系统更厉害才行。某种螺旋式的或者自我催化过程的概念很符合克里斯托弗·威尔斯

(Christopher Wills)（1993）所说的"失控的大脑"，这一观点在那些将语言进化和脑容量联系起来的理论中很常见。这些理论将大脑的社会功能又向前推进了一步，我将在后面的章节中阐述。总的来说，智力进化的社会理论在过去十年里非常成功。它们将重点从男性色彩深厚的技术解释，转向那些能够认识社会生活复杂性的解释。关于这个话题的研究在不断增加，但是仍然有很多问题。例如，为什么会有压力迫使人类必须大大地提高社交能力？物种之间的竞争是不言而喻的，但为什么是人类而非其他物种选择了这种代价不菲的进化路径？我还想知道，我们在数学、编程、绘画或者建造教堂等方面的特殊才能，多大程度上可以归结为社交能力进化的结果。许多人认为社交理论是我们所拥有的最好的理论，但是脑容量的问题还远没有解决。没人能确切地知道我们如何以及为什么拥有这样一个硕大的脑袋。

模因是否影响了脑容量？

我将提出一个基于模因学的全新理论。总的来说，它是这样的：人类进化史上的转折点就是当我们开始互相模仿的时候。从此以后，第二个复制子——模因——就开始登上舞台。模因改变了基因选择的环境，而模因选择的结果又决定了这种变化的方向。因此，导致脑容量大幅增长的选择压力是模因触发和驱动的。

我将用两种方式来探索这个新的理论，首先是以一种大胆猜想的方式来重新审视人类的起源，其次详细考察模因驱动脑容量进化这一过程中的更多细节性的问题。

转折点就是上面所说的古人类开始互相模仿的时候。模仿本身的起源在我们遥远的过去早已消逝，但是模仿所带来的选择（基因）优势并不神秘。模仿可能很难做到，但是一旦你掌握了它，它肯定是一个"好技巧"。如果你的邻居学到了一些真正有用的东西——比如该吃什么、不该吃什么，或者如何撬开多刺的松果——模仿他可能会给你带来好处（从生物的角度来说）。这样你就可以跳过自己盲目尝试的整个漫长而又危险的过程。当然，这只有在环境变化比较缓慢的时候才有价值，而环境因素的影响是可以用数学建模来研究的。理查森和博伊德（1992）已经区别了在什么条件下，自然选择更青睐于社会学习（包括模仿）而不是个体学习。经济学家们设计了优化者（承担决策代价的人）和模仿者（避免代价但是做出较次决策的人）如何共存的模型，并研究了当很多人都在互相模仿的时候，潮流时尚是如何产生的（Bikhchandani et al.，1992；Conlisk，1980）。事实上，自从查尔斯·麦凯（Charles Mackay）（1841）将南海泡沫和17世纪荷兰郁金香热等"非比寻常的大众错觉"归咎于"大众模仿"以来，潮流时尚就和模仿紧密联系在一起。

但是为什么一般性的模仿只进化了一次？之前我们已经讨论过，从对其他动物的研究中，我们已经知道，社会学习在动物界是非常普遍的现象，但是真正的模仿是很少见的。为什么它会发生在古人类身上，而不是其他动物身上呢？

我认为模仿需要三个技能：决定模仿什么、从一个视角到另一个视角的转换，以及匹配身体动作的产生。这些基本技能，或者至少是它们的初阶，在许多灵长类动物中都存在，可能五百万年前我们的祖先就已经有了。灵长类有良好的运动控制和手部协调能力，一般智力水平也不赖，这使它们能够对运动进行分类，并决定该模仿什么。其中一些灵长类能够想象事件并在心中进行操控，这从它们运用洞察力来解决诸如用棍子或者通过推箱子来获取食物这样的问题中就可以看出，而且，最显著的是，它们具有马基雅维利式智慧和初阶心理理论。高阶社交技能（马基雅维利式智慧）与模仿之间的关系正在于此。要学会欺骗、伪装和社会控制，你需要能够感同身受，换位思考，假想自己是另一个人。这也正是你模仿别人所需要的。在这两种情况下，你都必须能够将你所看到的别人的行为转化为你自己要做出的行为，以达到同样的目的，反之亦然。最后，我们的祖先会采用互惠利他策略，也就是说，去帮助那些将来有可能会回报你的人。正如我们将在第 12 章看到的，互惠互利的一个常用策略就是模仿他人的做法：如果他们合作，你也合作；如果他们拒绝合作，那么你也同样拒绝。有了这些先在的技能，模仿就算不上进化中的一次巨大的飞越。

我认为，其他人所指出的直接导致人类脑容量变大的社交能力，实际上是我们获得模仿能力的先行步骤。一旦我们的祖先跨过门槛实现真正的模仿，第二复制子就在不知不觉中释放出来了。直到那时，增大脑容量的模因压力才开始出现。

那么这个转折点出现在什么时候呢？第一个明显的模仿迹象是 250 万年前能人所制造的石器。我们现代人并不是天生的石器切割者，而旨在发现石器最初是如何制作的实验表明，制作石器是一门精细的工艺，不容易通过试误的方法学会。几乎可以肯定的是，制造石器的技术是通过模仿在早期的人类当中传播开来的。这种确定性因后来的考古记录而得到了极大的增强，这些记录显示了工具、陶器、珠宝和其他文化艺术制品的风格在特定的时间传播到了不同的文化中去。

模仿可能在更早时就开始了。也许人们会模仿他人制作篮子、木质刮刀或者小刀、婴儿背带或者其他有用的人工制品，而这些东西不可能像石器一样保存下来。所以让我们想象一个非常早期的能人文化，其成员会使用简单的石器来为猎物剥皮，切削木材，发明及复制其他一些简单的人工制品。

随着新技能的传播，掌握它们就变得越来越重要。那么你怎么掌握这些新技术呢？——当然是通过模仿。因此，成为一个好的模仿者就变得非常重要。不仅如此，模仿对的人和事也变得非常重要。在这样的决策中，我们期望使用简单的启发式或者经验法则来帮助做出正确决定。"模仿最成功的人"可能是一种方法；但是现在有了模因，模仿的对象就不仅仅是那些拥有最多食物或者最强壮的人，而是那些拥有最厉害的工具、最鲜艳的服饰，或者最先进技能的人。这相当于模仿"最好的模仿者"。因此，任何被认为是最好的东西都会传播得最快。

另一个重要的决定是和谁交配，答案再一次是最好的模仿者，这样你们生出来的孩子也更有可能成为一个好的模仿者。在这种需要更好模仿的压力下，就产生了越来越多擅长传播模因的人——不管这些模因是制作工具的方法、仪式、服饰还是别的什么。随着模仿水平的提高，更多的新技能被发明出来并传播开来，而这些新技能反过来又给人们带来更多压力，迫使他们去模仿。事情就这样一直延续下去。在几百万年的时间里，不仅模因发生了巨大的变化，而且它还驱使基因创造出能够传播模因的大脑——一颗硕大的脑袋。

这就是故事的梗概，但现在我想把它一步步拆解开来，更仔细地研究其中涉及的机制。

第一步我们可以称之为"模仿的选择"（selection for imitation）。与达尔文最初的观点相呼应，让我们假设人类的模仿能力存在一些基因上的差异。有些人很快就学会了打磨石器的新技术，而另一些人则没有。谁会做得更好呢？当然是更好的模仿者。如果石器有助于获取和加工食物，那么更好的工匠就会吃得更好，他们的孩子也会吃得更好。到目前为止，同样的观点也适用于拥有强壮有力的双手来制造工具的人。但区别就在这——模仿是一种一般性的技能。优秀的模仿者还会善于学习制作木质刮刀或篮

第 6 章 硕大的脑袋

子的方法，以及编辫子、搬运成堆的树叶或水果、制作保暖的衣服，或其他任何有助于生存的技能，而这些技能又会被其他人学走。成为一个好的模仿者的基因就会在基因库中传播开来。现在选择基因的环境开始发生变化。如果你在模仿方面毫无希望，那么你，以及你的后代，将面临一种几千年前绝不存在的不利局面。新的选择压力从这一步开始。

下一步我们可以称之为"模仿者的选择"（selection for imitating the imitators）。谁是值得模仿的？当然是好的模仿者。想象一下，一个女性特别擅长学习如何采摘那些不易采摘的果实或把它们带回家的方法，或者一个男性特别擅长模仿最好的工匠。如果你是一个较次的模仿者，你就会去模仿这些最好的模仿者。他们将获得最有用的技能，而你现在需要这些技能。在过去的一千年里，你没有这么做。当没有人有衣服时，它不会构成竞争优势，但是现在衣服被发明出来了，你将比拥有它们的人更可能挨冻和受伤害，因此生存概率也比他们更低。同理，既然篮子已经被发明出来了，如果你不会做篮子的话，你拿到的好的水果就会比别人少。模仿最好的模仿者的基因就会在基因库中不断增加。

注意，这是一个逐步升级的过程。一只知更鸟只能通过预先设定的方式来获得更大的领地，例如，通过唱美妙的歌曲——而知更鸟的歌声能有多出色是有限度的。但是一个男性直立人可能会获得权力和影响力，然后被其他人模仿，从穿着更醒目的服饰，到生起更大更耀眼的火堆来烤肉——或者吓唬那些还没掌握生火技巧的人——再到拥有最锋利的工具，等等。这个过程没有理论上的限制，也没有方向上的限制。作用于基因的选择压力将受到无论是什么模因发生扩散的影响。模因是在先前模因的基础上演化的，如新工具的出现、新衣服的制作、新的做事方式的产生等。随着这些模因的传播，最成功的人是那些能够及时掌握当前最重要模因的人。能够复制最好的模因的基因，以及能够模仿那些拥有最好的模因的人的基因，将比其他基因更成功。

但哪个是最好的模因呢？"最好"的意思是，至少在最初阶段是，"对基因最有利"。复制与生存相关的模因的人会比那些复制无关模因的人活得更好。但这些基因是什么有时候并不那么显而易见。基因所设置的人类的先前偏好反映的都是基因本身的利益。比如说，我们喜欢冷饮、甜食，还有享受性的乐趣。这些事情之所以让我们"感觉最好"，是因为它们对我们祖先的基因最有利。但是模因的变化速度比基因快，所以基因无法有效地追踪模因的变化。这个系统所能做的最好的事情就进化出启发式，比如"复制最显眼的模因""复制最流行的模因"或者"复制与食物、性及争胜有关的模因"。我们将在稍后讨论这种启发式在现代社会的作用。在古人类的社会中，这种启发式最初将有助于个体生存下来并将基因传播开来，但后来，模因会变得比基因更厉害。任何看起来非常流行的、性感的，或者是显眼的模因都会在模因池中传播开来，从而改变基因的选择压力。

第三步可以称作"模仿者的择偶选择"（selection for mating with the imitators）。在我们想象的社会中，以你想要效仿的人作为择偶对象是值得的。如果你和最好的模仿者交配，那么你们的后代就更有可能成为一个好的模仿者，从而能够快速学习新兴文化中所出现的所有重要的新事物。正是这两者的结合推动了这一进程——首先，效仿最好的模仿者是有益的，因为他们拥有最有用的技能；其次，与他们交配也会带来好处，这样你们的孩子也能够获得这些技能。但是，启发式对于选择模仿什么只具有粗略的指导，而模因的扩散是超越纯粹的生存价值的。比如说，随着唱歌模因的出现，最好的模仿者就会成为最好的歌者，唱歌就会被群体认为是重要的事情，于是学习唱歌就变得具有了生存价值。这样，特定时期模因的特定性质将决定哪些基因会更加成功。模因开始影响基因。

第 6 章 硕大的脑袋

还有第四步,也就是最后一步,可以进一步助推这一进程——尽管对于解释来说没什么必要。我们可以称之为"模仿的性选择"(sexual selection for imitation)。性选择最早为达尔文所描述,随后得到广泛讨论,是生物学中一个公认的进程,但也存在争议(相关综述见 Cronin,1991;Fisher,1930)。特别有意思的一个例子是失控的性选择,精致的但是毫无用处的结构,例如孔雀漂亮的尾巴,是由一代代的雌性孔雀对雄性孔雀漂亮尾巴的偏好逐渐选择出来的。一旦这一过程开始,雄性可能会付出巨大的代价,但它成功的原因也在于此。选择尾巴好看的雄性的雌性也会生出尾巴好看的雄性后代,它们同样也会吸引和它们的母亲具有同样偏好的其他雌性。这样这只雌性就会有更多的子孙后代。之所以选择权在雌性身上,是由于雌雄两性在亲代投入上是不平等的。雄鸟理论上可以有大量的后代,但是雌鸟一年只能产少许的蛋,就人类而言,女性一生通常只有几个孩子。所以雌性无法拥有大量的后代。然而,它们可以选择好看的雄性作为配偶,这样它就可以生出"漂亮的孩子",它的孩子可以拥有大量的后代,这就等于它自己也拥有了大量的后代。由于很多雌性孔雀都在寻求拥有漂亮尾巴的雄性,雄性竞相长出漂亮尾巴的过程就会加速升级,直到代价变得过大而终止。

硕大的脑袋看起来显然就是一种失控现象,我也不是第一个认为性选择在脑容量变化中具有重要作用的人。但是先前的理论家都没有解释为什么性选择会选中脑容量(e. g. Deacon,1997;Miller,1993)。而我的答案直接来自模因的力量。

模因利用性选择过程的方式是很独特的。任何被认为"流行"的东西变化的速度都和模因的变化一样快——这比通过基因重组产生更长的尾巴或者筑巢能力的进化要快得多。如果你遵循"与拥有最多模因的人交配"的启发式原则,你很快就会发现自己与那个发型最好看、唱歌最好听(以及模仿能力最强)的人在一起了。如果其他女性也开始喜欢好听的歌,那么,生出一个能很快学会曲调的男孩就会变得更具优势。或者,如果女性(无论出于什么原因)开始青睐仪式化的狩猎舞蹈,那么生出一个能学会这种舞蹈的男孩就能获得优势。针对基因的选择压力随着模因的变化而变化。性选择的过程与生物进化的例子完全相同,但是随着候选人的增加,竞争的加剧,性选择中为择偶者所看重的东西就可以以模因进化的速度传播。模因驱动的性选择更青睐这样的男性:他们不仅具有良好的一般性模仿能力,而且擅长模仿当时最受欢迎的无论什么模因。通过这种方式,模因可以说是在拖着基因前进。控制关系现在反转过来了,曾经的那只"狗"现在坐到了主人的位置上。

但是,请注意,性选择对于脑容量的模因解释来说是不必要的,它的作用在以后需要实证证据来确定。仅前三个过程就可以产生选择压力,从而推动脑容量的急剧增长——如果我们再给出一个小小的假设的话。那就是,模仿能力需要足够的脑容量。有趣的是,人们对模仿的关注是如此之少,以至于几乎没有什么信息可以支持这一点。然而,这一理论表明,进化出更大脑袋的主要任务,首先是获得一般性的模仿能力,其次,是对人类过去曾经广泛传播的模因的特殊模仿能力。

这个理论可能被证实吗?像很多生物学理论一样,设计特定的实验来检验这个理论也是不容易的。不过,我们还是可以做出一些预测。例如,在任何具有亲缘关系的物种中,我预测模仿能力与脑容量的大小将会成正比。也就是说,最好的模仿者会有最大的脑容量。考虑到模仿能力在其他动物当中比较罕见,因此这方面可供选择的数据并不多,并且我们该选择什么样的方法来测量脑化程度也是一个问题,不过这项研究对于各种鸟类群体和鲸类动物应该是可行的。

第 6 章 硕大的脑袋

使用人类做被试，我们可以设计实验来比较两个做同样动作的人，其中一人做出某种特定动作，而另一个人要去模仿它。可以使用各种各样的方法来确定通过模仿产生了多少额外的需求。例如，认知研究将会表明，模仿需要很多的认知加工过程，而我们有很多特异化了的机制来做这些工作。大脑扫描研究将会表明，模仿需要大量的能量，而这种额外的能量消耗将主要集中在大脑进化较为新近的部位——那些将人类与其他物种区别开来的部位。如果特定的神经元被发现执行某些模仿任务，我也不会感到惊讶，比如将观察到的面部表情和行为与某个人联系在一起，但是我们需要知道更多关于模仿是如何进行的信息，这样我们才能知道应该去探究什么。

如果这些假设被证明是正确的，那我们就可以肯定模仿是一项非常艰巨的任务，需要一个很大的脑袋才可以做到。我将进一步预测，语言和思维的很多方面最终将被证明是我们的大脑所具备的选择模仿对象的能力的一种副产品。然而，在对模仿进行更多的研究之前，我只能推测说——如果长于模仿需要一个硕大的脑袋，那么前面所描述的过程就可以解释它了。这些过程就是：对模仿的选择，对最好的模仿者的选择，以及对与最好的模仿者交配的选择，最后还（可能）有模仿的性选择。一旦古人类能够互相模仿，第二复制子就会出现，上述这些过程就会驱使人类脑容量不断扩大。模因创造了人类硕大的脑袋。

第 7 章　语言的起源

为什么我们话这么多？

这可能不是一个让你苦恼的问题，但当我开始思考这个问题时，我越想越觉得有意思。一个普通人一天花在谈话上的时间有多少？我觉得应该没有人测算过，但是肯定有好几个小时。人类一种典型的娱乐形式就是边吃边喝边聊天——聊些什么呢？有关于足球的、关于性的；或者谁跟谁走了，或者他对她、她对他说了些什么，或者最近工作中的烦恼，或者政府关于医疗卫生的最新提案中的偏颇，等等等等。据估计，大约三分之二的谈话都是关于社会问题的（Dunbar, 1996）。任何一群人都不可能安静地坐着，什么话也不说。

然后是工作。有些工作静悄悄，但是大多数不是。在商店和办公室里，在公交和火车上，在工厂和餐馆里，人们都在交谈。如果他们不说话，他们也经常会打开收音机或者戴上耳机播放音乐。并且还有其他使用语言来交流的方式——各种书信、杂志和报纸从门缝里塞进来，电话响起来，传真传过来，电子邮件如潮水般涌来。花在这些方面的时间精力是惊人的。这一切是为了什么？

这里至少有三个问题。第一个问题是我们为什么要说话——换句话说，人类起初为什么要掌握语言。第二个问题是我们是如何习得语言的——人类大脑是如何形成能够讲话的结构的。第三个问题是，在掌握了语言以后，我们为什么就变得喋喋不休。我将首先回答最后一个问题，部分原因是它比较好回答，部分是因为第三个问题的答案将有助于我们处理更有争议的问题，即语言是如何以及为何而进化的。

我们为什么喋喋不休？

一直说话肯定要消耗能量——而且是很多能量。思考会消耗一些能量，但是讲话消耗得更多。不仅讲话的时候很多脑区都会变得活跃，仔细聆听和理解别人的讲话也会，甚至发出声音本身就是很耗能量的。如果你曾经病得很重，你就会知道说话是多么吃力的一件事。你可能躺在医院的病床上，思考对你来说没什么问题，但是当护士来到你身边的时候，你几乎连一句很轻的"谢谢"都很难说出口，而几天以后，你却可以爽朗地开起各种玩笑，关于食物，关于你出院后要做的事情——你时而微笑，时而大笑，没完没了地闲扯着。

也许你是个音响发烧友。如果真的是，你就会知道开启大音箱是很费电的，而当需要播放大音量、高音质的音乐时，这套声音系统的成本是很高的。或者你对品质的要求没那么高，你可能会使用一台手摇发条式收音机，在这种情况下，你的手臂就会告诉你产生那样的声音需要多少能量，你也会知道当把音量调低，你就可以少转多少圈。

这种对能量的惊人使用令人困惑。生物必须为它们所消耗的能量而努力营生，而有效利用能量乃是生存的关键因素。如果你比你的邻居消耗更少的能量，你就更有可能挨过艰难的时期，找到稀缺的食物，赢得最佳的伴侣，从而传递你的基因。那么，为什么进化会产生出一有机会就爱说话的物种呢？

我想到了几个可能的答案。首先，这里面可能会有一个合理的生物学解释。也许我忽略了谈话可能具有的一些重要的功能，比如加强社会联系或交换有用信息。我将在后面考虑这类理论解释。

其次，社会生物学家可能会认为，随着语言的进化，文化在某种程度上可能暂时脱离了基因的控制，而言语的文化特征获得了控制权。然而，如果说话真的会浪费宝贵的能量，那么说话最多者的基因就会在生存竞争中面临劣势，进而基因就会再次控制住语言能力的发展。

再次，进化心理学家可能会说，说话可能对我们的祖先有好处，所以我们现在仍然喋喋不休，即使它不再对我们的基因有什么益处。根据这一观点，我们就应该发现在早期狩猎采集者们的生活中说话所具有的重要作用。

所有这些建议都有一个共同点，那就是它们都诉诸基因优势来进行解释。而模因提供了一种完全不同的解释。我们不该问谈话能给基因带来什么好处，而要问谈话能给模因带来什么好处。那么现在答案就很明显了。谈话帮助传播模因。换句话说，我们说这么多不是为了让基因受益，而是为了传播我们的模因。

有几种方法可以观察模因如何对我们施压，让我们一直讲话，我将更详细地考虑其中的三种。

首先，既然说话是传播模因的一种有效方式，那么一般说来，那些能被谈论的模因当然会比那些无法被谈论的模因更能让自己得到复制。所以这类模因就会在模因池中传播开来，我们也都会变得喋喋不休。

这个论证与我之前所提出的关于为什么我们会想这么多（这是模因

的杂草理论的另一个例子，见 p. 48）的解释类似。沉默就像一个除过草的花坛，等着你把最喜欢的植物种上去，这个时间不会太久。一个沉默的人就是一台等待被开启的闲置的复制机器。你的大脑充满了准备与人分享的观念、记忆、想法，以及准备实施的行动；社交世界里充满了新的模因，它们被创造出来，被传播开来，争相要赢得你的青睐，进而再被传递下去。但你不可能把它们都说出来。争夺发声机会的竞争是非常激烈的——就像花园里的种子争夺生长机会一样激烈。保持沉默和除草一样是很辛苦的。

所以什么样的模因会在这场竞争中赢得你的声音呢？再问一次我们熟悉的问题是会有帮助的——**想象一个充满了大脑的世界，而模因的数量又远远超过可以寄居的大脑数量。哪些模因更有可能找到一个宿主寄居并让自己得到传播？**

某些模因特别容易说出口，或者能强迫它们的宿主把自己传递下去。这些模因包括一些有料的丑闻、可怕的新闻、各种令人欣慰的想法，或者有用的指令。其中一些在生理上或心理上有一种"快把我传播"的效应。也许它们利用了人对性、社会凝聚力、兴奋，或者逃避危险的需求。也许人们把它们传递下去只是为了和别人保持一致、为了讨人喜欢，或者为了享受吓人一跳或把别人逗笑的乐趣。也许这些信息真的对别人有用。我们当然可以研究这些原因（实际上心理学家就在干这些事），但是对于我在这里所提出的模因学的论证，它们是什么并不重要。关键是，你不太可能把你听到的关于邻居家玫瑰花丛的健康状况的无聊消息给传播出去，而更愿意把邻居在背后不为人知的勾当传播出去。因此，这种"快来说我"的模因会比其他模因传播得更好，让更多人被它们所感染。

1997 年，戴安娜王妃逝世的消息以光速在第一次发布后的几分钟时间里迅速传遍了整个世界。全世界的人都在向身边那些不知情的人传播这个消息。我也这么干了。我打开收音机,听到持续不断的播报,连天气预报都取消了,于是我向家里的其他人吼叫着通报此事。然后,我就觉得自己有点傻乎乎的,竟然对一些我通常会声称不感兴趣的事情大声嚷嚷。但戴安娜之死就是这样的新闻。它像一种极具传染性的病毒一样传播开来,在几周内,王妃的名声就变得神圣起来,她的追随者犹如狂热的信徒一般(Marsden, 1997)。几个月的时间,数百万英镑的钱汇到了她的纪念基金上,而她的肖像则卖出了更多的钱。很少有模因具有如此这般的力量,但原理本身是很简单的。某些种类的新闻比其他新闻更能有效地传播。这些都是人们会听到并且愿意再次传播的东西。结果,人们就会更多地谈起它。

这并不意味着沉默是不可能的。它是罕见的,并且需要特殊的规则来强制执行,以对抗模因让人喋喋不休的自然倾向。我们在图书馆和学校,在报告厅和电影院,甚至在特别的火车车厢里,到处都能见到这样的规则——我们也会见到一些人,尽管他们本意是好的,却违反了这些规则。真正的沉默誓言是很难做到的,在宗教修行中,初学者会发现静默的规则是很难保持的,即使是短短的几天。保持沉默是不合常理的。

这就引出了我们要谈论的第二种方法:看看有关言论的规则或社会实践。我们也来比较一下两种模因。假设有一些模因指令会促使人们多说话。这些指令可能以多种形式出现,比如在公司里沉默时感到的尴尬,或者出于礼节的寒暄,或者通过聊天来彼此消遣。现在假设还有其他保持沉默的模因,比如认为无聊的聊天毫无意义,保持安静的礼节规则,或者对静默价值的一种精神信仰。哪个的力量更强呢?我认为第一类模因会胜出。拥有这些模因的人会说得更多;因此,人们会更频繁地听到他们所说的事情,因而,这些事情有更多的机会传递给别人。

如果这个结论并非立马就显而易见,那么可以这样来想——想象一下有一百个人接受的教育是第一种类型的行为——比如"无论何时，只要你可以，就应该和人礼貌地交谈"——而另外一百个人被教育的规则是"只有在你必须说话的时候才开口，这样才是有礼貌的"。第一组人，因为他们拥有这样的模因，所以只要有机会他们就会开口说话。而第二组人则会保持沉默。如果谈话者遇到谈话者，他们都会开口说话。如果沉默者遇到沉默者，两者都会保持沉默。有趣的是当谈话者遇到沉默者。可能没有人会改变想法，即抛弃旧的模因选择新的模因，但是如果这真的发生了，这里面的不平衡是显而易见的。谈话者会直接或者间接地暗示有礼貌的谈话是必要的、有趣的，或是有用的。沉默者可能会被改变。但是相反的情况是极其不可能发生的。沉默者可能偶尔会说"我认为保持沉默比较好"或者"为什么你不闭上嘴"之类的话，但是从定义上说，他们不会说太多——因此，单凭这一点，他们就不太可能使别人发生改变。虽然这种明显的单一类型的模因可能是少见的，但是也有一些著名的例子，比如英国电信的标语"谈话很愉快"（It's good to talk），以及谚语"沉默是金"（Silence is golden）。模因论不仅能帮助我们理解一般情况下为什么说话会得到传播，还能帮助我们理解在某些特殊的选择性环境中，为什么罕见的沉默规则会获得成功。

考查谈话的模因压力的最后一种方法是考虑一下模因群体或模因复合体，以及培养和传播它们的人。在一个健谈者环境中发展起来的模因（也促成了那个人的健谈），与那些在沉默者环境中发展起来的模因是不一样的。根据定义，健谈者就会说得更多，从而让其模因有更多的机会得到传播。如果有另一个健谈者听到了这些想法，他就会习得这些模因并将它们传递下去。而沉默者就不会说那么多话，所以所有与沉默者类型相匹配的模因被传播的机会就会少得多。当然，喋喋不休的人也可能会非常烦人，而沉默寡言的人可能让人觉得富有魅力，但这不能改变两者对比中基本的不平衡、不公平的结果，那就是谈话的模因，或者与之共存的模因，会在模因池中扩散开来，而沉默的模因则会日渐萎缩。这些是几种不同的模因学的论证，但它们都有相同的效果。如果它们是正确的，那就意味着模因池中将日渐充满倾向于说话的模因。我们都碰到过这些模因，这就是为什么我们话这么多。我们被模因驱使着说话。

因此，模因论为这个问题提供了一个非常简单的答案——为什么我们总是喋喋不休。它不是出于我们的利益或是为了使我们高兴——虽然有时候谈话确实让我们感到愉快——它也不见得对我们的基因有什么好处。这是人类具有一个能够模仿讲话的大脑所必然导致的结果。

这就使我们又回到了另外两个主要的问题上——我们最初是如何以及为何进化出语言能力的。

语言的进化

围绕语言起源的问题一直争论不休，早在 1866 年，巴黎语言学会就禁止了对这一问题的任何进一步的推测。动物之间的交流和人类语言之间的巨大鸿沟急需做出解释，但是，在古生物学几乎没有取得任何证据的情况下，当时的人们做出了可以说是疯狂的推测——我们的语言来自模仿动物或自然的声音，来自于干活时的劳动号子或感到厌恶时发出的咕噜声。这些被戏称为"汪汪""叮咚""砰砰"和"噗噗"的理论，根本无法解释语法和句法的起源。一个世纪过去了，这个问题远未解决，争论依然激烈。然而，我们所要做出的理论化的努力却由于对语言本身没有更好的认识，以及缺乏大脑和语言如何共同进化的证据而受到很大的限制。

首先，让我们简要地看看现代人类语言的本质。

我们的语言能力很大程度上是天生的，而不是智力或一般学习能力的一种副产品——尽管这曾是一个激烈争论的问题。事实是,人们学习语言既不是通过系统地纠错,也不是通过仔细聆听和被动模仿所听到的东西。相反,语言似乎是自然习得的,只需要最少的输入就可以建立起结构丰富的语法表达。请注意,我所说的语法,指的是语言的自然结构,这种结构能够区分谁对谁做了什么,什么时候发生了什么事,或者以什么顺序发生——并非学校里面所教的语法书上的那种语法。

几乎每个人都可以像其他人一样合乎语法地使用语言,无论何种教育程度或智力水平。所有人类社会都有语言,而且都有复杂的语法。虽然各种语言在词汇量上有很大的差异,但在语法的复杂性上却没有很大的区别。狩猎采集者及偏远部落的语言和现代工业社会里的英语或日语同样复杂。世界各地的孩子在三四岁的时候都能说合乎语法的语言,他们还能发明出比日常听到的语言更加系统化的语言,使用非常精细的语法规则,即使生活中他们并没有听过。对于失聪的人来说,如果没有口语,他们就会找到其他的方式来创造语言。手语不仅仅是口语的简化或变形版本,更是一种全新的语言,它产生于聋人群体聚集的地方。它们本身就是一种具有手势和面部表情的语言,具有词尾、词序或屈折变化等语法现象。

这种史蒂芬·平克(1994)称之为"语言本能"(language instinct)的东西,将我们与地球上所有其他物种完全区分开来。就目前所知,还没有任何别的物种拥有具备语法结构的语言——它们也没有能力学会这种语言。当心理学家最初尝试教黑猩猩语言时,他们失败了,因为黑猩猩根本没有必要的发声器官来发出必要的声音。不过,当他们利用黑猩猩手部天生的灵巧性来训练它们时,它们的表现更好。其中一只叫萨拉(Sarah)的黑猩猩,已经被训练得能够使用一块黑板,其中有各种塑料造型,这些造型表示的都是我们所熟悉的物体和行为。而拉娜(Lana)和坎兹(Kanzi)则能在一个特殊的键盘上按键。然而,最引人关注的成果是手语的使用，这是基于在野外的黑猩猩拥有灵活的双手和使用许多手势这一事实。在许多使用这种方式教学的案例中，有一只叫瓦肖（Washoe）的黑猩猩和一只叫科科（Koko）的大猩猩，它们都是在使用美国手语的人类环境中长大的。

起初，瓦肖、科科和其他类人猿似乎真的能使用手语。它们被看作是由三个单词组成的句子，就像两岁左右的孩子说的话一样。它们甚至会把手语符号组合在一起创造出新的词汇。但是，在心理学家、语言学家和天生聋哑的手语使用者的批判下，这种兴奋和夸张的说法很快就消失了。他们说，黑猩猩的手语和人类丰富而富有表现力的手语根本不是一回事。一厢情愿的想法可能是造成这种夸大的原因。现在的共识似乎是，黑猩猩和大猩猩可以学习单个的手势或符号，并恰当地使用它们的短序列——大多是为了向人要东西。然而，它们并不使用任何类型的语法，而且对小孩子似乎毫不费力就能掌握的句子的所有微妙之处，它们却视而不见。人类小孩似乎只是吸收他们所听到的词汇，然后就将它们转化成语言，而黑猩猩则是被强迫，并需要奖励手段来让它们学习一些最简单不过的符号。不管它们脑子里在想什么（我们不应该低估这一点），它们只是没有"理解"真正的语言。这与人类根本没有可比性。这就好像黑猩猩要通过漫长而缓慢的过程——试误和奖惩——来学习单词，而我们自然而然就吸收了。人类的语言能力是独一无二的。

那么我们是如何获得这种独特的能力的呢？它是在某次幸运的剧烈突变中一下子出现的吗（Bickerton，1990）？还是随着我们大脑的缓慢增大而逐渐形成的？语言最早是什么时候出现的呢？露西是否热衷于早期的社交闲聊？能人给他们的工具和发明命名了吗？直立人有没有围着篝火讲故事呢？

没有人确切知道。语言不会变成化石，已经绝迹的语言也不可能再复活。然而，这里还是有一些线索。一些考古学家认为，我们可以从古人类的人工制品和埋葬方式中推断出他们的语言能力。仅仅 10 万年前，就发生了旧石器时代的革命，这是古人类活动突然（以考古时间尺度而言）多样化的时期。在 200 万年或更长的时间里，原始人类唯一的人工制品是简单的石器，包括被能人用作砍刀和刮刀的石头片，以及直立人所制作的手斧。直到旧石器时代，智人才留下了一些进步的证据，包括有意地埋葬死者、简单的绘画和身体装饰、远距离的贸易、越来越大的居住地，以及工具制造的进步，材料从石头到骨头、黏土、鹿角以及其他。根据理查德·利基（Richard Leakey）的观点，考古学家普遍认为，这种戏剧性的变化与成熟语言的突然出现是同时发生的。然而，这一切只是建立在推测的基础上。通常，我们的思维会被我们小时候所学的语言所束缚，这样我们就无法准确推测出古人类在艺术、工具制造或贸易中能做什么，不能做什么，以及语言能力达到了什么水平。我们需要比这更好的证据。

更多可靠的线索来自解剖学。脑容量的主要增长（大约 50%）发生在从南方古猿属到人属的转变时期。50 万年前，直立人的脑容量几乎和我们的一样大。既然我们不知道脑容量和语言之间关系的本质，这就不能告诉我们语言是什么时候出现的，但也许我们可以发现一些关于早期大脑结构的东西。显然，大脑不会变成化石，但它们的形状可以从头骨化石的内部推断出来。其中一个能人的头骨显示了布洛卡区的证据，以及我们语言侧化大脑的不对称性特征，这使得一些人得出结论，能人可以说话。然而，近期对活人脑部的扫描研究显示，在熟练的手部运动中，布洛卡区也很活跃，因此，这不能作为语言产生的决定性证据。布洛卡区的发展可能更多地与能人制造石器的行为有关。印第安纳大学的尼克莱斯·托斯（Nicholas Toth）对早期的石器做了详细的研究，他和同事们花了几个月的时间来学习制作这些石器——结果表明，这不是一项容易掌握的技能（Toth & Schick，1993）。在这个过程中，他们发现早期的石器大多是由右撒子制造的。大脑侧化显然始于人属最早出现的时候,但是它并不是语言产生的证据。

大脑并不是人体中为了讲话而进行过改造的唯一的器官。巧妙的呼吸控制对于讲话来说是必要的,这意味着隔膜和胸腔肌肉需要发生改变。像所有的陆生哺乳动物一样,我们必须能够自动呼吸,但在说话时,我们需要有意识地控制呼吸,这就需要大脑皮层能够控制相关的肌肉组织。我们的咽喉也比其他灵长类的低得多,这使得声音的多样性成为可能,而颅底的形状也不相同。

这些变化是何时发生的?咽喉和肌肉都无法变成化石,但我们可以利用其他线索进行推断。一个是颅底,它的形成影响着发声的范围。它在南方古猿中表现为扁平状,在直立人中轻微弯曲,而在现代智人中表现为完全的弯曲,这表明只有现代人类才能发出我们现在使用的所有声音。另一个线索来自脊髓的厚度。现代人类的胸椎脊髓比猿类或早期人类要厚得多,可能是因为说话需要皮质对呼吸的精确控制。古生物学家艾伦·沃克(Alan Walker)对一具150万年前的直立人骨架进行了详细研究,这具骨架就是在肯尼亚图尔卡纳湖附近发现的"图尔卡纳男孩"(Nariokotome Boy)。这具骨骼完好地保存了脊柱部分,并且没有发现胸廓增大的迹象。从这方面来说,这个图尔卡纳男孩更像猿而不是人。随着沃克从化石中了解了更多这个男孩的情况,他越来越确信直立人是不会说话的,这个男孩不太像困在猿猴身体里的人,而更像困在人身体里的猿猴。"他可能是我们的祖先,但在那个人类的身体里并不存在人类的意识。他并不是我们中的一员。"沃克总结道(Walker & Shipman, 1996, p. 235)。

所有这些线索都没有给出最终的答案。即使我们完全理解了语言产生过程中的解剖学变化,我们也不一定能理解心理的变化。正如心理学家梅林·唐纳德(Merlin Donald)(1991)所指出的,现代符号文化不仅仅是语言本身，而且不仅仅是语言将我们与我们的祖先和其他现存的灵长类动物区分开来。语言的进化需要与我们认知进化的其他部分相联系来理解。

也许我们现在能得出的最好的结论是，语言并不是像一些语言学家所说的那样突然出现的。使现代语言成为可能的进化变化，似乎是在很长一段古人类历史中逐渐形成的。几乎可以肯定，"露西"是不会说话的，而直立人也不可能在篝火旁有太多的交谈。精确控制的语言和完全现代的语言应该至少要到 10 万多年前的远古智人时代才会出现。尽管如此，更重要的问题仍然没有答案。我们不知道是较大的大脑逐渐使语言成为可能，还是语言的发展逐渐使脑容量增大。我们只知道这两者是一起进化的。

如果我们知道语言是用来干什么的，也许会有所帮助。

答案并不明显——尽管它经常被看成是显而易见的。心理学入门教科书倾向于做出"明显"的陈述，比如"语言行为的能力决定了我们物种的优势"（Carlson，1993，p.271），然后就没有进一步的说明了。生物学家梅纳德·史密斯和萨斯玛利（1995，p.290）以这样的表述开始他们对语言进化的解释——"自然选择的假设是适应性设计唯一合理的解释吗？还有别的解释吗？"语言学家通常认为，语言"具有明显的选择价值"或"语言一定具有巨大的选择优势"（Otero，1990），他们习惯性地谈论语言适应、交流的显著选择优势，或使用符号的选择压力（Deacon，1997）。

从选择优势的角度来思考，他们并没有错。当我们在生物学中问一个"为什么"的问题时，我们寻找的答案通常是功能性的。蝙蝠有声呐，以便在黑暗中捕捉昆虫。蜘蛛会结精致的网，形成几乎看不见的、轻巧的陷阱。皮毛是用来保暖的，眼睛是用来看东西的（尽管答案永远不止于此！）。根据现代达尔文主义的思想，所有这些东西逐渐进化是因为携带产生这些东西的基因的个体在生存和繁殖方面更成功。如果人类的语言能力是一个像脊椎动物的眼睛或蝙蝠的声呐一样的生物系统,那么我们必须知道它的作用是什么,以及为什么携带提高语言能力基因的个体比那些语言能力较差的邻居更有可能生存和繁衍。正如我们所看到的,语言不是随随便便获得的。大脑的几个区域不仅专门用来理解和产生语言,而且我们的整个发声器官都必须进化。这意味着颈部、口腔和喉咙发生复杂变化,它会削弱这些器官的其他功能:使饮酒和呼吸无法同时进行,并增加窒息的风险。为什么要做这些代价高昂且有潜在危险的改变呢?是什么值得这种改变呢?

这个问题使我们陷入了困境。正如一些作者指出的(Deacon, 1997; Dunbar, 1996; Pinker, 1994),看来,要么我们必须理解语言给早期原始人类带来的选择优势,要么我们必须放弃达尔文主义解释的希望。这不是一个愉快的选择——如果它确实是一个选择的话。

第 8 章　模因 – 基因协同进化

语言起源之谜显然给我们带来了一个令人不快的选择——放弃达尔文主义解释的希望，或者为语言找到一种功能。但这只是一种牵强的选择，假定功能只是为了基因的利益。如果有第二个复制子，这就不再是唯一的选择了。我认为，一旦模仿进化了，模因出现了，模因就会改变基因选择的环境，迫使它们提供越来越有利于模因传播的工具。换句话说，人类的语言能力是由模因驱动的，语言的功能就是传播模因。

语言的功能是什么

如果我们想了解语言的进化，达尔文主义的解释就是一个显而易见的起点。但是，语言被认为并非源于基因的变异、不可能存在中间形态，并且需要更多的进化时间，在基因组中占据更多的空间，而这些是不可能的——更重要的是，它的选择优势并不明显（Pinker & Bloom，1990）。所有这些论证都遭到了有力的反对。然而，它们总是以各种各样的形式出现。

奇怪的是，传统达尔文取向的语言起源理论的两个主要反对者是世界上最著名的进化论理论家之一史蒂芬·杰伊·古尔德以及世界上最著名的语言学家诺姆·乔姆斯基（Noam Chomsky）。

在20世纪50年代，主流的行为主义范式将语言仅仅视为人类一般学习能力的另一个方面。它否定了人类学习能力的先天限制，或者语言结构的任何普遍特性的存在。乔姆斯基恰恰反对这种观点。他指出，语言的逻辑结构比任何人之前想象的都要复杂得多，尽管儿童在没有接受过明确训练的情况下很容易就能掌握它，而且不同的语言实际上有一个共同的"深层结构"。他提出了现在人们所熟悉的先天普遍语法的概念。然而，他随后提出，自然选择既不能解释这种普遍语法的起源，也不能解释语言的进化（见Pinker & Bloom, 1990）。根据乔姆斯基的观点，我们确实有天生的语言结构，但它们不是通过自然选择形成的。它们的形成一定是纯属偶然，作为其他事物的副产品，例如智力或大脑的普遍发展，或者是我们还不了解的其他过程。在这个转变过程中，语言本身没有什么选择压力。

古尔德长期以来一直反对进化论中选择和适应的力量（Gould & Lewontin, 1979）。相反，他认为许多生物特征的进化是其他事物的副产品，或者是自然物理过程的结果，以及对结构和形式的约束。他说，就语言而言，它一定是其他进化变化的副产品——比如大脑体积的整体增长（尽管我们已经看到，这也是无法解释的），或者是由一些尚未确认的物理约束导致的。

我认为这条路子行不通。确实，简单的物理过程可以产生复杂的设计，如雪花、干涉图样或沙滩上的波纹。毫无疑问，物理约束是重要的：空气的性质限制了翅膀和尾巴的形状，重力限制了生物的高度和体型大小。随着设计的改变，副产品不可避免地会出现，其中一些副产品会变得有用，然后被进化所利用。但是这些过程本身并不能解释进化带来的进步（尽管古尔德也不相信进步），也不能解释复杂的功能设计。唯一能够以旧设计为基础，并使其发展成新设计的过程是进化算法（p. 14）。通过遗传、变异和选择，你可以解释像眼睛、耳朵、鳍和尾巴这样不可思议的东西的逐渐出现。语言也是一种不可思议的东西，有着复杂的设计。说它是其他事物的副产品，或者完全是由于物理约束而产生的，这根本说不通。

乔姆斯基、古尔德和其他非选择论者的观点受到了平克、布鲁姆和其他许多人的严厉批评，他们在同行评审期刊《大脑与行为科学》（1990）上发表文章，展开了一场激烈的辩论。平克和布鲁姆认为，语言在某些功能上表现出复杂设计的迹象，对于复杂设计的器官起源的唯一解释是自然选择的过程。因此，他们得出结论，"语法的专门化是由传统的新达尔文主义进化过程导致的"（Pinker & Bloom，1990，p. 707）。

但是语言的功能到底是什么？一个"传统的新达尔文主义"的解释假设了拥有语言的选择性优势。我所提出的关于为什么我们获得了语言的问题现在变成了"拥有语言的选择性优势是什么"。如果没有这个问题的答案，人类语言的存在仍将是一个谜。

平克和布鲁姆的回答是，语言是为"在一个串行通道中进行命题结构的交流"而设计的（1990，p. 712）。那么，"在一个串行通道中进行命题结构的交流"的选择性优势是什么呢？他们说，语言可以让我们的祖先获得信息，并以远远快于生物进化的速度将信息传递下去，使他们在与其他物种的竞争中获得决定性的优势。但要完成这个论证，我们需要知道传递哪些生物学相关信息，以及为什么使用命题结构会有帮助。这一点他们并没有给出解释。

在平克和布鲁姆之前这个问题也有很多答案，但是没有一个被普遍接受。最早的一些理论是关于狩猎的。原始人被认为是非常优秀的狩猎者，他们需要交流如何在特定的地方捕捉猎物的计划。换句话说，为了更好地狩猎，我们需要说话。一个更现代的版本来自古生物学家沃克和席曼（1996，p. 231），他们认为语言的功能是沟通"打猎的地方、新型的陷阱、水源的位置、适宜的洞穴……制造工具的技术……或者生火和保持火种的方法"。其他的理论强调觅食——也许早期人类需要交流关于食物的位置、营养价值或安全性的信息。从这些理论中，我们不太清楚的是，为什么人类，而且仅仅是人类，会发展出如此复杂且在神经系统方面消耗巨大的方法来解决狩猎或觅食的问题。例如，狼和狮子不需要使用具备语法的语言就能使用聪明的群体狩猎策略，蜜蜂用专门的舞蹈来传达食物来源的位置和价值的信息。黑长尾猴对至少五种不同的食肉动物有不同的警告叫声，包括豹、鹰和蛇（Cheney & Seyfarth，1990），但没有使用语法或命题结构。大概我们的先天普遍语法提供了胜过这些简单系统的优势，但是仍然存在疑问，为什么这种优势如此之大，以至于我们可以交流谁对谁做了什么、为什么你不能来参加聚会，以及大爆炸理论相对于稳态宇宙学的优点。

  答案（就像在马基雅维利式的智力与脑容量关系的理论中一样，见p. 91）可能在于我们社会生活的复杂性。我们的原始人类祖先可能像他们早期的灵长类祖先以及现代的猴类一样，是社会性动物。我们可以设想，他们能够识别和比较不同的社会关系，并做出适当的反应，而不需要拥有像"朋友"或"姐妹"这样的言语标签（Cheney & Seyfarth，1990）。社会灵长类动物需要了解诸如联盟、家庭关系、统治等级和群体中个体成员的可信度等问题。因此它们也需要交流。如果你维持着一个复杂的统治等级，那么你需要表现出（或隐藏，或假装）恐惧和攻击性，顺从和快乐，想要被理毛的欲望和交配的意愿等。但众所周知，谈论情绪是很困难的。现代灵长类动物通过面部表情、叫声、手势和其他行为很好地完成了这些复杂的任务，而我们的语言似乎并不是专门用来做这些事情的。

英国心理学家罗宾·登巴（Robin Dunbar）（1996）说，语言的功能就是闲聊——而闲聊是理毛的替代品。他问了我之前问过的同样的问题——只不过问得更有诗意一些："为什么这么多人把这么多时间花在讨论这么琐碎的事情上？"在一系列研究中，他和他在利物浦大学的同事们发现，我们大多数的谈话都是闲聊。我们讨论彼此，谁和谁有什么关系，为什么；我们赞同和反对，选择立场，对我们生活在其中的社会泛泛而谈。为什么？

登巴说，理毛和闲聊的真正作用是让社会群体团结在一起，而随着群体的扩大，这一点变得越来越困难。许多其他灵长类动物生活在社会群体中，它们的大部分时间被用来维持社会关系。谁与谁结盟是很重要的。你赶走你的敌人，帮你的朋友理毛。你与你的盟友分享食物，并希望你有麻烦的时候它们会帮助你。你去帮助你的朋友——或者选择不帮，这种选择包含着它们下次让你付出代价的风险。这种社交活动需要脑袋够大才行，因为有太多东西需要记住。你需要记住谁对谁做了什么，什么时候做的，以及当下每个盟友关系的靠谱程度。即使是地位较低的雄性，如果它有强大的盟友，你就不会想去偷它的食物。如果另一个更强大的雄性具有优先交配权，你就不会冒险与一个接受你的雌性交配。另外，随着群体规模的增加，游手好闲者和骗子可以更容易在里面浑水摸鱼。

如何维持这些复杂的关系呢？对许多灵长类来说，答案是梳理毛发，但这是有天然的限制的。随着群体的扩大，对理毛的需求也变得越来越高，直到没有足够的时间给那么多同伴——理毛。狒狒和黑猩猩群体由大约50到55个成员构成，它们花费五分之一的时间互相梳理毛发，而人类的群体更大。登巴认为，我们最多可以认出几千个人，但是，无论是在社会生活、军队还是工业中，更重要的群体规模都在150人左右。从猴子和类人猿身上做一个类推的话，我们人类将不得不花费40%的时间为彼此理毛，以维持如此庞大的群体，但这是不可能的。

登巴说，这就是为什么我们需要语言。它是"一种廉价而高效的理毛方式"（1996，p. 79）。我们可以同时与不止一个人交谈，传递关于骗子和无赖的信息，或者讲述谁是值得信赖的朋友的故事。因此，登巴不同意语言是为了狩猎和战斗中交流策略的需要而进化的，这是一种男性主导的思想，相反，他认为语言的功能是为了巩固和维持我们的人际关系。

但现在有一个明显的问题，为什么更大的群体会带来选择压力。登巴的回答是当我们的祖先离开非洲的森林进入草原时，他们需要进行越来越多的猎食；所谓人多力量大，依靠群体他们能够获得安全，这本来是一种有价值的生存策略，但是群体规模大到一定程度就无法再通过理毛维系全部的人际关系了。但许多其他物种也以其他方式在草原上生活，有些群体大，有些群体小。所以，更大群体的这种压力真的能解释所有这些天翻地覆的，代价不菲的变化吗？登巴理论的要点全系于此。

其他的理论则强调符号使用的演变（e. g. Deacon，1997；Donald，1991）。哈佛大学神经学家泰伦斯·迪肯称人类是"符号的物种"。他认为，符号指称（symbolic reference）为原始人类大脑的进化提供了唯一可想象的选择压力——所谓符号指称，他的意思是使用任意符号来代表其他东西。符号沟通的优势包括了母婴之间的交流、传递觅食技巧、玩弄竞争对手、实施集体战争和防御、传递制造工具的技巧，以及分享过去的经验——他说，"有太多令人感兴趣的选择了"（p. 377）——但他认为，只有当"符号的门槛"（symbolic threshold）被越过后，这些优势才能够真正发挥作用。一旦真正的符号交流成为可能，简单的语言（现在已经灭绝了）就会产生一种选择压力，让更大更好的大脑能够理解和扩展它们，最终进化出现代人类的语言。但我们首先要跨过"符号的门槛"。

那么，这是如何以及为何发生的呢？为了婚姻，他说。迪肯认为，早期的古人类只有通过符号性的手段来调节他们的生殖关系，才能利用狩猎所提供的生存策略。"符号文化是对一个只有符号才能解决的生殖问题的回应：表达社会契约的必要性"（Deacon，1997，p.401）。根据这一理论，符号性沟通的萌发是因为我们需要用它来控制婚姻，然后逐渐完善，因为它为其他形式的沟通提供了无数的优势。

如果我对他的理解是正确的话，迪肯有时接近于模因理论。例如，他指出，语言是其自身的原动力，语言进化是一种自我引导的程序。他甚至把一个人自己的语言比作他的共生有机体。但他没有考虑到第二复制子的可能性。对他来说，"基因的传播是底线"（p.380）。因此，他必须找到使用符号的基因的选择优势。

加拿大心理学家梅林·唐纳德也将符号表征作为其理论的核心（1991，1993）。他认为人类的大脑、文化和认知三者是协同进化的，都要经历三个阶段的转变：模因技能，词汇发明（即创造词汇，口语和讲故事），最后是记忆的外化（符号性的艺术和书写技术允许人类克服生物记忆的限制）。他的第一次转变——模因技能的发展——听起来似乎与模因论相似，但事实并非如此［它更接近于"模拟"（mime）而非"模因"（meme）］。唐纳德明确区分了拟态和模仿，强调拟态是在头脑中表征一个事件，而不与外部交流联系在一起。他解释道："拟态建立在产生有意识的、自发的、有表征性的行为的能力上，这些行为是意向性的，但不是语言的。"（1991，p.168）

唐纳德的进化理论不同于其他许多理论，它强调了人类独特的认知发展、他们的文化的重要性，以及他们的发明创造的后果，但他没有提到第二复制子的概念。对他来说，语言的功能是符号表征更广泛的功能的一部分，符号表征的最终的优势还是落在基因上。

我考虑了几种流行的语言功能理论。所有这些作者都意识到这里面有一些严肃的问题，并试图解释为什么语言会给早期的原始人一种选择优势。但我不相信他们中的任何一个能真正解开人类语言起源之谜。他们需要解释为什么只有一个物种能够用复杂的语法语言交流，为什么这一个物种的大脑比它最近的亲缘要大出那么多，为什么这一物种不仅谈论性、食物和打斗，还会讨论数学、Macintosh 相比 Windows 的优势，以及进化生物学。能够就复杂事物进行交流显然是会有某些优势的。当环境改变时，一个能说话并传递新的复制方式的物种，比一个只能通过基因改变来适应的物种，能够更快地适应环境。这是否足以解释人类为了进化出语言能力所承受的所有代价不菲的变化呢？我不知道，在对现有理论做了必要的简短综述之后，我只能得出结论：在这个问题上没有真正的一致意见。

这种情况可以这样总结，达尔文主义对人类语言进化的解释是假设语言为基因提供了一种选择优势，但尽管有许多建议，对于这种选择优势是什么并没有一致的意见。然而，这个论点假设达尔文主义的解释必须完全建立在基因优势上。如果我们添加第二个复制子，整个论证就会完全改变。

语言传播模因

模因论为语言的进化提供了一种新的解释，我们将达尔文的思想应用于两个复制子，而不是一个。根据这一理论，模因选择和基因选择共同作用，创造了语言。总而言之，这个理论是这样的：人类语言能力主要是为模因提供了选择性优势，而不是基因。这些模因改变了基因选择的环境，迫使它们建造越来越好的模因传播装置。换句话说，语言的功能就是传播模因。

这是一个强有力的主张，我将以我们对协同进化的理解为基础，循序渐进地论证。

我已经解释了模因－基因协同进化是如何产生一个硕大的脑袋的。总之，一旦模仿进化了，第二个复制子就出现了，它的传播速度比第一个复制子要快得多。因为最初被复制的技能在生物意义上是有用的，所以个体模仿并且与最好的模仿者交配是有好处的。这种结合意味着成功的模因开始决定哪些基因是最成功的：那些能够促进这些模因传播的基因。这些基因不可能预测到创造出第二个复制子会产生什么效果，也不可能把它收回。它们现在被模因所驱使。这就是脑容量急剧增大的根源。这个理论不仅预测了人脑会变得越来越大，还预测了这个大脑将会专门设计出来用于传播那些最成功的模因。我认为这正是在我们身上发生的事，这解释了语言的进化。

如果那些成功的模因推动了大脑的进化，那么我们需要知道是哪些模因。在某种程度上，模因的成功是历史的意外和偶然。在过去很长一段时间里，长头发或小卷发、脸谱或刻着疤痕的腿、唱歌、太阳崇拜或昆虫绘画，都可能成为受欢迎的模因。它们就会对基因施加压力，产生特别擅长模仿这些特定事物的大脑。如果偶然的力量是模因进化的主要压力，我们就不可能理解我们的过去。然而，我将假设，进化理论的基本原则将凌驾于这些偶然力量之上。也就是说，有一些基本的品质构成一个成功的复制子——在这里是一个模因。

道金斯（1976）提出一个成功的复制子所具备的三个标准——保真度、繁殖力以及持久性。换句话说，一个好的复制子必须精确地复制，必须复制很多份，而且必须持续很长时间——尽管这三者之间可能会有权衡。我们必须始终小心与基因的比较，但考虑一下如何符合这些要求是有益的。

基因在这三个方面的得分都很高。它们的复制非常精确，也就是说，基因具有高保真度，在复制长序列遗传信息时很少出错。当错误发生时，还有精密的化学系统来修复它们。当然，仍然有一些错误，这些错误寻致了对进化至关重要的变异，但是错误是很少的。此外，正如我们已经看到的，这一过程是数字化的，这带来了更高的保真度。

基因，至少其中的一些，是非常多产的，产生了大量的副本，尽管多产性随物种所栖息的环境的不同而不同。生物学家在一个连续体的两端区分了两种生殖策略：R策略（R-selection）和K策略（K-selection）。R策略适用于不稳定和不可预测的环境，在资源允许的情况下，能够快速和没机性地进行繁殖，从而获得回报。如青蛙、苍蝇和兔子，繁殖力强，体型小，传播距离远。K策略在稳定的、可预测的环境中运作，在这种环境中，对有限资源的竞争十分激烈。这样的条件有利于体型大、寿命长和采取少生优生策略的物种。选择K策略的物种包括大象和人类。这些是极端情况，但即使在大多数K选择的物种中，也会产生许多基因副本。

最后，基因是长寿的。单个的DNA分子在细胞内受到很好的保护，那些通过生殖细胞系遗传下来的分子有时可以存活到生物体寿命结束。我们定义的基因单位大小不同，它的寿命也不同，但在某种意义上，基因是不朽的，因为它们是代代相传的。基因是非常高质量的复制子。

它们总是那样吗？大概不是，尽管我们对DNA的早期历史知之甚少。然而，我们有理由认为，第一种复制子是比现在的DNA更简单的化学物质，没有有效地包裹在细胞核内的染色体中，也没有复杂的细胞机制来维持和复制它们。例如，它们可能是简单的自催化系统，产生两个相同的分子，然后是类似多核苷酸的分子，最后是 RNA（Smith & Szathmáry，1995）。但是为什么这些化学物质会进化成我们今天所拥有的高质量复制系统呢？

想象一下，各种形式的早期复制子在"原始汤"里互相竞争。如果一个低保真复制子和一个高保真复制子同时存在，高保真复制子将胜出。正如丹尼特（1995）所说，成功的进化就是发现"好伎俩"。在复制过程中犯了太多错误的复制子很快就会失去它遇到的任何好伎俩。高保真的复制子不会更快地发现它们（甚至可能会更慢），但至少它会保留找到的任何有用的东西——从而超越竞争对手。类似地，一个多产的复制子，仅仅通过制造更多的副本，就可以淹没它的对手。最后，当它的竞争对手失败时，一个高持久性的复制子将仍然存在。这一切真的很明显。在这个早期的环境中，始终存在一种选择压力，从而产生越来越好的复制子，而这最终会导致精致的细胞机制的产生，为 DNA 的到来做好准备。

同样的原理也适用于模因。想象一下，早期的古人类发现了生物学上的"好伎俩"——模仿。起初，这个好伎俩允许一些个体通过窃取他人的发现来获利，这些个体因此传递了使他们成为模仿者的基因，直到模仿变得普遍。然后一种新的复制子诞生了，利用大脑这台复制机器，开始复制——复制动作、复制行为、复制手势和面部表情、复制声音。这个早期模因的世界相当于模因的"原始汤"。这些潜在的可复制行为中，哪些作为复制子会更成功？答案是那些具有高保真度、高繁殖力和高持久性的模因。

现在我们可以看到语言的相关性。语言当然提高了模因的繁殖力。你一次可以传播多少个行为的拷贝呢？有多少人看就有多少份拷贝。但能同时观看一个人表演的人数并不会很多，而且附近的人可能并没有在看，或者可能会感到无聊而去看别的东西。另一方面，如果你发出声音，很多人可能会立刻听到，他们不需要看——他们甚至可以在黑暗中听到。这种优势在手语和口语的区别中是很明显的。对于私人交流来说，两者可能都是有效的，但是你不能对一群人用手语喊着"嘿，你们都给我听好了"。大家必须得先看到。此外，声音可以传播相当长的距离，并形成圆形辐射。大声说出你的消息比用手势、面部表情、身体动作或其他任何可用的信号来演示要好得多。与用手势、面部表情、身体动作或其他任何可用的信号相比，大声说出你的消息能让更多的人接收到。

这意味着发声是提高模因繁殖力的一个很好的选择，从而声音信号赢得了成为更好的复制子的竞争。那么，怎样才能提高声音复制的保真度呢？一个明显的策略是使声音数字化。正如我们已经看到的，数字复制比模拟复制精确得多，基因当然已经采用了"数字化"的策略。我认为语言也是这样的。通过创造出离散的单词来取代连续的声音，复制变得更加准确。

我们可以想象，当人们开始互相模仿时，早期口头语言同时存在着很多不同的版本。任何将语音分割成离散的、容易复制的声音的方法都有更高的保真度，因此比其他方式更容易被复制。复制的问题总是在于需要决定刺激的哪些方面才值得被复制。语言就是一种在这个方面非常明确的系统，例如，它分解声音，建立发音标准，与此同时可以忽略整体音高。要注意的是，其他形式的交流，如猴子发出的警报声，可以通过基因选择逐渐变得越来越清晰，但这里描述的过程要快得多，因为它在一代人内从一个人传播到另一个人。因为高保真度的副本能更有效地传播，它们往往能占得优势，语言也因此得到进化。

那么持久性呢？没有任何一种行为本身有多大的持久性，但大脑内的持久性是重要的。有些动作很难记住，因此很难复制，尤其是在延迟之后。我们可以预期，成功的模因依赖于那些容易被记住的行为，这样即使在长时间的延迟之后也能被复制。语言有效地提高了记忆性，记住舞步可能很麻烦，但记住"慢，慢，快－快－慢"却很容易。我们发现，重复一长串毫无意义的噪声是不可能的，但重复一个只有几十个单词的句子却很容易。不用太费劲，我们就可以复述整个故事和整段对话。事实上，许多文化完全依靠死记硬背长篇故事和神话来传承历史。通过构建声音的意义，语言使它们更容易被记住。

我们可以期待技术带来另一种持久性——比如当锅被发明出来，它就为新锅的产生和更多的制锅行为创造了持久的模式，或者建造桥梁的想法会被传播给每一个过桥的人。随着书写的发明，语言的持久性发生了戏剧性的变化——将文字记录在黏土、纸莎草或软盘上——但我将在以后考虑这些进一步延长持久性的步骤。

我将文字的出现描述为数字化的过程。理解语言起源的真正问题不在于单词本身，至少在原则上可以通过简单的联想学习掌握，真正的问题在于语法。但是，语法也可以促进复制。给定一组单词，你能说出多少事情？并不会很多，除非你有方法可以用不同的方式组合词汇来表达不同的意思。添加前缀和后缀，以不同的方式对它们加以变化，并说明词序规则。这些都会增加可能产生并得到复制的独立话语的数量。从这个意义上说，语法可以被看作是一种提高繁殖力和准确性的新方法。复制得越精确，效果就越好。然后，随着越来越多可能的事情能够被说出来，更多的模因可以被创造出来继续推动这个过程。

记住，这里所发生的一切都是选择，不需要有意识的预见，也不需要对模因本身或复制模因的人进行深思熟虑的设计。我们只需要想象一群人，他们都倾向于互相模仿，他们模仿某些声音胜过其他的声音。一个特定的声音是否会被复制，无论是因为它容易被记住，容易产生，或传达了一种愉快的情绪，抑或是提供了有用的信息，它都不像一般的原则那么重要，即当大量的声音进行复制之争时，成功的声音都将是那些高保真、高繁殖力和高持久性的。这就是产生语法语言的选择压力。

因此，语言的发展就像其他任何事物一样，是一个进化的过程，显然是从无到有地创造出了复杂的设计。人类声音复制的早期产物改变了模因选择的环境，使更复杂的声音可以找到一个生态龛位。正如只有当单细胞已经非常普遍时，多细胞生物才可能出现，正如动物只能出现在植物已经生产出氧气时，又如只有当周围有很多小猎物时，大型食肉动物才能进化出来，只有简单的话语已经非常普遍时，具有复杂语法结构的话语才会出现。拥有大量词汇和明确结构的语言似乎是模因选择的自然结果。

下一步就是了解语言本身是如何重组人类的大脑和声音系统以促进自我传播的。这又是模因-基因的协同进化，其过程如下：我假设人们既会优先模仿，也会优先与拥有最好模因的人结成伴侣——在这里指的是最好的语言。然后那些能够塑造出擅长模仿特别成功的声音的大脑的基因就能够传递下去。就这样，大脑逐渐变得越来越能发出这些声音。语法语言并不是任何生物需要的直接结果，而是模因通过增加自身的保真度、繁殖力和持久性来改变遗传选择环境的方式的产物。

请注意，整个过程是自主运转的。一旦语言进化开始，语言本身和它所赖以运行的大脑将在模因和基因选择的共同压力下继续进化。这并不是唯一一个把语言看作是"它自己的原动力"，或一个自我引导的过程的理论，但是其他理论很难解释它是如何开始的，或者它为什么会采取目前这种形式。例如，迪肯必须首先找到一个理由来跨越"符号的门槛"。语言起源的模因理论就不存在这样的问题。关键的一步是模仿的开始——自然选择为什么会青睐于模仿并不神秘。这是一个很明显的"好伎俩"，虽然很难找到，但在一个已经拥有良好的记忆力和解决问题的能力、讲求互惠利他、具备马基雅维利式智慧和复杂的社会生活的物种中，是很有可能出现的。一旦形成了模仿的能力,它就会启动一种新的复制子的进化,并与旧的复制子共同进化。

我在这里做了很多推测和想象。那么我只是在制造另一种类似"汪汪"或"砰砰"理论的东西吗?是否应该提醒我巴黎语言学会颁布的禁令?

我希望不是。这里的不同之处在于,我并不是说单词的出现是因为人们在举起沉重的岩石的时候发出了"呦呵"的声音,然后开始说话——尽管我猜想一些奇怪的单词可能就是这样产生的。我认为口头语言几乎是模因选择的必然结果。首先,声音是高繁殖力行为传播的一个很好的载体。其次,词汇是数字化这一过程的一种显而易见的方式,因此可以提高其保真度。再次,语法是提高准确性和繁殖力的下一步,所有这些都将有助于记忆,从而提高持久性。一旦第二个复制子出现,语言的产生恐怕就是不可避免的了。

该理论建立在一些基本假设的基础上,这些假设是可以检验的。一是人们倾向于模仿最善于表达的人。社会心理学实验表明,人们更容易被"健谈的人"和"说话快的人"说服,但这需要通过模拟测试进行更系统的研究。

模因–基因协同进化理论假设人们优先与最好的模因传播者交配,在这个例子中是最善于表达的人。我们应该记住,过去对"能言善辩者"的选择可能已经用尽了大部分最初的变异,使得我们大多数人今天都能相当清晰地表达。然而,这种偏好可能仍然存在,因此,口齿清楚会让你具有性吸引力。情诗和情歌的历史,以及政客、作家和电视明星的性行为都说明了这一点(Miller,1993)。

如果这个理论是正确的,那么人类的语法应该表现出被设计用来传递高繁殖力、高保真度和高持久性的模因的迹象，而不是用来传递某些特定主题的信息，比如狩猎、觅食，或者社会契约的符号性表达。这是模因论的生物适应性思维，我可能会因为假设模因进化一定总能找到最佳的解决方案以及某种循环论证而受到批评。尽管如此，适应性思维在生物学中是非常有效的，在模因论中也可能被证明是有效的。

语言在不断地进化，新的词汇或表达竞相被采用，或从其他语言中被人吸收。同样，我们也应该预期，胜者会是那些具有高繁殖力、高保真度和高持久性的语言单位。赖特（Wright）（1998）运用模因论研究化学术语引入中国后的翻译，如酸、酒精或各种化学元素，表明备选术语之间进行过激烈的生存竞争，最后获选的术语一是依赖于其本身的特性，二是由于在那个时期已经存在相关的模因产品。

各种语言也为了生存而相互竞争。在过去语言共存的地方，我们期望幸存下来的是更好的复制子，而那些复制质量特别低的语言是最容易被摧毁的。既然如此多的语言面临灭绝的威胁，模因取向的思考可能有助于我们理解正在发生的事情。在工业、金融、交通和信息技术领域，世界主要语言之间也存在着一场争夺主导地位（或者仅仅是生存权）的战争。历史上的一系列偶然事件使一些语言比其他语言处于更有利的地位，但我们不妨从三方面来看待语言的演化、竞争和灭绝——它们所传达的模因的保真度、繁殖力和持久性。

最后，我们应该能够预测人工语言是如何产生的。人们曾多次尝试让机器人或虚拟机器人使用语言。这些尝试通常都先向人工系统传授大量关于自然语言的知识，或者让它们学会在声音和物体之间建立联系。我所提出的理论则会采取一种完全不同的方式，它假定人工系统没有任何先验语言知识，也没有符号指称的概念。

让我们想象一群简单的机器人，在某种相对有趣和不断变化的环境中漫步。我们可以叫它们复制机器人。每个复制机器人都有一个感觉系统、一个制造可变声音的系统（制造什么声音可能取决于它自己的位置或它的感觉输入的某个方面），以及对它所听到的声音的记忆。最重要的是，它可以模仿（虽然不完美）它听到的声音。现在，想象一下，所有的复制机器人开始四处走动，发出吱吱声和哔哔声，并互相模仿对方的吱吱声和哔哔声。

环境将很快充满噪声，模仿机器人将无法复制它们听到的每一个声音。根据它们的感知和模仿系统的工作方式，它们肯定会忽略一些声音而模仿另一些声音。然后，进化算法运行的一切都准备就绪了——遗传、变异和选择——声音（或制造声音的存储指令）是复制子。现在会发生什么呢？会有可怕的杂音，还是会出现一些有趣的东西？如果这个理论是正确的，那么其中一些声音将会有更高的保真度、持久性和繁殖力（取决于复制机器人的特征），这些声音应该被越来越准确地复制，模式开始出现。有些声音会更频繁地产生，这取决于环境中的事件和复制机器人本身的位置。我认为它们可以被称作语言。如果是这样的话，它将与当前任何自然或人工系统所使用的任意一种语言都不一样。

如果这行得通，有意思的问题就会出现。模仿机器人真的是在交流吗？它们在说些什么吗？如果是，那么起初我们只是简单地为机器人配备了模仿能力，而现在却出现了符号指称。换句话说，模仿能力是基本的，而符号指称能力不是。这正是我所期望的。最后一个问题是，我们能理解它们吗？

总而言之，人类语言起源之谜有一个模因论的解法。在 250 万或 300 万年前，一旦模仿进化出来，第二个复制子——模因——就诞生了。当人们开始互相模仿时，高质量的模因表现得最好，也就是那些高保真度、高繁殖力和高持久性的模因。一种具备语法的口头语言的产生来源于在这三个方面都具有很高水平的可复制声音的成功。这种语言的早期使用者不仅模仿了他们社会中最优秀的说话者，而且还与他们进行了交配，对基因产生了自然选择的压力，从而产生了越来越善于传播新模因的大脑。通过这种方式，模因和基因协同进化，产生了一个拥有硕大脑袋和语言能力的物种。开始这一过程的唯一重要的步骤是模仿的产生。进化的一般原理足以解释其余。

两个难题的答案现在已经很明显了，而且是一样的。硕大的脑袋是干什么用的？语言的功能是什么？——传播模因。

第 9 章　社会生物学的局限性

我提出了一种新的理论——模因理论——来解释人类的脑容量问题和语言起源的问题。它们都依赖模因作为复制子所发挥的威力，并在模因和基因相互作用的方式中引入了一些新的原理——我称之为"模因-基因协同进化"和"模因驱动"的过程。现在我想把模因方法放在整个学术背景中，看看它如何与其他理论进行比较，并解释为什么纯粹基于生物优势的理论必然会失败。通过探索模因和基因相互作用的不同方式，我们将发现社会生物学的局限性。

首先，"协同进化"理论并不新鲜。正如我在第 3 章所做的解释，先前已有很多人提出过类似的理论，包括博伊德和理查森（1985），迪肯（1997），唐纳德（1991），杜伦（1991），以及拉姆斯登和威尔逊（1981）。使目前的模因-基因协同进化理论与它们不同的是，模因和基因都是复制子，具有相同的地位。当然，这两个复制子是不同的。它们在工作方式、复制方式以及运作时间上是不同的。它们之间还有一个重要的不对称之处，即模因只能通过基因创造的大脑来运作，而基因可以（也确实）在没有模因的情况下完美运作。然而，模因和基因都具有复制子的威力。它们本质上只是为了自己而存在，如果它们能被复制，它们就会被复制——其余的事物皆始于此。

道金斯抱怨说，他的同事们总是想回到生物学优势上来。这个理论不仅回到了生物学优势上，也回到了模因优势上。如果两个复制子一起工作，事情可能会变得复杂，但并非无法理解，稍微简化一下，我们就可以梳理出三种主要的交互作用类型：基因－基因交互作用、基因－模因交互作用和模因－模因交互作用。

基因－基因交互作用

基因－基因的相互作用是生物学范畴的东西。由于白色的熊比棕色的熊在北极冰面上能抓到更多的海豹，在北极熊中产生白色皮毛的基因就会传播开来，而产生棕色皮毛的基因则越来越少。通过这种方式，对立版本的基因（等位基因）彼此竞争。然而，基因也会合作，否则生物就不会存在。在我们自己的身体里，成千上万的基因协同作用，产生肌肉和神经，肝脏和大脑，最终形成一台能有效携带体内所有基因的机器。基因－基因合作意味着帮助消化肉类的基因与控制捕食行为的基因合作，而帮助消化牧草的基因与控制吃草和反刍的基因合作。当然，它们之间的合作不是出于友善，而是因为这样做有利于它们自己的复制。

但这些并不是基因－基因交互作用的全部。一种生物的基因可以影响另一种生物的基因。老鼠快速奔跑的基因驱使猫进化出更快速出击的基因，蝴蝶的伪装基因提高了鸟类的视力。这样，"军备竞赛"就展开了。每种生物都试图胜过对手。自然界中许多最美丽的造物都是基因军备竞赛的结果。有机体之间相互利用，就像常青藤利用树木来获得高度，而不需要造出自己的树干，或者寄生虫寄生在人体内，从而免费获取食物。但也有一些是通过共生关系相互合作的，比如蚂蚁和蚜虫，它们互相提供保护和营养，或者是生活在我们肠道内的许多细菌，没有它们我们就无法消化某些食物。人们甚至认为，为每个活细胞提供能量的微小线粒体在远古时代就是一种共生细菌。它们有自己的基因，并且像细胞核中其他常见的基因一样，也会以母亲传给孩子。

另一种看待世界的方式是把整个生态系统看作是由自私基因之间的相互作用构建起来的。基因可以产生多种影响（一个基因产生一种影响是罕见的），并且可以被包裹在不同的生物体中。道金斯（1982）提供了许多他称之为"延伸的表现型"的例子，他的意思是一个基因对世界的所有影响，而不仅仅是对它所寄宿的生物体的影响。海狸建造水坝，这些水坝和蜘蛛网、蜗牛壳或人类骨骼一样，都是由基因决定的。但是相关的基因甚至不需要成为建造这种结构的生物体的一部分。例如，有一种寄生吸虫生活在蜗牛体内，使它们长出更厚的壳。道金斯认为，蜗牛壳的厚度是一种权衡，一方面要长出厚厚的壳来保护自己免受鸟类的侵害，另一方面又要节省资源来制造更多的蜗牛宝宝。吸虫的基因不会受益于更多的蜗牛宝宝，但它们将受益于一只安全的蜗牛——所以吸虫的基因使蜗牛长出更厚的外壳，它对吸虫来说就是一个好的复制子。这说明了一个重要的问题：虽然基因的利益和它所处的有机体的利益通常是一致的，但它们并不总是一致的。

这几个例子说明了基因（不存在远见或意图，仅仅因为它们可能被成功复制或不被复制）如何相互竞争、相互利用或相互合作以实现互利。我们不仅可以看到基因与基因相互作用的复杂性，还可以看到为什么以基因之眼看世界是有帮助的。如果你只关注个体生物，即使它们是载体，最终或生存或死亡，这些都没有多大意义。整个复杂的系统最好被看作是由自私的复制子之间的相互作用所驱动的——在这里它们指的是基因。

稍后，我将把完全相同的原则应用到模因-模因交互作用中——这些交互作用将被证明是非常复杂的。模因-模因互动正是当今社会的主题，包括宗教、政治和性，大企业、全球经济和互联网。但那是后面的事。首先，我们需要澄清基因和模因之间的相互作用，即模因－基因协同进化。

模因－基因交互作用

当模因与基因相互作用时，我们可能会发现竞争与合作，以及两者之间的每一个层级。正如我们所看到的，一些理论家把模因比作共生体、互助体或寄生虫。第一个是克劳克，他说我们至多是与我们的文化指令共生。"最坏的情况下，我们是它们的奴隶"（Cloak，1975，p. 172）。戴留斯（1989）认为，它的起源是相反的。模因原本是基因的奴隶，但正如他所说，奴隶有一种众所周知的独立倾向，现在我们的模因可能是任何东西，从有益的互助体到破坏性的寄生虫（Ball，1984）。道金斯将宗教视为思想的病毒，这个观点广为人知。这一切就产生了一个问题：模因是基因的朋友还是敌人？

答案当然是两者兼而有之。但是为了理清模因－基因的相互作用，我想把它分为两类：一类是基因驱动模因，另一类是模因驱动基因。这在很多方面都过于简单化了。你可以想象一下，在某些情况下，这两种复制子互相帮助，没有谁驱动谁，但我认为，更常见的情况是，至少有一些不平衡，一个复制子或另一个占据了主导地位。

这种粗略区别的原因是这样的。当基因在驱动时（狗安全地拴在狗链上），我们就会得到社会生物学和进化心理学中所有熟悉的结果。基因的利益处于优势地位，人们的行为方式在某种程度上给了他们（也许是他们的祖先）一种生物学优势。男人会被看起来有生育能力的女人所吸引；女人喜欢强壮、地位高的男人；我们喜欢甜食，不喜欢蛇；诸如此类（见 Pinker，1997）。这些在人类生活中的影响力非常大，我们不应低估它们，但它们是生物学、动物行为学、社会生物学和进化心理学的东西——而不是模因学的。

当模因在驱动（狗获得了控制权）时，权力转向模因的利益，结果就大不相同了。仅仅基于生物优势，这些结果是无法预测的，因此它们对于模因论至关重要。它们是模因理论区别于其他所有理论的地方，因此很可能成为衡量模因论作为一门科学的价值和威力的主要试验场。

到目前为止，我已经举了两个模因驱动的例子：硕大的脑袋和语言的起源。我将在后面回到这些议题并做更多的补充，但首先让我们简要地考虑一下社会生物学和进化心理学能够解释人类行为和人类文化的相关主张。

推翻标准社会科学模型

加利福尼亚大学的约翰·图比和勒达·科斯米德斯为这一论点提供了列证，他们呼吁用一种新的方法来研究文化的心理基础（Tooby & Cosmides, 1992）。他们把旧的方法描述为标准的社会科学模型（the Standard Social Science Model，以下简称 SSSM），这个模型把人类的心灵看作一块无限灵活的白板，可以学习任何一种文化，几乎完全独立于生物学和基因。很正确地（在我看来），他们和其他人动摇了 SSSM 的核心假设。

首先，人的心灵不是一块白板。特别是人工智能领域的研究已经证明，这是不可能的，因为一个通用的综合感知机器在这个世界上根本寸步难行。为了生存、进食和繁殖，能够发现目标，跟踪它们，抓住它们，辨别个体，区别性别等都是很重要的。如果没有以相应的方式划分世界的机制，这一切都不可能实现。世界本身是可以用无限种可能的方式划分的。我们的大脑必须有，也确实有办法来限制这种无限性。它们有物体识别模块、颜色感知系统、语法模块等（Pinker，1997）。我们对世界的感知并不是还原"世界本来的样子"，而是以一种让我们在自然选择中能占据有利地位的方式来进行的。

同样，学习也不是从零起步的通用一般能力。即使是在模仿方面，这也被证明是正确的。在20世纪40年代和50年代，学习理论几乎被应用到行为的每个方面，心理学家认为模仿本身必须通过奖励来促成。他们强烈否认任何关于"模仿本能"的说法，并嘲笑关于人类本能行为的旧理论（Miller & Dollard，1941）。在当时的情况下，这是可以理解的。这些早期理论的解释对象包括一些本能，比如一个女孩拨弄和整理头发的本能，或者当她坐着扔球时，把腿分开并用裙子接住球的本能。然而，他们对模仿的理解是错误的。最近的研究表明，婴儿从很小的时候就开始模仿面部表情和手势，无论他们是否得到了奖励。当婴儿太小，无法通过练习或照镜子来学习时，他们就能够模仿他们看到的面部表情和听到的声音（Meltzoff，1990）。成功地模仿某件事本身似乎是值得的。我们现在可以看到，为什么我们的很多行为都是出于本能，而行为主义者却看不出来。这个世界太复杂了，如果我们必须从头开始学习一切的话，我们将无法应付。事实上，没有内在的能力，学习本身就无法开展。我们人类的本能比其他物种更多，而不是更少。正如史蒂芬·平克所说："头脑中的复杂性不是由学习引起的；学习是由头脑中的复杂性引起的。"（1994，p. 125）

正如一些令人欣喜的例子所显示的那样，旧的SSSM显然正在被相关证据所推翻。其中一个是颜色的命名。在旧的SSSM模式下工作的人类学家，长期以来一直把颜色命名作为文化相对主义的一个完美例子。人们研究了许多种语言，发现用于描述颜色的词有很大的差异。例如，在20世纪 50 年代早期，凡尔纳·雷（Verne Ray）给 60 个印第安土著群体提供了颜色样本，并让他们说出这些样本的名字。他的结论是，世界上不存在"自然的"光谱划分，但每种文化都采用了光谱连续体，并在完全任意的基础上进行划分。换句话说，所有我们称为绿色的颜色在第二语言中可能被分成两个或更多的其他类别，在第三语言中又与其他一些颜色相结合，而到了第四语言中又与不同的颜色重叠，等等。这是一个奇怪的想法。对我们来说，看到红色和看到黄色的体验是很不一样的。我们知道，当我们观察光谱时，黄色只是介于红色和绿色之间的一条细带子，而这种黄色确实与众不同。很难想象另一种文化会以一种完全不同的方式来划分这种明显的光谱。然而，这就是相对性假设所隐含的意思——我们经验到的颜色取决于我们学到的语言——或者，世界上必定有很多人经验到颜色之间鲜明的区别，但他们所学的语言却以另外一种分类方式为其命名。

这种观点基本上被毫无疑问地接受了，直到许多年后，另外两名人类学家开始扩展并再次确认这种结果。布兰特·伯林（Brent Berlin）和保罗·凯伊（Paul Kay）（1969）使用了更广泛的语言和更系统的色彩样本——但他们失败了。相反，他们发现在一种又一种语言中非常系统地使用颜色命名，而且，从色觉生理学的角度来看，这也是说得通的。在视觉系统中，亮度信息与颜色信息是分开编码的。来自眼睛中三种接收器的颜色信息被输入一个对立系统中，分别以红－绿、黄－蓝维度对颜色编码。伯林和凯伊发现，所有的语言都含有表示黑和白的术语。如果一门语言只有三个术语，那么第三个就是红色。如果它有四项，那么下一项要么是绿色要么是黄色，如果它有五项，那么它既有绿色又有黄色。如果一种语言有六个颜色术语，那么它就包括蓝色，如果有七个，它就包括棕色。具有更多术语的语言会添加紫色、粉红色、橙色、灰色等。颜色命名并不是随意和相对的，它很好地反映了我们的眼睛以及非比寻常的系统是如何进化来利用我们周围世界的相关信息的。

颜色命名一直是这类故事的最爱。你听说过因纽特人有 50 个词来形容雪吗？你甚至可能读到过超过 100 个，200 个甚至 400 个的版本。这些都不是真的。事实上，伟大的因纽特人的"词汇骗局"是一则都市神话，一种非常成功的模因，已经被印刷、重印、口口相传，并以许多其他方式传播，尽管它是假的。显然，在 1911 年，著名的人类学家弗朗兹·博阿斯（Franz Boas）注意到因纽特人用四个不相关的词来形容雪。不知何故，这个想法很有吸引力，被一次又一次地夸大，直到变成了数百个。新近的估计表明，因纽特人最多使用 12 个与雪相关的词汇，但这并不比英语中使用的词汇多多少，而且这也并不奇怪，因为因纽特人一生都是在冰天雪地中度过的。即使在英语中，我们也有冰雹、雨夹雪、雪泥和冬雨，而在雪中工作或滑雪的人会根据需要使用额外的词汇，比如玉米雪、泉雪、糖雪、粉末雪或（正如我爸爸过去常用来称呼又湿又重的雪的称呼）布丁雪。

博阿斯和极端的文化相对主义所遗留下来的影响远远超出了冰雨的词汇量这样微不足道的事情。根据相对主义者的观点，人类行为的每个方面都是习得的，是可变的，而且在不同的文化中可能是完全不同的——甚至包括性行为。

许多人似乎讨厌这样一种观点，即人类的性别差异可以用基因优势来解释，而早期的社会生物学家也因为提出这一观点而遭到嘲笑。长期以来，流行的观点认为，常见的性别差异，如女性的挑剔和男性的花心，纯粹是文化的产物，而在另一种文化中，事情可能完全不同。从表面上看，这当然是正确的，因为一些文化重视巨大的羽毛头饰，而另一些文化则偏好细条纹西服；有些文化欣赏裸露下垂的乳房，有些文化则欣赏隆起的胸罩。但更基本的区别是什么呢？所有的性行为都是由文化决定的，这一观点是弗朔兹·博阿斯著作的核心,而在20世纪20年代,他的年轻学生玛格丽特·米德(Margaret Mead)前往萨摩亚研究一个她和她的老师皆认为与他们自己的社会完全不同的社会。米德在她的著作《萨摩亚人的成年》(1928)中描述了一种田园诗般的和平生活,在这种生活中没有性压抑,少女可以自由地与她们喜欢的任何人发生性关系。文化,似乎是我们自己的禁忌和不公平的性别差异的罪魁祸首。生物因素是不相干的。

这种观点显然符合人们对自己的性本质的希望,并被当作一种有效的证据,让人们可以接受在其他文化中所发生的几乎任何事情。这是一组成功的模因,它存活了近60年,尽管它只是基于一个年轻学生的简短的研究。这一原则甚少受到质疑,几乎没有人愿意去核实。直到20世纪80年代初,澳大利亚人类学家德雷克·弗里曼(Derek Freeman)才煞费苦心地把这个故事拆穿。

弗里曼(1996)在萨摩亚生活了六年,而米德只在那里生活了四个月。他和萨摩亚人一起生活,有时间学习他们的语言。他的发现与米德对萨摩亚生活的描述大相径庭。他发现了攻击性行为和频繁的冲突、对行为不端的严厉惩罚、青少年的高犯罪率,以及对米德最重要的论点的攻击,即萨摩亚人非常重视贞操。他们甚至还会做处女检验,并在婚礼上为女孩举行破处仪式。

米德怎么会错得如此离谱?弗里曼试图找到最初给她提供信息的人,他也确实找到了。一位86岁的女人解释说,当她们说晚上和男孩子出去玩时,米德并没有意识到她们是在"开玩笑"。另一个人证实说,他们编造这些故事只是为了好玩——想象一下,为一个无知的年轻游客编造关于你性生活的疯狂故事是多么有趣,她正迫不及待地要把这些故事记录下来。就像经常发生的情况一样,要破除这个神话需要的时间和精力要比一开始制造这个神话时多得多。这也需要很大的勇气。弗里曼的发现遭到了

模因机器

那些几乎把米德当作精神导师的人们的嘲笑,而他也因为敢于指出米德离谱的错误而受到诋毁。

借助现代进化心理学证据,我们可以看到最初的理论如何,以及为何是完全错误的。科斯米德斯和图比否定它们的做法是对的。然而,在我看来,他们的进化心理学版本似乎矫枉过正了。他们没有给任何真正的文化进化留下空间。对他们来说,"人类心智、人类行为、人类的人工制品以及人类文化都是生物现象"(Tooby & Cosmides,1992,p. 21)。换句话说,思想、技术、玩具、哲学和科学的世界都可以被解释为生物过程的产物——通过基因的自然选择而进化来的产物。

我并不想低估社会生物学和进化心理学的重要性。在下一章中,我将讨论他们在解释人类两性特征方面的一些伟大成就。但他们只看到了全貌的一部分。当然,我们的许多行为之所以被选择,是因为它有效地传播了它所依赖的基因。但行为也受到模因选择的驱动,之所以被选择,是因为它有效地传播了它所依赖的模因。

我喜欢这样来看待问题。有两个复制子驱动着我们身体、大脑和行为的进化和设计。在我们生活的某些方面,基因起着主要的驱动作用,模因的作用完全可以忽略不计。在这些情况下,基于基因的社会生物学和进化心理学方法能够很好地接近真相(虽然仍然只是接近),但在其他情况下,只有同时考虑两个复制子才能全面了解事实。我现在要讲一些其他的例子。

模因驱动和丹尼特塔

我已举过的两个例子是理解人类行为的基础。这两个例子就是硕大的脑袋和吾言的进化。我认为两者都依赖于模因驱动，现在我想进一步解释这一过程，并把它放在宏大的背景环境中加以考虑。最重要的一步是展示模因驱动如何以及为什么不只是为基因服务的另一种进化形式。除非这是真的，否则模因论就仍能被还原为社会生物学。

模因驱动是这样的。一旦模仿出现，三个新的过程就会开始。第一，模因选择（即一些模因生存，另一些模因被淘汰）。第二，模仿新模因的能力的基因选择（能够最出色地模仿最好模仿者的人有更高的繁殖成功率）。第三，与最佳模仿者交配的基因选择。

第一步意味着新的思想和行为开始以模因的方式传播，从制作工具和罐子，到跳舞、唱歌和讲话。第二步意味着最容易习得新模因的人有更多的后代，而他的后代也能习得新模因。所以大家越来越倾向于模仿成功的模因。第三步意味着择偶也受到当时流行的模因的驱动。这些过程共同作用的结果是，模因进化的方向影响了基因选择的方向。这就是模因驱动。

模因驱力乍一看似乎与所谓的鲍德温效应（Baldwin effect）相同，但其实不然，我必须解释其中原因。

鲍德温效应最初是由心理学家詹姆斯·鲍德温（James Baldwin）提出的，他将其称为"进化中的新因素"（Baldwin, 1896）。它解释了智能行为、模仿和学习如何影响基因的选择压力。正如我们所看到的，在通过基因将学习结果传递给下一代的意义上，并不存在拉马克式的"获得性遗传"。然而，行为确实对自然选择有影响。

想象一下，例如，一种像蝾螈一样的生物以吃苍蝇为生。爬得最高的将吃到最多的苍蝇。现在想象其中一只开始跳跃。它吃到了更多的苍蝇，很快它所有不能跳的同伴都开始挨饿了。因此，擅长跳跃或具有强壮后腿的基因就会在基因池中传播开来，很快所有的生物都更像青蛙了。跳跃能力普遍提升后，选择压力又会倾向于更强的跳跃能力。行为以一种完美的达尔文主义的方式影响着选择。

现在想象一下，不同种类的苍蝇的外貌和营养成分各不相同。让我们假设条纹蝇是不能食用的，而斑点蝇是极好的食物。偏爱斑点蝇的蛙类将占据优势，因此偏爱斑点蝇所需的机制，如视觉系统中敏锐的斑点探测器，将得到扩散。然而，在某种情况下，苍蝇斑纹的模式变化速度可能比青蛙视觉系统的进化速度要快。在这种情况下，学习机制将使青蛙获得回报：它能让青蛙知道哪些苍蝇可以吃。任何不会学习的青蛙都将处于劣势，因此让有机体具有一般学习能力的基因将会传播开来。这就是鲍德温效应。

正如鲍德温自己所说的那样——智力的高级现象，包括意识、快乐和痛苦的学习、亲本教导和模仿，发端于人类意志和发明的娴熟表现。"所有这些情况都与高等生物有关，所有这些情况都联合起来**让生物活下去**……通过这种方法，**那些先天的或系统发育的变异被保留了下来，这使得拥有这些变异的生物在其一生中能够进行智能的、模仿的、适应性的和机械性的改进**。其他的先天性变异因而并没有保留下来。"（Baldwin，1896，p. 445，**italics in the original**.）在更现代的术语中，学习和模仿的基因将受到自然选择的青睐。

因此，鲍德温认识到，不需要获得性遗传，自然选择就可以解释学习能力的进化。鲍德温效应创造了新的生物种类，它们能比前辈更快地适应变化。但这并不是该方向上迈出的唯一一步。丹尼特描绘了一座"生成和测试塔"，这是一座隐喻性的、虚构的塔，每层都有生物能够找到更好、更聪明的动作，并更快、更有效地找到它们（Dennett，1995）。

在丹尼特塔的底层住着"达尔文生物"（Darwinian creatures）。这些生物通过自然选择进化，它们的所有行为都是由基因决定的。犯错是代价昂贵的（不成功的生物必须死亡）和缓慢的（新的生物体每次都必须重新造出来）。

第二层住着"斯金纳生物"（Skinnerian creatures），以 B. F. 斯金纳（1953）命名，他明确地把操作性条件作用（通过试误学习）视为一种达尔文式的选择。斯金纳生物可以学习。所以有时它们的行为会被消灭掉，而不是整个身体。如果它们做的事情得到了回报，它们就会继续做；如果没有，它们就不会再做。这种进化要快得多，因为一个生物一生中可以尝试许多种不同的行为。

第三层住着"波普尔生物"（Popperian creatures）。它们的行为进化的速度更快，因为它们可以在脑海中想象结果，并通过思考来解决问题。它们以卡尔·波普尔爵士命名，他曾解释说，想象结果的能力"允许我们的假设代替我们死去"（Dennett，1995，p. 375）。许多哺乳动物和鸟类已经到达了第三层。

最后，在第四层，是"格利高里生物"（Gregorian creatures），以英国心理学家理查德·格利高里（Richard Gregory）（1981）命名，他首先指出文化产品不仅需要智力来创造，而且还能提高主人的智力。一个有剪刀的人可以比没有剪刀的人做更多的事情；有笔的人比没有笔的人更聪明。换句话说，模因是智力增强剂。在这些模因中，有一些丹尼特称之为"思维工具"，而最重要的思维工具就是词汇。有了别人创造的充满各种工具的环境，有了丰富而有表现力的语言，格利高里生物能比没有这些的生物更快地找到好的动作，并进化出新的行为。据我们所知，在这座生成和测试塔的最顶层，我们人类是唯一的生物。

鲍德温效应的重要性现在应该很清楚了。鲍德温效应就像电梯，把生

模因机器

物从一层送到另一层。如果有用的好伎俩在进化中偶然被发现了,并且如果代价不是太高,那么拥有它的生物更有可能生存下来。在每一步中,它们都要改变所生活的环境,因此,善于学习或诸如此类的事情变得越来越重要。在每一步中,那些更善于学习的生物在基因上都处于优势。虽然鲍德温效应通常只在学习(上到二层)的背景下讨论,但它同样适用于想象力的进化(上到三层)和模仿(上到四层)。事实上,鲍德温自己也明确地在他的能力清单中列入了模仿,认为它将有助于生物生存。

但所有这些都是为基因服务的,因为这些习得的行为,以及通过想象问题找到的解决方案,都是有助于生存和繁殖的。鲍德温效应本质上是达尔文进化的一种形式,它的作用是为了基因的生存和复制。一些(例如迪肯)协同进化理论使用了鲍德温效应,但是我在这里提出的基因 – 模因协同进化理论更进一步增加了新的程序——模因驱动。

关键是,当你到达顶层时,一切都发生了改变。并且这种变化非常巨大。这是因为模仿创造了第二个复制子。前面的步骤都没有创造出第二个复制子——至少没有一个超越了个体的局限。例如,斯金纳式学习和波普尔式问题解决都可以被看作是选择的过程,但它们都是在单个动物的头脑中进行的。被选择的行为模式和结果假设也许可以被视作复制子,但它们不会被释放到世界上,除非它们被模仿复制,从而成为模因。

到达第四层意味着释放出能够在生物之间传播的复制子,以自己的节奏展开进程。当然,基因是没有远见的。它们并不知道选择模仿会释放出第二个复制子,但这就是它所做的,因此我们进入了基因 – 模因协同进化的阶段。在这种协同进化中,不管是否传播基因,都会发生传播模因的事情——这只狗已经失控,奴隶们开始反抗他们从前的主人。这就是为什么这个理论与之前的不同,并提供了不同的预测。我认为人类的大脑就是一个模因迫使基因建造出越来越好的模因传播装置的例子。人类的大脑被迫以更快的速度、更大的代价长得更大，这比仅从生物优势的角度所预测的要大得多，这就是为什么它在与任何其他物种的大脑的比较中都显得如此突出的原因。仅仅基于生物优势的理论不能解释为什么基因在能源消耗和生育危险方面被迫付出如此高昂的代价（见第6章）。而基于模因优势的理论可以。

你可能仍会争辩说，就纯粹的脑容量而言，这个结果与基于鲍德温效应的论证并没有太大的不同。然而，这两种理论之间的巨大差异应该体现在大脑进化的具体方向上，而不仅仅是脑容量。如果模因具有复制子的能力，那么它们应该驱动基因产生一个特别适合复制模因的大脑，而不是一个专门为某些生物遗传的目的而设计的大脑。我们应该能够根据新的复制子的要求进行预测，以确定实际的人类大脑是否符合要求。这正是我在语言进化的论证中试图做的。我们的大脑是为传播那些具有高保真度、高繁殖力和高持久性的模因而设计的。

事实证明，硕大的脑袋在基因方面也取得了巨大的成功，人类几乎占领了整个地球。但情况真的需要这样吗？难道模因不会通过推动大脑变得越来越大、索取过高的代价而迫使基因走向灭绝吗？我们不知道——尽管我们是唯一幸存的人科动物是一个奇怪的事实。其他物种会这样灭绝吗？不幸的尼安德特人就是，毕竟，他们的脑容量就比现代人类更大。这确实是一个疯狂的推测，但更重要的一点是，在这个理论中，我们不需要想当然地认为硕大的脑袋、智力和所有与之相关的东西对基因来说一定是一件好事。我们可以效仿理查森和博伊德（1992，p.70）提出这样的问题："文化只在一个物种中显得如此醒目到底哪里不对了呢？"

也许这些基因只是设法承受了这个负担，并适时反击，产生了一个物种，管理着两个复制子之间的共生关系。也许我们不应该假设，当一个智慧的、使用模因的物种进化产生时，它一定会有很长的寿命。

第 10 章 "高潮救了我的命"

性，性，性，性——性——性。

你提起精神了吗？你有没有特别注意这一章的开头？也许没有吧。我想你对性模因已经发展出了充分的防御。我们家当地火车站的一项统计显示，在书架上的 63 本杂志中，13 本的封面上有"性"这个词——这还是忽略了所有带有色情照片的杂志，或者带有这样的标题，像是《裸露的夫妻一览无余》《你想不想和这个饥渴的大块头上床》，以及《高潮救了我的命》。

根据美国作家理查德·布罗迪（1996）的研究，涉及性、食物和权力的模因都会按下强大的模因"按钮"，因为这些话题在我们的进化历史中非常重要。而"按下按钮"的模因就是成功的模因。

另一种说法是，基因进化创造了特别关注性、食物和权力的大脑，我们选择的模因反映了这些遗传倾向。除了没有使用"模因"这个词，到目前为止，社会生物学家或进化心理学家的逻辑正是如此，他们认为，我们拥有的想法、我们所传递的故事、我们开发的文化产品和技能，最终都是为基因服务的。

然而，在我们的社会中存在着许多明显的反例。由于许多夫妇认为有两个孩子就足够了，所以出生率急剧下降。有些人决定完全不要孩子，宁愿把他们的生命奉献给他们的事业或其他的活动。另一些人收养与他们没有血缘关系的孩子，但却把他们当作自己的孩子一样悉心照料。广告、电影、电视和书籍鼓励我们在整个成年生活中与多个伴侣享受无生育意图的性爱，而青少年则在口袋里随身携带安全套。避孕不仅带来了有效的计划生育，也带来了愉悦的性和传播模因的性。在性方面，我们的行为方式不会使我们的基因传播最大化。我们性交不再是为了尽可能多地将基因遗传给下一代。我们买那些杂志不是为了生孩子。我们在很大程度上把性的行为、乐趣和营销，与性的生殖功能分离开来了。

有两种主要的方式来解释这种分离。第一种是社会生物学的答案：现代性行为仍然是基因驱动的，（从基因的角度来看）我们采取节育是一个错误，然而基因无法预测我们将如何使用我们的智慧。第二种是模因论的答案：现代性行为是模因驱动的。尽管我们的基本本能和欲望仍然是由基因决定的，而这些欲望反过来又影响着哪些模因是成功的，模因本身现在决定着我们的行为表现。

我将探讨这两种观点，并考虑它们的优缺点。冒着过于简单化的风险，我将把生物学、社会生物学和进化心理学中有关性行为的大量研究归纳为"社会生物学"。尽管存在一些差异，它们都认同，性行为的根本驱动力是作用于基因的自然选择。它们并不考虑第二个复制子，在这方面与模因论有着明显的区别。

性和社会生物学

社会生物学观点的本质是，基因建立了一个从历史来看行之有效，但并不完全适用于今日情况的系统。理由很简单。因为基因没有远见，它们永远无法精确地追踪环境的变化。自然选择可以确保生物体差不多能适应当时的环境，随着时代的变化，选择压力也会发生变化，从而使适应性更好的生物体得以生存。当外在条件变化缓慢时，自然选择可以确保生物有效地跟进这种变化——一旦跟进失败，灭绝就可能发生。但在进化过程中没有什么能产生预知力。实际上，我们就像所有其他生物一样，是在过去环境中先前选择的产物。

根据这个社会生物学的论点，我们的行为并不总是会使我们的基因适应性最大化，这并不奇怪。过去的进化给了我们一个大脑，用来处理性、食物和权力，这些想法在我们的社会中很流行，因为这些因素在过往都有助于我们基因的存续。我们享受性爱，因为在过去享受性爱的动物能更好地传递它们的基因。但是，进化也给了我们智慧，使我们能够了解性的功能并操纵事物，从而在不需要生养孩子的情况下获得性的乐趣。基因不可能预见到这一点，所以我们没有对避孕的适应性——尽管，如果你同意E. O. 威尔逊的观点，你可能会认为基因最终会再次掌控一切，以某种方式阻止我们大幅降低出生率。根据这个观点，我们目前的行为完全是错误的。

生活充满了错误。雄蛙经常试图与其他雄蛙交配，有些种类的雄蛙甚至不得不发出"停止信号"，以摆脱长时间不必要的"纠缠"。许多动物，甚至人类的同性恋行为，有时也会被以类似的方式被解释成只是一个错误。鸟类在求爱时表现得很复杂，当看到鸟类标本，甚至仅仅是几根颜色合适的羽毛，它们就会被诱导着昂首阔步、扑腾翅膀以及唱歌。雄性刺鱼会与制作简陋的假人甚至自己的倒影战斗。大概这些错误还没有严重到需要付出代价来建立更精确的感知系统。求偶仪式已被证明是求偶的好方法，即使你偶尔会对着一堆羽毛手舞足蹈。

第 10 章 "高潮救了我的命"

吃不能吃的东西是另一种常见的错误,没必要费力去完全消除掉。大多数物种赖以生存的区分食物和非食物的系统是很粗糙的。小鸡会啄它们面前地面上大小与谷粒差不多的任何东西,青蛙的舌头会向任何以恰当方式移动的小物体伸出。它们通常过得很好,除非有狡猾的实验者来欺骗他们。我们现代人的视觉系统要好得多,很少犯这种低级错误,但我们也会犯同样危险的错误。在我们狩猎采集的过去,对甜食和高脂肪食物的选择偏好很适合我们。对于能人或古代智人来说,炸鱼薯条配上一小块甜番茄酱,再配上奶油、冰淇淋和苹果派是非常好的食物。所以我们喜欢那些味道,我们喜欢吃巧克力、甜甜圈、奶油土豆泥配香肠和芥末。但这对吃得过多的现代智人来说是不健康的。这样的错误在生物中很常见。

从这个观点来看,控制生育和享乐的性,以及现代性生活的许多其他方面,都是基因未能消除的错误——要么是因为成本太高,要么只是因为基因没有远见,无法消除它们。然而,即使这些是错误的,社会生物学家也会认为我们大多数的性行为不是错误。这种行为在过去使我们的基因能够传递到下一代,并将在未来继续这样做。

我们不应该低估社会生物学在解决这个核心问题上取得的成功,也不应该低估它最初为被认可而进行的艰苦斗争。几十年来,人们普遍认为,人类以某种方式凌驾于自然之上,不受基因和生物学的限制。人们认为,在性行为方面,只有我们才能超越"纯粹"的生物学,理性地、有意识地选择与谁做爱以及如何做爱。尽管没有什么比性行为更接近于基因的传播,但 20 世纪 50 年代和 60 年代的理论完全忽视了生物学事实。它们让文化成为压倒一切的力量,但与模因论不同的是,它们没有达尔文理论式的关于文化如何产生这种力量的解释。随着 20 世纪 70 年代社会生物学的出现，我们可以开始理解我们的一些特殊的性倾向（见 Matt Ridley，1993；Symons，1979）。

爱情，美貌和亲代投资

考虑一下伴侣选择。我们可能会认为，我们选择爱人的原因与基因和生物学无关；也许我们只是坠入了爱河，也许我们做出理性的选择是因为他符合我们心目中的完美丈夫的形象，也许我们做选择是出于审美上的理由，因为——嗯，因为他很帅。事实似乎是，浪漫和坠入爱河本身是建立在我们选择性伴侣的根深蒂固的倾向上的，在很久以前，这种倾向会增加我们把基因传给下一代的机会。

首先，你的伴侣有多迷人？我猜他或她和你有差不多的魅力。为什么？所谓的"选型交配"（assortative mating）的逻辑很简单，不管你是男性还是女性，你都需要尽可能找到最好的伴侣，因为美丽与什么是"最好的"有关，因此你会去找你能找到的最美丽的伴侣。但其他人也会如此。平均而言，结果应该是，人们选择的伴侣或多或少与他们的吸引力相匹配，这正是实验中所发现的结果。

但何为美丽？是什么让男人或女人有吸引力？简单的答案似乎是，男人倾向于认为那些显示出年轻和生育能力迹象的女人更有吸引力，而女人对潜在情人的地位比对他的外表更感兴趣。这被证明是有着很好的生物学基础的——即使是一个相当复杂的基础。

雄性和雌性之间的基本区别是，雌性产生卵子，雄性产生精子——事实上，这是对广泛存在的物种性别的通常定义。卵子很大，而且含有发育中的胚胎所需的食物，因此制造它们的成本很高，而精子很小，相对成本低。因此，卵子的数量较少，需要加以保护，而精子则更容易被浪费掉。此外，除了提供卵子外，许多雌性还提供大量的亲代关怀，而在选择配偶时，亲代关怀才是真正重要的东西。

亲代投资的逻辑最初是由生物学家罗伯特·特里弗斯（Robert Trivers）（1972）提出的，费雪（Fisher）（1930）将其称为"亲代支出"（parental expenditure）。特里弗斯展示了许多不同物种的性行为是如何通过考虑每个物种在抚养后代方面投入了多少资源来解释的。早期社会生物学家将这一新认识应用于人类行为。人类是一个有趣的例子，由于我们的婴儿需要长久的特别看护，而且在断奶后的数年时间里仍然不能完全独立生活，这一事实使情况变得复杂。相比其他哺乳动物，人类的父本投资是很高的，父亲需要为家庭提供食物和保护。然而，无论在传统社会还是在工业化社会，男性的投资都远低于女性。在现存的狩猎采集社会中，妇女为她们的孩子提供的有营养价值的食物的数量远远超过男性，她们每天工作的时间也比男性长得多。甚至在我们所谓自由解放的西方社会，一些统计数据表明，女性每天的平均工作时间是男性的两倍——包括有偿工作、家务和照看孩子。父母投入的这种差异可以解释很多关于人类性行为的问题。

一个人类女性在她的生育期，一年最多能生育一个孩子，理论上一生大概能生育 20 到 25 个孩子。有记录以来最高的是 69 个，大部分是三胞胎，为 19 世纪一位莫斯科妇女所生。然而，人类的婴儿需要大量的照顾，在传统的狩猎采集社会中，一如今天的狩猎采集社会，妇女可能每三到四年才生一个孩子，并通过性节制、长哺乳期，有时甚至是杀婴行为来控制孩子的数量。一个简单的事实是，一个女人不能通过更频繁的交配或与更多的男人交配来增加她能成功抚养的孩子的数量。

相反，男性却有可能生育大量后代。他能使越多的女性怀孕，他就会有越多的孩子，并且他多多少少可以靠孩子的母亲来照顾他们。即使有一些孩子没能存活下来，他也只是投入了少量的精子和短暂的（并且可能是愉快的）努力来生育他们。从这种简单的不公平中可以得出一个性别差异的世界。

对于男性来说，传递最多基因的最明显的策略就是尽可能多地与任何你能与之交配的人交配。一个常见而有效的方法是有一个长期的伴侣，你可以保护她不受其他男人的骚扰，并且照料她的孩子，同时尽可能多地让其他女人怀孕，"最好"不要被抓住。

如果女性能够用充分的资源和照料养育出几个高质量的孩子，她们将会传递最多的基因。这可能意味着：（a）与高质量的男性（即拥有良好基因的男性）交配，以及（b）寻找能提供大量亲代抚育的男性。这些可能并不总是来自同一个人。

这种差异的一个后果是，女性需要对她们的伴侣更加挑剔。她们不想因为怀孕而被一个不负责任或不健康的男人耽搁，因为这个男人会提供糟糕的基因，也无法为她们和她们的孩子提供照顾和支持。这就可以解释为什么女性在性方面比较保守，需要更多的保证。男人不需要这么挑剔。如果他们能让几乎所有的女性怀孕，而且付出一点点努力也是值得的，因为孩子不会留给他们来照顾。

许多人似乎不喜欢把自己的性行为归结为如此粗鲁的算计，但越来越多的证据表明，早期人类学家所认为的人类性行为存在巨大文化差异的观点是错误的。现在更加全面深入的研究表明，无论男人还是女人，都遵循着一条众所周知的原理，即女性有着更高的亲代投资。男人更渴望发生性行为，尤其是与许多不同的伴侣发生性行为，而女人更挑剔，更喜欢一个可靠的伴侣。

那么女性的美貌呢？尽管一个男人与几乎任何一个女人交配都不会损失太多，但如果他能使一个年轻、健康、有生育能力的女人怀孕，他的基因将获得最大收益。进化心理学家戴维·巴斯（David Buss）发现，在所调查的 37 种文化中，男性都更喜欢年轻的伴侣，而女性更喜欢年长的伴侣（Buss，1994）。这种对年轻和生育能力的渴望可能解释了社会生物学的一个经常被嘲笑的发现，即男人更喜欢腰臀比更低的女性（Singh，1993）。不同的文化对女性的胖瘦有着不同的偏好——我们现在对瘦的痴迷是相当罕见的——但是很明显，人们对窄腰宽臀的女性有着一致的偏好。造成这种现象的原因仍有争议，但宽臀似乎表明宽产道可以安全地生产一个大脑袋的婴儿（当然，丰满也可能只是一种欺骗性的假象，并不一定就有利于生育）。细腰意味着女人还没有怀孕，男人最不想要的就是和已经怀孕的女人发生性关系，因为这可能会导致他不得不去照顾另一个男人的孩子。

大而明亮的眼睛、光滑的皮肤、金色的头发和对称的脸部特征是年轻和健康的很好的标志——肤色白皙的人头发的颜色会随着年龄的增长而变深，而对称之所以重要则是因为疾病的影响往往会产生不对称的缺陷。漫长的进化历史使得男性对那些昭示女性年轻而有生育能力的征象产生性唤起反应（Ridley，1993）。

与此同时，女性无需太在意男性是否好看和有无外在的吸引力。她更需要的是一个有地位的男人，这意味着他是一个好的保护者和供养者。这与人们经常观察到的（如果令人沮丧的话）有钱有势的男人与年轻漂亮的女人配对的现实相吻合。调查结果显示，男性一直认为伴侣的外表很重要，而女性则更看重对方的财富和地位。的确，长相对女性很重要，但对男性则不然。在巴斯研究的所有文化中，男性更看重女性的外貌，而女性更看重男性的经济前景。

但这就是故事的全部了吗？女人觉得男人有吸引力的确切原因是什么？根据进化心理学，决定女性配偶选择倾向的基因应该是那些在狩猎和采集生活中被选择的基因。在那种生活方式下，几乎没有什么财产，因为人们总是在迁徙，但定期供应肉类和有用的工具可能有助于生养孩子。社会地位可能是通过高超的狩猎、战斗技巧或保护群体不受敌人伤害而获得的，也可能是通过令人印象深刻的服装或装饰获得的。选择这些品质的基因真的能引导我们选择拥有巨额银行存款、跑车、令人羡慕的工作和漂亮房子的男人吗？可能吧，虽然我们将会看到，模因论对此另有看法。

另一个重要的生物学事实是，一个女人可以确定她的孩子是她自己的，并且可能很清楚孩子的父亲是谁。男人却不能（或直到亲子鉴定技术出现后才可以）。这种差异在人类身上尤其明显，因为灵长类动物中很少有雌性会隐性排卵——而人类女性和她们的伴侣都不知道她们在一个月的什么时候排卵。一个男人不可能时时刻刻守着一个女人；这样她就可以欺骗他去照顾另一个男人的孩子。事实上，这可能解释了隐性排卵的进化（R. R. Baker, 1996）。

对于一个男人来说，有很多方法可以提高他养育或保护孩子的可能性。婚姻就是其中之一，而男人对婚前贞洁的执著和婚姻中的一夫一妻制则强化了这一点。人类的一些最恶劣的行为也可能有助于增加父子关系的确定性，比如对女性生殖器的切割、贞操带、对通奸的女性（但不是男性）的惩罚，以及将女性与世界隔离的各种方法。我想在20世纪70年代初，我也曾在一件小事上遭遇过同样的不公平对待。在牛津大学的第一个学期里，我很不幸地在早上8点被人撞见和一个男人同处一室。那个人被罚了两先令六便士（相当于今天的十二便士，即使在当时也不算多），他的"道德导师"还告诉他要多加小心。我的父母被叫去学校，而我则在那学期的剩余时间里都无法去上学。

如果父子关系的确定性如此重要，那么嫉妒对男人和女人应该有不同的作用。进化心理学家马丁·达利（Martin Daly）和马尔戈·威尔逊（Margo Wilson）认为，如果男人最害怕的是被戴绿帽子，他们应该对性背叛产生特别强烈的嫉妒，而如果女性最害怕的是被抛弃，她们应该对伴侣花费时间和金钱在另一个情敌身上具有最强烈的嫉妒。许多研究表明确实如此（Wright，1994）。巴斯甚至给人们接上电极，让他们想象自己的伴侣与其他人发生性行为，或者与他人建立深厚的情感联系。对男人来说，是性背叛引起了所有生理上的痛苦反应；而对女性来说，是情感背叛让她们更痛苦（Buss，1994）。

最后，这一论点还有一个奇怪的转折。女性当然希望获得尽可能多的男性投资，但她们可能无法在同一个男人身上找到好的基因和好的供养。事实上，一个有着良好基因的男人——例如，高大、强壮、聪明——可能会发现获取性资源很容易，所以他不需要费心照顾孩子。这一点在斑雀和燕子身上表现得尤为明显，在这些地方，更有魅力的雄性在抚养后代方面表现得不那么尽心尽力，而把责任丢给雌性。根据"两全之策"的理论，女人最好的选择可能是找到一个不错但不怎么吸引人的男人，他会抚养她的孩子，然后从其他地方获得更好的基因。正如马特·莱德利（Matt Ridley）（1993，p. 216）所说："嫁给一个好男人，但要和你的老板搞外遇。"

我们或许都能想出一些例子，但这种行为在现代人类身上具有生物学效用吗？英国生物学家罗宾·贝克尔（Robin Baker）和马克·贝利斯（Mark Bellis）（1994；Baker，1996）所做的颇有争议的研究给出了相关的证据。在一项对近4000名英国女性的调查中，研究人员发现，有婚外情的女性在排卵期更倾向于与情人发生性行为——而非与丈夫。此外，她们与情人比与丈夫有更多的保留精子的高潮（即在男人高潮前一分钟到之后四十五分钟之间的高潮）。换句话说，如果没有采取避孕措施，她们更有可能怀上情人的孩子，即使她们与情人发生性行为的次数更少一些。

这些只是现代社会生物学和进化心理学理解人类性行为和择偶的一些方式。一些细节可能被证明是错误的，新的理论将会出现，但毫无疑问，这种方法是有效的。然而，我认为，人类性生活中有许多事情似乎无法用这种方式解释，用社会生物学的方法行不通。

模因与择偶

模因理论在两个主要方面与纯粹的社会生物学对性的解释不同。首先，模因已经存在了至少250万年，与基因共同进化，影响着性行为和择偶。其次，模因现在已经完全摆脱了束缚，在近几个世纪，性模因以一种与基因几乎无关或完全无关的方式影响了我们的生活。

先来说说择偶。这两种理论的主要区别是这样的：根据社会生物学，我们对伴侣的选择，包括我们认为谁有吸引力，最终都要回到基因优势的问题上来。我们的现代生活可能会使事情复杂化，但从本质上来说，我们应该选择和这样的人结婚，这类人在过去的进化环境中促进了基因的承继。

根据（我的）模因论，择偶不仅受遗传优势的影响，也受模因优势的影响。我的一个关键假设是，一旦模因出现在我们遥远的过去，自然选择就会开始青睐那些选择与模因的最佳模仿者或最佳使用者和传播者交配的人。这是我关于模因影响（硕大的脑袋和语言）基因的部分论证，但它也自然地导致了一些关于择偶的结论。由于模因竞争在人类的远古时

第 10 章 "高潮救了我的命"

代就已经展开,所以模因的走向会影响到配偶的选择。人们倾向于与最好的模因传播者交配,但是什么构成了最好的模因传播者取决于模因当时的表现。从这个意义上说,我们可以说模因开始拥有了话语权。

让我们考虑一些例子。在早期的狩猎采集社会中,一个特别擅长模仿的人可能会模仿最新的狩猎技巧或石器制作技术,因此会获得生物优势。而与他交配的女性更有可能生出有同样的模仿能力和优势的孩子。那么她该如何选择合适的男人呢?我建议她应该寻找一些迹象,不仅仅是拥有优良的工具,因为它们可能会变化,而是一个好的模仿者。这是一个关键点——在一个拥有模因的世界里,一个好的模仿者的标志会随着模因的变化而变化。选择能制造和使用旧石器的男性的基因曾经可能是有优势的,但随着更多的模因的出现和传播,它们就不再有优势了。相反,选择具有模仿甚至创新能力的男性的基因会更好。在一个狩猎采集的社会里,这些迹象可能包括制造最好的工具、唱最动听的歌、穿最时髦的衣服或涂抹身体彩绘,又或者是看起来有魔法或治愈能力。模因进化的方向会影响基因选择。

如果这种观点是正确的,我们应该期望看到模因驱动对择偶的影响在今天仍能被看到——那就是,我们仍会选择与最好的模仿者结合(从某种程度上来说是对过去存在的那些模因的最佳模仿者)。在一个现代化的城市里,服装时尚可能仍然是一个标志,但其他标志可能包括音乐偏好、宗教和政治观点,以及学历。然而,更重要的是传播模因的能力——成为时尚的引领者和最好的追随者。这表明,理想的伴侣应该是那些能够传播最多模因的人,比如作家、艺术家、记者、电视主持人、电影明星和音乐家。

毫无疑问,这些职业中的一些成功者很有可能被仰慕者团团围住,并能与几乎任何你喜欢的人发生性关系。在 27 岁去世之前,吉米·亨德里克斯（Jimi Hendrix）显然已在四个国家生了很多孩子。众所周知，H. G. 威尔斯（H. G. Wells）长相丑陋，嗓音嘶哑，但据说他擅长在一夜间勾引好几个女人。查尔斯·卓别林（Charlie Chaplin）个子不高，也没有说长得很帅，但却在性方面取得了巨大的成功——显然，巴尔扎克（Balzac）、鲁本斯（Rubens）、毕加索（Picasso）和列奥那多·达·芬奇（Leonardo da Vinci）也是如此。生物学家乔弗里·米勒（Geoffrey Miller）认为，艺术能力和创造力在性方面被选择作为吸引女性的一种展示（Miller, 1998；Mestel, 1995），但是他没有解释为什么性选择要挑选这些特征。模因论提供了一个理由——创造力和艺术输出是复制、使用和传播模因的方式，因此是一个好的模仿者的标志。我可以预测，如果这些东西都可以被测出来，在其他条件相同的情况下，女人会更喜欢一个好的模因传播者，而不是一个有钱的男人。

请注意，我已经在女性择偶方面表达了这一观点。这是有一定道理的，因为正如前面所讨论的，雌性需要比雄性更挑剔地选择配偶，而且，一般来说，性选择是由雌性的选择所驱动的——例如孔雀的尾巴以及其他鸟类花里胡哨的羽毛。然而，这种不平衡并不是我在这里所追求的论证所必需的，我们可能会发现，男性也倾向于和善于模仿的女性交配。此外，在当今科技发达的社会，女性也可以像男性一样传播模因。因此，随着女性越来越多地控制模因的传播，我们可能会在性行为和择偶方面看到更多的变化。

我建议我们应该与最好的模仿者交配，这是模因-基因协同进化理论和模因驱动理论的核心，很显然，我们可以对此进行检验。预测很简单：人们应该根据自己复制、使用和传播模因的能力来选择配偶。实验可能会将遗传因素设计成控制变量，以模因因素为自变量，以感知的吸引力为因变量。更深入的话，我们可能会探索其中的交互作用。我会预期，如果一个丑陋贫穷的人是一个优秀的模因传播者，他仍然可能会被认为是有吸引力的——但究竟丑到什么程度是这种成功的底线呢？即使在今天这个充满模因的社会，女性也很少选择比自己矮的男性。显然，模因能推翻基因考虑的程度是有限的，这就为研究提供了一个有趣的领域。

模因正以前所未有的速度传播得越来越远，这对我们生活中的一切都产生了强大的影响，包括性。模因理论与社会生物学的第二个不同之处在于它解释现代世界的性的方式。是时候回到那些性感杂志和当今人类所面临的独身、收养和节育等令人困惑的问题上了。

第 *11* 章 现代世界里的性

现在是时候进入 20 世纪了。在这本书中,我花了很多时间来解释模因是如何在人类进化中出现的,以及它们如何迫使基因产生了一种有着异常巨大的脑袋和具有语言能力的生物。在这个漫长的进化过程中,我们的远古祖先几乎没有什么可以操作的模因。他们生活在相对简单的社会中,相隔遥远的群体之间也几乎没有交流。现在可不是这样了。不仅有更多的模因在流通,而且它们的传播方式也改变了。

许多模因都是从父母传给孩子的。父母教给孩子许多他们所生活的社会的规则:如何拿筷子或刀叉,在什么场合穿什么,如何说请、谢谢、不谢,还有无数其他有用的东西。孩子们的第一语言来自他们的父母,一般宗教也是。卡沃利-斯福尔扎和菲尔德曼(1981)将这种传播称为垂直传播,与水平传播(同伴间传播)或斜向传播(例如,叔叔向侄女或年长的向年轻的表亲传播)相对。传播方式很重要,因为它影响着模因和基因之间的关系。

当模因垂直传播时,它们与基因一起传播。一般来说,这意味着对一方有利的东西对另一方也有利。例如,如果一个母亲教她的孩子如何寻找食物、如何避免危险、如何打扮得有吸引力,等等,那么她不仅是在帮助她的孩子生存,也是在帮助她自己的基因和模因的传播。事实上,如果所有的传播都是垂直的，模因和基因之间就不会有什么冲突（也不需要模因论了）。社会生物学家所施加的束缚确实很紧，所有被创造出来的模因，至少在原则上，都应该是有助于基因的。事实上，他们可能会以各种方式偏离这一理想，并不能时时以基因为鹄，但原理本身是明确的。当你把想法传递给你的孩子时，你会出于自身基因的利益，将那些有利于孩子获得繁殖成功的想法教给他们。从模因的角度来看，它的存活也取决于你的繁殖成功。

这表明协同进化和模因驱动在只有垂直传播的情况下是无法实现的。所以在这一点上我们应该注意到，我所举的所有模因驱动的例子至少都会涉及水平传播的一些要素。例如，我建议人们模仿最好的模仿者。这包含了水平或倾斜的传播，就像语言的创造一样，因为不太可能存在这样的社区，在里面人们只和自己的父母以及孩子讲话。

当模因水平传播时，它们的传播完全独立于基因。在一代人的时间里，一个思想可能从一个人传给另一个人，然后又传给另一个人。此外，当模因有用、中立甚至是有害时，它们也会传播：比如一个虚假的解释，一个上瘾的习惯，或者一条恶意的流言。只有当水平传播变得普遍时，模因才能真正被说成是独立于基因的。

现代工业化生活充斥着水平传播。我们仍然从母亲那里学习母语，我们的许多习惯和理想也是如此。相比其他宗教，绝大多数人仍然更有可能选择父母的宗教，甚至在各种事情上的投票也会做出和他们的父母一样的选择。然而，随着年龄的增长，父母对我们的影响越来越小，而我们在一生中或多或少地会持续学习新的东西。我们的主要信息来源是在我们漫长的进化历史中不曾存在的：学校、广播、电视、报纸、书籍和杂志，以及许许多多遍布城市、乡村甚至世界各地的朋友和熟人。

模因传播的方式越多，传播速度越快，受基因利益的限制就越少。在传统的狩猎采集社会，甚至简单的农耕社会，决定模因成功的因素与现代工业化社会中决定模因成功的因素有很大的不同。在前者中，生活变化缓慢，传播主要是垂直的，如果一个模因对其携带者的健康、寿命和繁殖成功有益（或至少看起来有益），它就最有可能成功。在后者中，如果一个模因能快速有效地从一个宿主传播到另一个宿主，那么它就最有可能成功，这种成功与宿主自身的生存或者他的繁殖成功都没有关系——只要有更多的宿主被感染就行。我们现在生活在后一种社会中，模因完全改变了我们的生活方式，而且还在继续改变。

现在我们可以回到性和性模因的话题上来。为了简单起见，我将把社会分为两种类型，当然我已经意识到在这两种类型之间有许多层次，很少有纯粹属于其中一种或另一种的。在第一种社会中，模因主要是垂直传播的，因此是以基因为鹄的，而在第二种社会中，模因是水平传播的，因此并不以基因为鹄。

首先，让我们考虑一下垂直传播。有许多模因是建立在生物主导的行为上的。它们包括所有利用了先天生物倾向的择偶以及性行为的其他方面的模因。从上一章给出的例子中，我们很容易就能猜出许多这样的模因：金发碧眼、身姿婀娜、脸部对称的漂亮女人的照片，色情电影和视频，或者其他各式各样包含色情片段的故事。因为人们想看到这些图像，所以可以从中牟利。被戴绿帽的丈夫和被抛弃的女人的故事总是很受欢迎，年轻漂亮的护士和聪明有才的医生的爱情故事也让人津津乐道（如果你认为这些都是过去的事了，去你们当地书店书架上的爱情小说类中找找吧！）。

与婚姻有关的模因是另一个明显的例子。从蓬松的白色礼服和一束束鲜花，到破处仪式和对通奸的可怕惩罚，我们可以理解围绕婚姻的许多模因是以生物优势为基础的。美国模因学家艾隆·林奇（1996）提供了许多与生物优势有关的婚姻习俗的例子，包括性别角色和父系继承。这里的机制很简单。实行某种婚姻制度的人能比实行另一种婚姻制度的人生养更多的孩子，因此会把这种制度传给他们自己的、数量更甚的孩子——从而更有效地传播这种做法。

此外，最有效的系统可能随环境的不同而不同。社会生态学家提供了许多不同寻常的婚姻安排的例子，以及各种各样的彩礼和嫁妆，它们似乎因环境而异，增强了实施这些安排的人的基因适应性。一夫多妻制和一夫一妻制一样是常见的婚姻制度。但在极端环境下，其他系统也能奏效。例如，在喜马拉雅山脉边缘，一些寒冷而贫瘠的山谷是世界上少数几个存在一妻多夫制的地区之一，也就是说，一个女人会嫁给两个或两个以上继承家族土地的兄弟。许多男人和女人保持独身；女性通常在庄园里帮忙，未婚男子则成为僧侣。英国社会生态学家约翰·克鲁克（John Crook）（1989）对这些人进行了详细的研究，认为他们的系统实际上使他们的基因适应性最大化了。有一妻多夫制女儿的祖母比有一夫一妻制女儿的祖母拥有更多存活的后代（Crook，1995）。

无论你是从社会生物学的角度，还是从模因的角度来看，结果都是相似的。成功的行为（或成功的模因）是那些在特定环境中提供最大遗传优势的行为（或模因）。

一些广为流传的性禁忌也是如此。手淫被认为是肮脏的、恶心的、令人厌恶的，而且会消耗你的"生命能量"。一代又一代的男孩在成长过程中被灌输了这样一种观念："自娱自乐"会使他们失明、长疣、手心长出毛来。考虑到年轻男性对性有强烈的欲望，劝阻他们不要手淫可能会增加他们阴道性交的次数，从而让他们可以更多地向后代传递这一禁忌（Lynch 1996）。林奇对割礼模因的成功提出了一个类似的解释，因为割礼使手淫变得更加困难，但并不影响阴道性交。

有意思的是，鲜少有对女性自慰的禁忌。最近的研究表明，尽管女性自慰的频率低于男性，但许多人在成年后的大部分时间里每周自慰一次或更多（R. R. Baker, 1996）。没有禁忌是有道理的，因为一般来说，女性不能通过更多的性行为来增加后代的数量，所以从这个角度来看，她们是否手淫并不重要。

对同性恋的禁忌遵循同样的逻辑。同性恋者中至少有一部分是双性恋者，他们可以被劝说结婚生子，尽管他们仍会把这些禁忌传给下一代。同样，对任何不涉及授精的性行为的禁忌也会传播，包括那些对使用避孕措施的反对。对通奸的禁忌则有着不同的作用。布罗迪（1996）认为，最符合每个男人的基因利益的做法是，劝说别人不可通奸，同时自己却与人通奸。因此，反通奸模因和虚伪就一起传播开来了。

最后，有许多宗教利用性来传播自己。一个鼓吹大家庭的宗教，假设模因垂直传播，会比一个推崇小家庭的宗教产生更多的婴儿，这些婴儿都会在那个宗教中成长起来。因此，宗教模因成为遗传成功的重要操纵者。天主教对节育的禁忌非常有效地让世界充满了成百上千万的天主教徒，他们把自己的孩子抚养成人，让他们相信避孕套和避孕药是邪恶的，上帝希望他们生儿育女。

请注意，我说的是"假定垂直模因传播"。以上所有的论证都取决于父母是否将自己的模因传给孩子，因为只有在这种情况下，孩子的数量才会决定模因的成功与否。在人类进化史的大部分时间里，垂直传播可能是模因复制的主要途径。早期人类可能以最多一到两百人的群体规模生活。他们可能会和团队中的很多人有往来，但不太可能进行更广泛的沟通。据我们所知，几千年来文化传统的变化非常缓慢，所以父母传给孩子的模因在孩子的一生中将一直占据主导位置。在这种情况下，成功的模因在很大程度上也是具有生物学优势的模因。

在这些例子中，社会生物学和模因的解释几乎没有不同。它们所做的预测没什么差别。模因观点没有特别的优势，我们不妨与社会生物学保持一致。

然而，垂直传播今天已不再是人类社会的主要传播方式。那么，当模因主要靠水平传播时，性会发生什么变化呢？答案很简单，生物优势变得越来越不相关了。让我们来看看我提到的第一类性模因：更性感的女人的照片和令人心碎的爱情故事。这些不会受到影响，因为它们依赖于顽固的生物先天倾向。即使现在大部分的模因是水平传播的，我们的大脑仍然和500年前甚至5000年前的人一样。许多人还是喜欢高大、黝黑、强壮的男性，以及苗条的电影美女。许多人在手淫的时候依然会通过观看色情片段或者幻想梦中情人而产生性唤起。

同样的情况就不适用于婚姻等社会制度。现在，决定婚姻成功与否的不是它能诞生多少孩子。在今天，水平传播的速度如此之快，已经超过了垂直传播，人们可以从他们碰巧遇到的任何一种婚姻制度中选择采用哪种婚姻行为，包括根本就不结婚。父母的婚姻制度所产生的孩子的数量现在已经不重要了。一夫一妻制已经存在了很长一段时间，即使在技术发达的社会中仍然很普遍。但它显然面临压力，许多国家的离婚率都接近50%，一些年轻人甚至完全拒绝婚姻的理念。

我提到了罕见的一妻多夫的习俗，这种习俗增加了喜马拉雅山脉某些地区的遗传成功。越来越多的人选择了城市生活方式，越来越多的模因采取了水平传播，我们可能会期待这样一种制度被瓦解，事实上，这就是正在发生的事情。随着偏远的喜马拉雅村庄与外界不断接触，越来越多的年轻男性选择不与他们的兄弟共享一个妻子，而是选择城市生活

（Crook，1989）。

禁忌也不再像以前那样有效了。我们可以想象一个"手淫禁忌"的模因和一个"手淫很有趣"的模因竞争。携带不同模因的人会生出多少孩子，这个问题现在已经完全无关紧要了。人们早在生孩子之前就从电影、广播、书籍和电视中获取了各种模因，更谈不上说服他们的孩子去学习他们自己的习惯了。因此，我们应该期待所有这些性禁忌的力量都会随着水平传播的增加而减弱——事实似乎的确如此。

对同性恋的禁忌尤为有趣。目前对同性恋并没有普遍接受的生物学解释，而且从表面上看，它似乎不具有适应性。然而，越来越多的证据表明，同性恋可能有遗传倾向。如果是这样的话，过去的禁忌反而会迫使携带这些基因的人违背自己的意愿结婚生子，从而有利于这些基因的存活。

这对未来提出了一个有趣的预测。随着水平传播的增加，这一禁忌应该会失去它的力量，因此可以预期它会消失，正如在许多社会中正在发生的那种情况。同性恋者可以自由地与其他同性恋者发生性关系，与同性建立长期的关系，并且完全不生孩子。这种变化所带来的短期影响是更公开的同性恋行为和每个人对这种行为的接受，但长期影响可能是同性恋基因的减少。

这一分析表明，古老的性禁忌将会消失，不是因为财富或工业化本身的作用，而是由于水平传播的增加。因此，我们认为水平传播最少的文化具有最强的禁忌，反之亦然。水平传播有许多间接的测量方法，如识字率，或电话、收音机和计算机的普及率。更直接的方法是估计社会群体的平均规模，或者人们与直系亲属以外的其他人接触的数量。我认为所有这些测量指标与性禁忌的流行之间都存在负相关。在这种情况下，模因论提供的预测在任何其他框架下都没有明显的意义。

独身

我们现在可以回到现代生活的其他方面，我认为它们对社会生物学提出了特殊的挑战。

为什么会有人自愿保持独身，放弃所有的性乐趣呢？除非他们的构造与我们完全不同，否则他们可能不得不努力与自然的、渴望肉体关系的欲望作斗争，并缓解偶尔的，甚至是持久的和迫切的性需求。根据定义，独身主义者不能将他们的基因传递下去。那么他们为什么这样做呢？

基因解释并非不可能。在某些情况下，独身的男性或女性可能通过照顾兄弟姐妹或侄子侄女来更好地促进他们的基因的存续。目前已知某些领地的鸟就是如此。例如，当领地稀少时，未交配的年轻雄性会帮助它们的兄弟姐妹筑巢。在未来的季节里，它们可能会有自己的领地，但就目前而言，从基因上来看，帮助它们的侄女和侄子可能是最好的选择。当然，在人类中，有爱的未婚阿姨和慷慨的单身叔叔是众所周知的，裙带关系也非常普遍以至于有了专有名词。此外，我们已经考虑了一种婚姻制度，其中许多人保持独身，但由于生活艰难，他们的基因反而表现得更好。

所以基因和环境也许能解释某些类型的独身行为，但是在一个富裕的社会里，独身牧师又该如何解释呢？他不可能从基因上继承了独身的生活方式，也不太可能把时间花在照顾他兄弟的孩子和孙子上，他离家而去也不太可能给家人留下更多的食物。如果他是真正的独身主义者（当然，很多人并不是），他的基因将与他一起死亡。宗教上的独身对于基因来说是一条死胡同。

理查德·道金斯在《自私的基因》（1976）一书中为独身给出了一个

合理的模因解释。他说,假设一个模因的成功取决于人们投入多少时间和精力去传播它。从模因的角度来看,任何花在做其他事情上的时间都是浪费。婚姻、生儿育女,甚至性行为本身,对于传播模因来说都是浪费时间。他进一步假定婚姻削弱了牧师对他的教众的影响,因为他的妻子和孩子占据了他大量的时间和注意力。那么,独身的模因就比婚姻的模因有更大的生存价值。像罗马天主教这样的宗教,要求神职人员坚持独身主义,将会拥有积极传播模因的牧师、大量的皈依者和源源不断响应独身号召的新成员。禁欲的痛苦甚至可能刺激这些牧师更加狂热地努力为他们的宗教服务,以转移他们对关于性的邪恶想法的注意力。

这是一种特别有趣的模因-基因冲突,让人联想到宿主和寄生虫之间的基因-基因冲突。我已经举过一个关于蜗牛壳厚度冲突的例子。一些寄生虫实际上阉割了它们的寄主(通常是化学的而不是物理的),作为一种转移寄主能量来帮助寄生虫基因而不是寄主基因得到复制的方法。宗教独身是模因转移宿主精力的一种方式,用来复制宗教模因,而不是宿主基因(Ball, 1984)。

如果这个解释真的有用,它应该能够预测独身将会或不会发展的条件,我将在更详细地考察宗教时回到这个问题上。现在这一点已经很清楚了,模因论认为一些行为会因为对模因有益而传播开来。你可以这样看——每个人只有有限的时间、精力和金钱。因此,他们的模因和基因不得不为争夺这些资源而竞争。在一位真正的独身主义牧师身上,模因轻而易举地赢得了胜利。但是,即使是一个背弃誓言的独身牧师,他们也会做得不错。从最近的许多丑闻中我们知道,相当多的神父有外遇并成为父亲。当然,他们必须保守这个秘密。他们通常不会放弃他们的宗教生活,所以他们不能在这些孩子身上花费时间、精力,或者很多金钱。他们必须依靠母亲提供全部的照料。如果孩子的母亲这样做了,这个有罪男人的模因和基因都会得到很好的传播。

节育

相同的论证也同样适用于节育——并对模因和基因的未来产生了戏剧性的后果。让我们假设生了很多孩子的女性是相当忙碌的,没有太多的社交生活,大部分时间都花在与伴侣和家人在一起。她们平常能见到的其他少数人可能也是母亲,所以她们彼此之间已经分享了一些育儿的模因。她们生的孩子越多,她们这样度过的时间就越多。因此,她们几乎没有时间传播自己的模因,包括那些与家庭价值观有关的模因,以及拥有众多孩子的乐趣。

另一方面,只有一个或两个孩子,或者根本没有孩子的女性,则更容易走出家门,找到工作,拥有充满活力的社会生活,使用电子邮件,写书、论文或者文章,成为政客或广播员,或做任何其他能够传播自己模因的事情,包括节育的模因和宣扬小型家庭乐趣的模因。这些女性的照片出现在媒体上,她们的成功激励了其他人,她们为其他女性提供了效仿的榜样。

这里有一场战斗正在进行——模因和基因之间的战斗,以控制复制的机制——在这个例子中是女性的身体和思想。任何一个人在他的一生中只有那么多的时间和精力。他们可以根据自己的选择来分配,但他们不能生最多的孩子同时花最多的时间和精力来传播模因。这场特殊的战斗主要发生在女性的生活中,而且随着女性在现代模因驱动的社会中扮演越来越重要的角色,这场战斗也变得越来越重要。我的观点很简单——把更多时间花在模因上而不是基因上的女性更容易被复制。在这个过程中,她们实际上是在鼓励更多的女性抛弃基因传播,转而支持模因传播。

这种简单的偏见确保了节育模因的传播，即使这对携带它们的人的基因是灾难性的。这些模因不仅包括关于小家庭和节育的好处，还包括避孕药、避孕套和子宫帽；我们社会中所有关于性娱乐的观念；宣传它们的电影、书籍和电视节目；还有性教育课程，帮助我们的孩子在一个宽容的社会中应对性行为，从而避免怀孕或感染艾滋病。如果这个理论是正确的，那么出生率就不太可能再次上升，因为这种简单的偏见会使出生率下降。

那么这个理论对吗？它提出了一些可能受到挑战的假设。一个重要的假设是，生育更少的女性会复制更多的模因。这似乎是真的，更富裕、更有见识的中产阶级女性生育更少，但这个问题很容易进行量化检验，例如考察社会联系的数量、社会交流所花费的时间、她们的阅读量、通过写作或广播向外传播的输出量，以及有多少人使用电子邮件或拥有传真机。只有当模因输出与女性生育孩子的数量呈负相关时，这个理论才能成立。

第二个假设是，女性更有可能模仿她们在媒体上看到的少生（或似乎是少生）孩子的女性，而不是模仿她们生了很多孩子的女性朋友。社会心理学、市场营销和广告方面的研究表明，人们更容易被那些有权势或有名的人说服。家庭规模可能也不例外，所以如果成功的女性很少有孩子，其他人就会效仿她们。如果这两个假设都是正确的，那么接下来的情况就是，在一个横向传播占主导的环境中，节育将传播开来，家庭规模将变得更小。

我们也可以做出一些预测。例如，家庭规模应该取决于模因在特定社会中横向传播的容易程度。其他的理论可能预测降低出生率的主要力量将是经济上的必要性、节育技术的普及性、儿童作为农业工人的价值，或者宗教的衰落。模因理论认为，母亲通常与多少人交流，或母亲有多少机会接触印刷和广播材料等因素应该更重要。请注意，真正起作用的是母亲。模因理论很容易解释为什么妇女教育在改变家庭规模方面如此重要。

撇开教育不谈，这一切都导致了一种矛盾的想法，即情趣杂志、情趣网站和情趣商店越多，生育率就可能越低。现代社会的性产业与传播基因无关。性已经被模因接管了。

让我们来看一个例子。想象一下，一对夫妻都有一份高要求高回报的工作。让我们假设她是一家杂志的编辑，而他是一位管理顾问。他们有一所大房子，但那既是工作场所又是家庭。他们的计算机、传真机、电话和办公桌上堆满了工作，而且工作时间很长。她去杂志社的办公室，但也经常在家里工作，编辑稿件，处理问题，写自己的文章。当他们不工作的时候，他们会和朋友一起出去放松一下。

该是决定是否要孩子的时候了。这个女人三十多岁，她一直有点想要孩子，但她会怎么做呢？她看到她的朋友们在家庭和事业之间忙碌，她看到孩子们占用大量时间，他们剥夺你的睡眠，还有保姆的问题，以及小孩的花费等。她想着自己的工作：他们正准备收购另一家杂志社。她能同时在两家杂志社担任编辑吗？如果她休产假，她会失去工作吗？他则想着他的客户。孩子会碍事吗？他需要一个单独的办公室吗？如果他不能在晚上和周末工作，他的竞争对手会超过他吗？要是他得送孩子去学校，或者负责换尿布和喂孩子呢？权衡一番，他们决定不要孩子。

这里发生了什么事？可以说，这两个人理性地选择了把精力放在工作上，而不是生儿育女。从某种意义上说，你是对的。但另一种看待它的方式是从模因的视角出发。从这个角度来看，模因做得相当不错。可以说，它们说服了这对夫妇把精力放在模因上，而不是基因上。它们不是通过有意识的设计或远见来做到这一点，纯粹是因为它们是复制子。从这个角度来看，这对夫妇的思想、情感、对成功的渴望以及努力工作的意愿，都是一台致力于传播模因的复制机器的不同方面的表现——就像生产杂志的

模因机器

印刷机和制造计算机的工厂一样。杂志的购买者和管理建议的采纳者都是所有这些模因蓬勃发展的环境的一部分，而这些模因利用我们来进行传播。

有很多人都是这样子。随着我们的环境中拥有越来越多的模因和模因复制设备，我们可能会期望越来越多的人被模因感染，驱使他们花费一生的时间来传播这些模因。这就是模因的作用。

劳累过度的科学家疯狂地阅读所有那些最新的研究报告；精疲力竭的医生跟不上最新的医疗成果，工作时间越来越长；广告经理有一大堆创意要处理；超市的收银员必须学习最新的技术，否则就会失业。随着互联网的出现，越来越多的人被连接起来，他们可以花大量的时间把玩新的模因。计算机发烧友们更多地是沉迷于他们所携带的模因，而不是基因。

所有这一切的自然终点似乎是一个没有孩子的社会，但基因依然给了我们一个强大的愿望去生养孩子。我猜，在现代模因驱动的社会中，出生率将在某种程度上稳定下来，从而平衡对生养孩子的基因驱动的欲望和对传播模因（而非基因）的模因驱动的欲望。

收养

最后，是收养的问题。社会生物学家有理由认为，没有孩子的夫妇自然会有想要生养孩子的欲望，这是基因决定的，这种欲望会让他们心里清楚，收养的孩子是无法传递他们的基因的。换句话说，从基因的角度来看，收养是一个错误。然而，这是一个代价极其高昂的错误。这意味着投入大量的时间和金钱却得不到任何遗传上的回报。这种错误在人和动物身上都有，比如杜鹃会把蛋下到别的鸟的窝里，让它们帮忙养孩子，还有人

第 11 章 现代世界里的性

类中害怕自己"被戴绿帽"的男人——我们可以看到生物已经进化出有效的策略来避免这种情况发生——会给妻子施加压力，以确保孩子是自己的。从遗传学上来讲，不育的人会更好地帮助他们的兄弟姐妹和他们兄弟姐妹的孩子。有些人就是这么做的。但现在等着收养的人排起了长队，这表明这里正在发生一些事情，对社会生物学的观点构成了挑战。

从模因的角度来看，收养的好处是显而易见的。就模因而言，花在养子身上的时间和精力和花在自己孩子身上的时间和精力一样有价值。父母垂直传给孩子的模因有很多种。那些成功地以这种方式传播的模因（在模因池中很常见）就是那些人们想要传播的。这不仅包括宗教和政治观点，社会习俗和道德标准（在某些情况下，一些孩子会完全拒绝这些），还包括生活在一个充满模因的社会中所拥有的一切。模因最终决定了我们的家庭和财产，我们的社会地位、股票、股份和金钱。如果没有一个以模因为基础的社会，这些东西都不可能存在。这些是我们努力工作的目标，也是我们死后想要留给我们在乎的人的东西。

如果我们问某人为什么想要收养一个孩子，我们不应该期望他们说"传递我的模因"，就像我们问别人为什么享受性乐趣，不应该期望他们说"传递我的基因"一样。然而，从模因的角度来看，一个人传递经验和财产的欲望是一个可以被利用的机会。因此，我们应该预料到，在没有模因的物种中，个体会尽其所能避免抚养非亲属个体，但在一个既有模因又有基因的物种中，一些个体会发现自己想要一个孩子，不管这个孩子是否是他们自己的。对基因来说，收养、节育和独身可能是错误的，但对模因来说却不是。

模因还可以以许多其他方式接管性。性意味着亲密，亲密意味着分享模因。许多间谍通过色诱政客以获取情报。许多年轻的女演员都曾屈服于"潜规则"，希望自己能登上大银幕，被数百万人看到，成为大众偶像。

权力是一种强大的催情剂，今天的权力就是传播模因。众所周知，政客们将性作为一种武器，一种获得影响力的手段，一种巩固联盟的方式——而这些结盟都是为了传播政治模因。性是一个神奇的世界，它可以操控模因，使其得到繁殖。

我将社会生物学对性的观点（性完全是为了基因）与模因论的观点（性不仅是为了基因，也是为了模因）进行了对比。这两种路径对任何模因物种的长远未来做出了相当不同的预测。如果社会生物学家是正确的（至少，如果那些与其创始人 E. O. 威尔逊观点一致的人是正确的），那么基因最终必须再次获得掌控权。如果基因从根本上起决定作用，它们就会找到纠正错误和恢复平衡的方法。随着时间的推移，除非这个错误被证明是致命的，否则人类就将在基因上发生改变，这样他们就不会再被杂志、高级工作或互联网所诱惑，而是专注于"造更多的人"。

以模因论的视角则没有这样的束缚。如果模因本身就是复制子，那么它们就会不停地，完全是自私地传播。它们传播的速度也会越来越快，模因的数量也会越来越多。基因要跟上模因的步伐，就一定会有一个临界点，那就是它们再也无法紧追模因，而模因进化的速度远远超过了基因。

在今天的世界上，仍然有极少数人以狩猎采集为生；在快速变化的国家，许多人以农民或工人的身份生活；而在计算机、手机和电视普及的社会里，有些人则以模因的高级传播者的身份生活。发展中国家的出生率较高，而发达国家的出生率较低，所以目前，模因制造的环境压力有利于生活在不发达国家的人的基因。由于他们的基因与发达国家的人的基因差别很小，这将对整个基因池产生影响。然而，要想产生巨大的影响，选择的压力必须在许多代人的时间里保持稳定，而且考虑到文化变化的速度，这在现在看来是不太可能的。那么，我们现在可以期望发生些什么呢？

第 11 章 现代世界里的性

在过去二三百万年的大部分时间里，模因发展缓慢。它们对基因的主要影响是因为人们倾向于与好的模仿者交配，但除此之外，它们对性行为没有太大的影响。我们的性行为在很大程度上是由基因自身的复制所驱动的，我们的性行为仍然是这个漫长过程的产物。然而，在现代社会，模因已经接管了我们大部分的性行为，并将其用于繁殖自身。节育技术已经成为一组非常成功的模因，促进了性产业的发展，让许多没做好准备的人不至于变成"孩奴"。然而，就像基因一样，模因没有远见。不能指望它们能预见到几乎任何事情都会发生。它们甚至可能在抢夺基因能量的过程中，把我们消灭掉。

事实上，这种可能性很小，原因如下：如果全球出生率下降，那么总人口也会下降。这对生物圈的其他物种来说是个好消息，但对模因来说是个坏消息。在某一时刻，人口密度将会太低，不足以维持繁荣的模因世界所需要的基础设施，所以模因驱动将会放缓，生育控制也会随之放缓。然后，基因可以接管并再次提高人口数量，直到新一波的模因传播发生。正如许多寄生虫和疾病的传播一样，它们很少会完全消灭它们的宿主，我也不认为模因会这样做。

事实上，情况远比这复杂和不可预测。考虑到目前社会之间的严重不平等，技术先进的社会的出生率更有可能继续下降，而技术较为落后的社会的人口则会增加。模因的影响可能会转移到那些不发达的国家，那里的出生率开始下降。所以我们可能会看到一个来回拉扯的过程，因为模因和基因会竞相让人类耗费一生去复制它们。这就是人类作为双复制子生物的意义所在。

最后，模因正忙于设计更直接的干扰基因的方法。我们已经在创造转基因蔬菜来作为食物，尽管有模因群产生的外部压力，我们可能会创造出转基因动物，它们能够快速生长、美味可口、无力反抗人类给它们安排的这种贫乏而悲惨的命运。

DNA 检测意味着可以确保亲子关系，这样女性就会发现很难欺骗她们的伴侣去抚养其他男性的孩子，而男性在意外当爹以后也无法推卸责任了。我们的性欲仍将遵循遗传进化的指令，而模因进化会改变这些规则。基因工程已经变得非常普遍，一些主要的遗传性疾病可能很快就可以通过简单地移除引起这些疾病的基因来攻克。克隆绵羊以外的其他大型动物也是有可能的，再加上一些身体器官的克隆，这样我们就可以随时制造出备用器官，比如心脏或肝脏，富人们在有需要的时候就可以进行器官移植来延续自己的生命。对"生殖遗传学"未来的其他预测包括：从两个母亲那里获得基因的婴儿、将抗艾滋病的基因植入胚胎或创造整套合成基因，以及为有钱的人提供胚胎设计（Silver, 1998）。

请注意，我说"模因正在忙于设计"。也就是说，DNA 测试、人类基因组测序和基因工程的模因在当今世界得到成功的传播。为什么？因为许多模因因素共同造就了它们的成功。足够多的人受过足够好的教育；实验室里有着充足的设备；有各种聪明的人，他们设法把现有的模因组合起来，产生新的发明；我们有足够的财富来教育和资助这些人去做这些事情——当然，还有人类想要拥有健康、快乐和成功的孩子的愿望，还有人类的贪婪，总是想要更多更好的食物，以及对更好、更轻松的生活的期许。

那么，我们只是被两个复制子的竞争力量驱使，生活在盲目的贪婪之中的自私生物吗？当然不是。相当令人惊讶的是，模因进化的结果之一是，人类可以比他们的基因更无私。

第12章 利他主义的模因理论

为基因服务的利他主义

曾经，社会生物学最大的谜团之一——现在可能是它最大的成就之一——是利他主义的问题。

利他主义被定义为一种行为，这种行为以实施者的利益为代价来使其他个体获益。换句话说，利他主义意味着为了他人而做一些花费时间、精力或资源的事情。这可能意味着为另一只动物提供食物，把自己置于危险中发出保护他人的警告信号，或者与敌人战斗以保护另一只动物免受伤害。自然界中有很多这样的例子，从群体间具有良好沟通的、社交性的昆虫，到发出脚步声警告的兔子，再到共享血液的吸血蝙蝠。人类具有独特的合作性，他们花费大量时间做利人利己的事情：心理学家有时称之为"亲社会行为"（prosocial behaviour）。人类有道德感，是非观念很强。我们都是利他主义者。

利他主义是许多社会心理学家和经济学家头疼的问题，他们假定人类的本性就是理性地追求自己的利益。这也是达尔文主义存在的一个问题，尽管人们并不常常这样认为。根据你认为选择在哪个层面发生，这个问题会有所不同——或者换句话说，根据你认为进化的目的。如果你相信，就像许多早期的达尔文主义者所相信的那样,进化最终是为了个人的利益而进行的,那么为什么每个人都要以这样一种方式行事,在自己付出重大代价的同时,却让他人受益呢?所有的个体都应该为自己而战,大自然应该是"白刀子进红刀子出"的。但事实显然不是这样。许多动物过着群居和合作的生活,父母对它们的后代慷慨奉献,许多哺乳动物每天花费数小时为它们的朋友和邻居梳理毛发。它们为什么要做这些?

英国哲学家海伦娜·克罗宁(1991)称之为"更大利益原则"(greater-goodism)——进化是为了群体或物种的利益而进行的。更大利益原则在20世纪早期渗透了生物学思想,至今仍是误解进化论的一种流行方式。根据这种观点,选择是"为了物种的生存"或"为了人类整体的利益"。这个解释行不通,原因很简单。想想闯入者"搭便车"的机会。让我们假设有一种野狗,在这种狗中,每只狗都乐意为其他的狗抓兔子,而这群狗则和睦相处。只要这种和谐存在,所有的狗都会受益。但现在想象一下,一只新狗出现了,它只吃其他狗给它的免费肉,从不费心去抓任何东西。当然,它会得到最好的食物,有更多的时间去追求最好的母狗,比其他的狗们过得更好。毫无疑问,它会把自私品质的基因传给它众多吃香喝辣的小崽子们。为了集体的利益,群体必须让这些自私的个体付出代价。

从物种利益的角度进行思考是有问题的,这点已逐渐被人们认识到,自20世纪60年代早期以来,"群体选择"几乎被新达尔文主义完全废除(我将在之后考虑一些例外)。自私基因理论成功地为利他主义难题打开了一个新的思路。如果你把复制子放在进化的中心,并把选择看作是对某些基因而不是其他基因有利的行为,那么许多形式的利他主义就完全说得过去了。

以亲本照料为例。你的孩子继承了你一半的基因。你的孩子是你的基因遗传给后代的唯一直接方式，所以亲本照料显然是必要的，但同样的原则也适用于许多其他类型的利他主义。达尔文暗示"选择可能适用于家庭"（1859，p.258），但他没有进一步探讨这个想法。英国生物学家 J. B. S. 霍尔丹（Haldane）在 1955 年首先指出，你跳进一条湍急的河流里救一个孩子，这个孩子如果是你的，那么决定救人行为的基因很容易就可以繁衍开来；但如果你救的是你的表哥、你的侄女或其他的远亲，救人的基因也会繁衍开来，虽然没那么容易了。

1963 年，伦敦一名年轻的博士生，独自研究不太流行的利他主义课题，他的第一篇论文就被拒绝了。他苦苦挣扎于所涉及的不熟悉的数学，感到孤立无援，有时他整晚都在滑铁卢火车站的大厅里工作，只为了身边有点人气（Hamilton，1996）。但威廉·汉密尔顿（William Hamilton）的下一篇论文《社会行为的遗传进化》（1964）成为经典之作。他在霍尔丹的理论中加入了数学，并发展了后来被称为亲缘选择理论的东西。他想象一种基因 G，会产生出某种形式的利他行为，并且解释说，"尽管有'适者生存'的原则，最终决定基因 G 是否能够传播的标准，不在于行为是否有利于实施者，而在于是否有利于基因 G"（Hamilton，1963，p.355）。这意味着，如果动物对自己的亲属表现出利他行为，那么利他行为就会在群体中传播开来。这种关系的亲密程度决定了为帮助基因的传播个体愿意付出多少代价。基因传播的数量不再是建立在个体适应性的基础上，而是变成了"内含适应性"（inclusive fitness），它考虑了基因通过各种间接方式所获得的收益（Hamilton，1964）。在现实情境中，数学模型可能会变得极其复杂，但其中的原理是很简单的。

基因是看不见的。一只准备分享食物的猴子不能确定另一只猴子是否真的是它的妹妹，当然也不能往里看，找出它们俩有什么共同的基因。然而，这对原理发挥作用没有影响。一般来说，与近亲共享资源比与非近亲共享资源更多的猴子会将更多的基因遗传给下一代。它们如何做到这一点可能会有所不同，可能涉及各种简单的启发式，如"与另一只与你一起长大的猴子分享"或"与其他看起来、闻起来或感觉像你母亲的猴子分享"或"与跟你待在一起的时间最长的猴子分享"。根据相关动物的生活方式，一些启发式将比另一些更有效。它们起作用的方式不是通过让猴子去细细盘算，而是给它们特定的感觉，从而让它们做出适当的反应。这同样适用于人类。换句话说，人们"执行进化逻辑不是通过有意识的计算，而是通过跟随他们的感觉，这些感觉被设计成逻辑执行者"（Wright，1994，p. 190）。

我们人类喜欢孩子们（大多数时候），无论我们对兄弟多么恼怒，或者多么鄙视我们的阿姨，我们仍然会很自然地、毫不意外地给他们生日礼物，寄卡片，或者更关心他们而非一些在街上我们所碰到的路人。但是亲缘选择理论解释了家庭活动中比这更多的细节，包括断奶的斗争、兄弟姐妹争夺父母的资源，以及其他形式的家庭冲突和关爱。

生物学的另一大成就是互惠利他主义。达尔文（1871）推测，如果一个人帮助他的同胞，他可能期望将来得到援助作为回报。一百年后，罗伯特·特里弗斯（1971）将这种推测变成了互惠利他主义理论，解释了自然选择是如何有利于那些回报友谊的动物的，例如，在顺境中分享多余的资源，从而希望在逆境中得到帮助。研究表明，许多动物都是这样做的，但这里面存在一个陷阱。如果你要回报别人的帮助，避免被骗，你必须能够识别每个个体。大多数动物不能做到这一点，但许多灵长类动物可以做到——大象、海豚，甚至像吸血蝙蝠这样看似不太可能具有这种能力的物种都可以做到。吸血蝙蝠有一个特殊的问题，它们非常小，如果连续两晚不吸血就很容易死亡。幸运的是，一顿血餐的量可以比一只蝙蝠真正需要的要多得多。因此，答案是分享你的血液，并记住谁欠谁什么。

感激、友谊、同情、信任、愤慨、内疚，以及报复的情感都被归因于互惠利他主义，道德上的侵犯，或因不公平而被惹恼的情感也是如此。如果人类被进化来与他人共享资源，但又要确保我们的基因受益，那么我们的情感就是进化赋予我们去处理这些事情的方式。根据这一理论，不仅是道德情操，而且正义观念和法律制度都可以追溯到互惠利他主义的演变（Matt Ridley，1996；Wagstaff，1998；Wright，1994）。

博弈论使我们有可能探索各种策略是如何以及为何进化的。特里弗斯使用了一种叫作"囚徒困境"的游戏，在这种游戏中，两个人被分开，并被告知他们被指控犯了罪，比如被判十年监禁。如果双方都保持沉默，他们只能以较轻的罪名被定罪，刑期也都较短，比如3年，但如果其中一方提供了不利于另一方的证据，背叛者就可以逍遥法外。他们应该怎么做？显然，最好的结果是双方都保持沉默——但叛变的诱惑很强烈——如果另一方也受到诱惑呢？——你也可能被诱惑。还有许多其他版本的"囚徒困境"游戏，使用点数、金钱或其他资源。重要的一点是，一个完全理性和自私的人总是会从背叛中获益。那么，合作行为是如何产生的呢？

答案是，在一个一次性的游戏中，合作行为永远不应该发生，但生活不是一个一次性的游戏。我们会再次与人们碰面，并对他们的可信度做出判断。囚徒困境的答案在于重复。在重复的囚徒困境中，人们会评估另一个人可能的行为，并发现通过合作，双方都能获益。以前没见过面的玩家经常互相模仿，与合作者合作，而不是背叛者。持续的背叛者被避开，因此失去了欺骗别人的机会。

像这样的游戏也被经济学家、数学家和计算机建模者使用。1979年，美国政治学家罗伯特·阿瑟罗德（Robert Axelrod）组织了一次锦标赛，

151 要求计算机程序员提交玩这个游戏的策略。14个参赛作品分别与其他所有参赛作品、自己和一个随机程序进行了200次对弈。令许多人惊讶的是，获胜的项目"一报还一报"（Tit-for-tat）既简单又"友好"。"一报还一报"只需开始时合作，然后简单地模仿其他玩家的行为就可以了。如果对方配合，那么双方都继续配合，而且都做得很好；如果另一个玩家叛变，那就实施报复，这样在对位叛变者时就不至于损失太多。在第二次比赛中，超过60个程序试图击败"一报还一报"程序，但都失败了。

随后的研究使用了更复杂的情况，有许多参与者，并被用来模拟进化过程。事实证明，除非"一报还一报"的策略开始对抗数量庞大的叛变战略，否则它将在群体中蔓延，并开始占主导地位。这就是所谓的"进化稳定策略"（evolutionarily stable strategy）。然而，现实世界要复杂得多，当犯了错误，或者有更多的玩家和更多的不确定性时，"一报还一报"就不那么有效了。然而，这种方法表明，群体优势可以从纯粹的个人战略中产生，而不需要诉诸进化来实现"更大的利益"。

这就是合作行为的进化过程吗？如果是这样的话，它需要一些友好的行为来开始，特里弗斯认为亲缘选择可能提供了一个起点。已经被赋予了亲情和关怀的动物可以很容易地开始这种情感的泛化，因此一开始就会在必要的时候采取"一报还一报"策略。

请注意，囚徒困境是非零和博弈。在"零和游戏"中，你输我赢，我赢你输。现实生活中的许多情况并非如此。分一半的血餐对饥饿的年轻吸血蝙蝠来说意味着生或死，但对一只吃饱喝足更有经验的成年吸血蝙蝠来说，这不过是一个赢得未来回报的简单方法。这就显示了"逢低买进"这个相当令人不快的概念——故意把资源给那些需要帮助的个体，这样它们欠你的债就会增加。这种方法也被用来展示道德化是如何演变的，因为惩罚叛变者，甚至惩罚那些未能惩罚叛变者的人都是值得的。在这种游戏中，诚信成为一种有价值的通货。让别人看到你的合作精神是值得的，因为你可能会在以后的某一天得到回报。

关于社会生物学如何处理利他主义问题，我只举了几个例子（更多延伸的处理方式见 Cronin，1991；Matt Ridley，1996；以及 Wright，1994），但我希望这些足以说明它是多么成功。从某种意义上说，这种方法重新定义了"利他主义"。善良和合作的行为是可以解释的，因为它们最终有助于它们所依赖的自私基因的生存。那问题解决了吗？人类所有的利他行为最终都能归结于亲缘选择和互惠利他吗？

人类利他主义的古怪之处

在今天的世界里，我们经常与那些与我们无关，而且我们知道永远不会再见面的人打交道。这表明社会应该少一些友好与合作，但事实似乎并不是这样。心理学家长期以来一直在研究帮助和合作行为。20 世纪 70 年代的实验集中在旁观者的冷漠上——令人沮丧的是，人们经常对大街上受伤的人袖手旁观。他们发现，如果旁观者是唯一能提供帮助的人，那么帮助就会大大增加，而如果看到其他人不提供帮助，那么帮助就会减少——所以这是人们互相模仿的另一种情况。然而，最近的研究表明，人们会在很多情况下提供帮助。系统研究这些影响因素的实验表明，人们提供帮助是因为他们对受害者感同身受，而不是因为他们与受害者有血缘关系，也不是因为他们可以期待任何帮助回报（Batson，1995）。

试着想想你能想到的最无私的人类行为。道金斯举了献血的例子。在英国，每一个健康的成年人都被鼓励（或至少被邀请）每年献血两次，献血者是没有报酬的——你可以得到一杯茶和一块饼干，十次献血后会得到一枚小徽章。他认为这是一种"纯粹、无私的利他主义"（Dawkins，

1976，p. 230.）。其他人还给出了一些别的例子，有些人会给再也不会光顾的餐厅一大笔小费，或者去埃塞俄比亚救助挨饿受苦的孤儿。我们可能会把在街上捡到的贵重物品交给警察，捡起别人丢弃的垃圾，回收废物，或者为你永远见不到的人建立一个慈善机构。我们有为狗和猫建立的宠物之家，还有许多人照顾断了翅膀的鸟或遭受虐待的驴。所有这些似乎都是"真正的"利他主义的例子，但社会生物学家认为，它们实际上是亲缘选择和互惠利他主义的副产品。我们对我们的亲戚（或那些我们认为可能是亲戚的人）最慷慨，我们对别人好是为了建立良好和值得信赖的声誉。这个解释说得通吗？

153   让我们更详细地举几个例子。想象一下，一个澳大利亚人寄钱给非洲饥民，或者一个美国人给孟加拉国儿童捐款。许多人这样做，而有些人对此并不大惊小怪。他们寄出支票，甚至从不告诉任何人他们做了好事。这不可能是亲缘选择，因为最终的受赠者很可能与一般的捐赠者毫无关系。你甚至可能会说，在一个资源有限的星球上，这种慷慨是与捐赠者的基因利益相违背的，而且这种违背超出了捐赠的花费。所以这是一种互惠利他吗？很明显，这不是任何直接意义上的互惠利他，因为捐赠者并不期待看到接受者，也不希望得到他们任何方式的感谢。然而，进化心理学家认为，这种慷慨是建立捐赠者作为一个慷慨的人的声誉的一种方式（Matt Ridley，1996）。不过，在这种情况下，我们应该期待人们吹嘘自己的捐款，而他们通常不会这样做。甚至这也可以被解释为互惠利他主义的一部分，因为内疚感是进化过程中确保系统正常运作的方式，所以这些隐藏的慷慨行为只是一种错误——我们为人类所拥有的独特情感所付出的代价。

到目前为止，我所举的例子大多是孤立的慷慨行为，但利他主义在我们生活中的影响远不止这些。许多人选择做工资低、回报少、时间长、压力大的工作，因为他们想要为他人服务。这些工作包括社会工作、心理治疗、照看老人、教育问题儿童以及保护环境等工作。为什么会有人想要接受几年的训练成为一名护士？这份工作时间不规律，轮班时间长，处理麻烦的人，清理可怕的烂摊子，花上几个小时送药和铺床，在一个充满疾病的环境中工作一辈子，而且工资低得可怜？答案不可能是物质利益或基因优势。护士可能会说那是因为他们想要帮助别人，因为这让他们感觉满足，因为他们相信生活唯一的价值就在于帮别人，因为他们对自己的健康心怀感恩因而想要去帮助那些失去健康的人，因为他们认识到金钱至上并不是获得幸福的方式，凡此种种。

根据社会生物学理论，这些肯定都是互惠利他主义的副产品，但对我来说，这些现象使相关理论走到了一个临界点。问题是，自然选择是无情的，这种慷慨行为的代价可能是很高的。过去设法避免这种慷慨行为的人将会具有进化优势，并将这种逃避慷慨的基因优势遗传给他们的后代。进化心理学家可能会认为，我们的情感系统是为狩猎采集的生活方式设计的，在一个富裕的技术世界里，是一定会出错的（或许会产生过度的慷慨）。也许"我再也见不到这个人了"这一认知与过去由基因决定的潜在情感并不匹配，但之后我们又会重新把我们的行为解释为一个错误。

那么还有其他选择吗？

到目前为止，对利他主义的主要解释只有两种。首先，所有表面上的利他主义实际上（即使不那么明显）都是为了基因的利益。从这个观点来看，根本就没有"真正的"利他主义——或者更确切地说，看上去真正的利他主义只是自然选择未能设法消除的错误。这就是社会生物学的解释。第二种是试图拯救"真正的"利他主义，并在人类身上提出某种额外的东西——一种真正的道德，一种独立的道德良知，一种精神本质或宗教本性，它在某种程度上克服了自私和基因的专制；这一观点很难得到大多数科学家的支持，因为他们想要了解人类行为是如何在不诉诸魔法的情

模因机器

况下产生的。两种选择我都不满意。

模因论提供了第三种可能性。有了第二个复制子作用于人类的心智和大脑，可能性就扩大了。我们应该期望找到符合模因利益的行为，一如为基因服务的行为。人们不再需要魔法来解释为什么人类与其他动物不同，也不再需要魔法来解释为什么人类会表现出更加合作和利他的行为。

我们可以再问一次模因选择的问题。**想象一个充满了大脑的世界，而模因的数量又远远超过可以寄居的数量。哪些模因更有可能找到一个宿主寄居并让自己得到传播？**我认为成功的模因中包含了利他主义、合作和慷慨的行为方式。

为模因服务的利他主义

想象两个人。卡文（Kevin）是个利他主义者。他善良、慷慨、体贴。他举办很棒的聚会，在酒吧请人喝酒。他经常请朋友来家里吃饭，还送出许多生日贺卡。如果他的朋友需要帮助，他会不厌其烦地打电话，帮助他们，或者去医院看望他们。加文（Gavin）则是个自私又刻薄的人。他讨厌请别人喝酒，认为生日贺卡是浪费钱。他从不请人来吃饭，如果他的朋友们有麻烦，他总是有别的更重要的事情要操心。现在的问题是，谁会传播更多的模因？

在其他条件相同的情况下，卡文会。他有更多的朋友，花更多的时间和他们聊天；他们喜欢他，乐意聆听他说话。他传播的模因可能包括他讲的故事、他喜欢的音乐、他穿的衣服、他中意的时尚。它们可能是他喜欢讨论的科学思想、他所赞同的经济理论，以及他的政治观点。最重要的是，这些模因还将包括所有那些让他成为现在这个样子的模因——举办派对的模因、发生日卡片的模因、帮助需要帮助的人的模因,以及请人喝酒的模因。心理学实验证实,人们更容易被自己喜欢的人影响和说服(Cialdini,1994;Eagly & Chaiken,1984)。所以他的朋友会模仿他的行为,这样他的利他主义就会传播。他的朋友越多,就有越多的人可能学习他让自己受欢迎的行为。我们可以称卡文为"模因泉"(meme-fountain)(Dennett,1998)。

同时,加文几乎没什么朋友。他很少和身边的人交流,也很少边喝酒边聊天或和邻居消磨时间。他的模因几乎没有机会复制,因为很少有人模仿他。不管他对国家的看法如何,或是认为做苹果派的最佳方法应该是怎样,他的想法都不太可能传播得很远,因为人们不听他的,即使听了,也不会采纳他的想法,因为人们不喜欢他。我们可以称加文为"模因槽"(meme-sink)。

这种差异构成了利他主义模因理论的基础。基本的模因观点是这样的——如果人们是利他的,他们就会变得受欢迎,因为他们受欢迎,他们就会被复制,因为他们被复制,他们的模因就会比那些不那么利他的人的模因传播得更广,**包括利他模因本身**。这为传播利他行为提供了一种机制。

请注意,我不是第一个把利他行为当作模因的人。正如我们将看到的,艾利森(Allison)(1992)提出了一个完全不同的机制,而杜普里兹(Du Preez)(1996)认为自私和利他主义的对弈是进化来的模因,尽管没有确切解释为什么利他主义纵然要付出代价却应该传播。利他的方法有很多,我把它们混为一谈,但是它们其实包括慷慨、善良、有爱心的行为等——任何能使别人会想要花时间和那些人在一起,想要模仿他们、习得他们的模因的行为。请注意,这种模因利他主义要起作用,有两件事是必须的。首先,人们有模仿的能力,其次,他们更经常模仿利他主义者。如果这两个前提都满足了，我们就应该期望人们只是发现自己是乐于助人和无私的，而不一定知道为什么。

我将推测这种行为在人类进化史上的起源。（在下一章中，我将讨论当今世界的利他主义，因为在这个世界上，检验利他主义的后果并找出是否真的需要模因理论更为容易。）我们从互惠利他主义开始。人们善待他人是为了得到善意的回报，人类的情感就是这么设定的——也就是说，人们想要慷慨地对待那些可能回报他们的人，他们想要被人喜欢。现在，再加上模仿的能力和"模仿利他主义者"策略，就会产生两个后果。第一，善良和慷慨的行为会通过模仿传播。第二，看起来像善良和慷慨的行为，或普遍存在于善良和慷慨的人身上的行为，也会通过模仿而传播。

我之前推测了人类模仿是如何产生的，有趣的是，我们意识到"一报还一报"策略必然会产生一种模仿——这本质上是一种"模仿他人"的策略。因此，也许有利于合作行为的选择压力也在模仿的进化中发挥了作用。无论如何，一旦模仿的能力进化出来，人们就可以开始互相模仿，行事方式可以在整个人群中传播。在这些行事方式中，慷慨的行为，如分享食物、赠送礼物、照顾病人——所有这些都可以来自我们已经考虑过的合理的遗传原则，如亲缘关系模式、交配系统，以及互惠利他主义。

一旦模仿产生，这个过程只有在人们更有可能模仿利他主义者的情况下才有效。这是有道理的，因为如果你生活在一个互惠利他主义盛行的团体中，你很可能通过与那些被认为是慷慨的人在一起而获得最大的利益。所以慷慨的人会有更多的社会互动，因此有更多的机会传播他们的模因。然而，还有另外一个原因可以解释为什么模仿利他主义者是值得的。互惠利他主义的一个基本原则是，你对别人慷慨，别人也会对你慷慨。但是有一个方法可以欺骗这个系统。如果你想要回报（别人的慷慨）而不付出代价（同样回报以慷慨），你可以试着让自己看起来像一个慷慨的人。换句话说，模仿那些真正慷慨的人是值得的。因此，"模仿利他主义者"策略就会得到传播。这种策略一开始对基因有益，但因为它涉及第二复制子，基因无法控制它。"模仿利他主义者"策略一开始是一种获取生物利益的策略，最终成为传播模因的策略——包括（但不限于）利他主义模因本身。因为利他行为要付出代价，所以总是会有对抗利他行为的力量，但是一旦模仿成为可能，模因选择也会向利他主义施压。

想象一下，两个早期的猎人带着弓箭、皮箭袋和兽皮衣外出，回来时都带着肉。一个，我们叫他卡夫（Kev），和周围的人分享他的肉。他这样做是因为亲缘选择和互惠利他主义给了他至少一些利他行为的基因。与此同时，加夫（Gav）把他的肉留给了自己和自己的家人，因为他的基因使他变得不那么慷慨了。哪种行为更容易被复制？当然是卡夫。他会认识更多的人，这些人喜欢他，他们倾向于模仿他。所以他的箭袋的风格、他的衣着和他的行为方式比加夫更有可能得到传播——包括利他行为本身。这样，卡夫就是早期的模因泉，他由于利他行为而使自己的模因得到传播。

注意这里有两种不同的情况。首先，利他行为有助于自身的传播。其次，它传播来自利他主义者的其他模因副本。第二种情况可能会产生奇怪的结果。正如生物进化一样，历史的偶然事件也会产生深远的影响。所以，如果碰巧在我们祖先的一个特定群体中，慷慨的人们碰巧制造了特别整洁的蓝色羽箭，那么蓝色羽箭就会比棕色羽箭传播得更广，诸如此类。无论我们讨论的是哪种模因，它们都可能由其携带者的利他主义行为而得到传播。

还有更复杂的方式来传播利他主义。社会学家保罗·艾利森（1992）提出了一些"慈善规则"（beneficent rules），这些规则的内容可以确保它们自身的生存。它们都采取了这样的形式，即"善待那些有高于平均概率的可能性成为此规则携带者的人"。这一规则并不取决于"复制利他主义者"的策略,而是取决于"复制成功人士"的策略。正如艾利森所解释的,假设 A 遵守了其中一条规则并帮助了 B。B 现在可能更成功了,因为他得到了帮助。因此,他更有可能被模仿,因此更有可能把帮助他的规则传播下去。规则就是这样传播开来的。

这个过程只有当 B 真正携带了慈善规则才有效,而不是拿了别人的好处就跑了。这就是为什么一般原则是善待那些可能携带此规则的人。所以他们会是谁呢?这些规则的各种版本包括"善待那些模仿你的人""善待孩子""善待你的文化祖先",或者,更广泛地说,"善待你的文化近亲"。举个例子,你可以遵循"善待你的文化后裔"这条规则。如果人们已经接受了你的其他模因,而且知道他们一般都会模仿你,那么他们也更有可能接受你的慈善规则。因为对他们友善可能会增加他们的文化适应性,他们也可能会把这条规则传递给其他人,所以这条规则将会开枝散叶。这一过程将适用于亲生父母及其子女,在这种情况下,很难将其与亲缘选择区分开来。当把它应用到非亲属身上时,它就变得更有趣了,艾利森以教授和他们的研究生为例给出了说明。对学生慷慨的教授(在时间、精力等方面)会增加学生的文化适应性,因此他们所有的文化基因,包括慈善规则本身,将会传递给更多的学生。这是有道理的,因为一个关心学生的教授如果努力为学生谋福利,肯定会吸引更多的学生——以及更好的学生——反过来,这些学生也会这么做。

请注意,这里受益的是规则,而不是教授。也许从理性上讲,这位教授不应该如此慷慨,但因为这些规则盛行,而且她已经学会了,她就会按此规则行事。艾利森没有使用"模因"这个术语,但他的慈善规则显然就是模因,因为他特别说明此规则是通过模仿和教育传递的。他的分析表明,采用模因的观点(或"规则的观点")可以解释无法用理性选择理论

第12章 利他主义的模因理论

或基因优势解释的行为。

值得注意的是,艾利森的方案最好地解释了针对文化亲属的利他行为,正如他所指出的,它不能解释针对大量人群或一般人群的利他行为。相比之下,基于"复制利他主义者"的利他主义模因理论可以解释这种一般化的利他主义。

模因与基因

任何由模因驱动的利他行为都可能降低行动者的基因适应性。换句话说,在人类利他主义的舞台上模因和基因一直在互相竞争。卡夫的行为能让他交到朋友,但由于他自己的肉食的份额减少了,这可能会减少他的生存机会,或他的孩子的生存机会。他的基因只"关心"他的慷慨从长期来看是否有助于基因的传递,而且这些基因赋予他符合基因利益的情感和行为。但是他的模因根本不关心他的基因。如果它们能被复制,它们就会被复制。它们会的,因为人们会模仿他们喜欢的人。因此,我们可以想象一个人类社会,在这个社会中,由模因驱动的利他行为可以传播——即使它给个人带来沉重的负担。换句话说,一旦人们开始模仿利他主义者,基因不一定能阻止他们。

难道模因利他主义会完全失控,并把基因的束缚逼到极限吗?有时候,人们确实付出了超出他们能力范围的东西。他们争相成为最慷慨的人,或送出最奢侈的礼物。正如马特·莱德利(1996)指出的那样,礼物可以变成讨价还价、贿赂和武器。最特别的是一种叫作"potlatch"的风俗。这个词来自奇努克语,而 potlatch 最出名的例子来自美洲印第安人群体,但它也出现在新几内亚和其他地方。potlatch 是一种特殊的仪式,在这种仪式中,对立的团体试图通过赠送礼物或销毁自己贵重的财产来给对手留下深刻印象。他们会互相赠送独木舟、兽皮、珠子、铜板、毯子以及食物。他们甚至可能烧毁他们最宝贵的财产，杀死他们的奴隶，把宝贵的油倒进大火里。

请注意，这种浪费的传统不同于一般的互惠利他主义。在大多数形式的互惠性利他主义中，双方都会从合作中受益，但在一场 potlatch 中，双方都是输家（至少在纯物质方面）。还要注意，potlatch 依赖于模仿。这种传统只能通过一个人模仿另一个人来传播，直到它成为整个社会的规范。正是模仿使这种奇特的行为成为可能，而一旦基因给了我们模仿的能力，它们就无法将其收回。我们可以把 potlatch 的行为看作是一种寄生虫，它可能会，也可能不会杀死它的宿主，而我们大多数的利他行为都是共生的，甚至是有益的。

我们可以再次看到，正是模仿能力使人类与其他物种如此不同。在其他物种中，礼物仅限于与亲属分享、精确的互惠交易，或特殊情况下，如雄性蜘蛛在交配时给配偶一只包裹得很好的苍蝇，让她忙个不停。在人类文化中，送礼是很常见的，访客会携带礼物，特殊的场合用礼物来庆祝，结婚和生日都要送上礼物。在英国，约有 7% 至 8% 的经济活动用于生产礼品，而在日本，这一比例可能更高。幸运的是，potlatch 很少见，对我们大多数人来说，赠送礼物和接受礼物是人类生活中令人愉快的一部分。

最后一步是模因-基因的再次协同进化。我已经说过，最好的模仿者，或者拥有最好模因的人，会有生存优势，和他们交配的人也一样。因此，这种"与最好模仿者交配"的策略得以传播。在实际中，这意味着与那些拥有最流行（而不仅仅是最有用）模因的人交配，我们现在可以看到利他主义是决定哪些模因变得流行的因素之一。

所以卡夫，这个"模因泉"，不仅会结交更多的朋友，传播更多的模因，而且因为这些模因很流行，他也能吸引更好的伴侣，并传递那些让他成为利他主义者的基因。这意味着，当最初的利他行为依赖于基因差异时，这些差异将传递给更多的后代，因此利他行为将通过遗传和模因传播。请注意，这个过程包含了模因驱动对利他主义基因的影响，而不仅仅是前文中描述的模因驱动对利他主义模因的影响。通过这个过程，人类利他主义的基因可能是由模因驱动的——这使得我们在基因上变得更加利他。

还请注意，这种可能性的出现是因为两种策略不谋而合——"模仿利他主义者"和"与利他主义者交配"（因为利他主义模因被模仿并变得流行）。同样的情况不适用于艾利森的慈善规则，因为它们依赖于"与成功人士交配"的策略，这直接符合基因的利益，而且在任何情况下都是普遍的。换句话说，对于艾利森的规则来说，无论是涉及基因还是模因，结果都是相似的。

我认为"模仿利他主义者"有两个后果：传播利他主义模因和传播与利他主义者相关的其他模因。这同样适用于基因的模因驱动。因此，不仅利他主义的基因可能受到青睐，而且由于历史的怪癖，其他基因也可能受到影响。例如，让我们假设卡夫选择蓝色羽毛有一些遗传因素（例如，颜色视觉的差异）。蓝色羽箭因为最早出现在卡夫身上而流行起来，因为卡夫是个慷慨的人。于是现在人们不仅模仿卡夫挑选羽毛，而且更喜欢与拥有时髦的蓝色羽箭的人交配。因此，偏爱蓝色羽毛的基因现在可能有优势，而且，如果这种时尚保持足够的世代，基因频率可能会开始改变。请注意，我们不必要求蓝色羽箭有更多内在的好处。整个过程的开始只是因为一个利他主义者引领了新的时尚。

我不知道这种模因驱动是否发生过。有一些观察证据表明，人类婴儿在很小的时候就表现出分享的倾向（当然也有自私的倾向），而其他灵长类动物的婴儿则没有这种倾向，这表明了一种先天的基础。当然，除了蚂蚁和蜜蜂等通过亲缘选择活动的群居昆虫外，人类的社会合作程度远远超过其他任何物种。我们的模因利他主义理论可以提供解释。这也可能有助于解释为什么模因和基因之间的关系是如此成功，尽管这两个复制子经常是相冲突的。也许模因更像是一种共生体，而不太像一种寄生虫，因为它们鼓励人们相互合作。

如果有许多其他物种也有模因，比较起来就容易了，但事实并非如此。许多鸟类会模仿彼此的歌声，因此，我们或许应该期望这些鸟类对模仿者表现出更多的利他主义，而不是关系亲密的非模仿者。海豚是为数不多的能够模仿的物种之一，它们因英勇救人的故事而被传颂。据报道，海豚会把溺水的人推到海面上，甚至会把人推到陆地上——这对其他物种来说是很奇怪的事情。但这些只是传闻，要弄清楚海豚是否真能这样做，还需要很多研究。其他关于利他主义的模因驱动是否曾经发生过的研究将是困难的，就像所有关于我们遥远过去的行为的研究一样。

当涉及现代人类及其行为时，研究的前景要明朗得多，因此我想把对卡夫和加夫的推测留给他们所对应的现代版本。我们可以看到，在当今复杂的社会中，善良、慷慨、友好是传播模因的重要因素。

第 13 章　利他主义的伎俩

在今天的世界里，我假设我们可以忽略模因－基因的协同进化。这肯定是一种过度的简化，因为只要有两个复制子，它们就会相互作用。然而，与人类基因进化的速度相比，模因进化的速度是如此之快，以至于我们在大多数情况下可以忽略生物遗传。基因追赶不上。我们不能忽视的是长期共同进化所留下的遗产。我们今天所拥有的又大又聪明的脑袋是由模因－基因协同进化产生的。我们思考和感受的方式是进化过程的产物，现在将决定哪些模因是好的，哪些不好；我们喜欢性，所以性模因出尽风头；男人和女人的性模因不同；我们喜欢食物，喜欢权力和刺激；我们发现数学很难，所以数学模因需要很多的激励；我们的语言结构影响着哪些模因更容易被传递；我们创造的理论和神话影响着我们处理新模因的方式，等等。

注意，社会生物学做了一个不同的简化假设，忽略了模因的作用。从很多方面来说，这是一种合适的方法，我们可以利用社会生物学的许多发现来深入了解我们的大脑，以及一些理所当然的行为和想法，但它不能提供完整的图景。我们现在关心的是，当大量的模因竞争进入并停留在数量有限的、受教育程度越来越高的、过度使用的大脑时，会发生什么。

这里必须重新选取模因的观点；记住，一个模因的生命中最重要的是它是否能存活和复制。我发现自己会说模因"想要""需要"或"尝试做"某事,但我们必须记住,这只是说"某事"将提高模因被复制的机会的便捷表达。模因没有有意识的意图,它们也不努力去做任何事情。它们只是(根据定义)能够被复制,它们所有的表面努力和意图都来自于此。当某种东西可以被复制时,它最终可能被复制出很多副本,也可能不被复制。模因可能因为它们好、真实、有用或美丽而被成功复制——但它们也可能因为其他原因而成功。我现在希望探索的正是这些原因。

成为模因泉的模因比只成为模因槽的模因表现会更好。我们可以猜出哪些是模因泉。事实上,许多社会心理学实验已经指出了哪些人是最常被模仿的对象。有权势的人(以及那些穿着象征权势的服饰的人)、专家和权威人士都是"模仿成功者"策略的样例。所有这些人都更有可能让别人去做他们所说的或接受他们的想法,正如推销员、广告商和政客们早就知道的那样。在讨论"权力按钮"时,布罗迪(1996)建议电视节目使用大型汽车、枪支和浮华的衣服来获得更多的传播时间,从而推广他们的模因。名声传播模因,就像电视和电影明星吸引了数百万观众,改变了服装、演讲、吸烟、喝酒、汽车、食物和生活方式的时尚。但并不是每种模因泉都是有权势的,还有其他类型的模因泉。例如,我们更容易被我们认为与自己相似的人说服,一种聪明的销售技巧是模仿潜在买家的行为,或者假装有相似的信仰或爱好(Cialdini,1994)。

我已经提出传播模因的一种方式是利他行为,现在我想考虑一下这种不太明显的成为模因泉的方式的后果。第一,利他行为会传播自身的副本,从而使我们更利他。第二,利他主义有助于传播其他的模因——因此它提供了一个模因可用于让自己得到复制的伎俩。

第 13 章 利他主义的伎俩

利他主义传播

让我们考虑一下利他行为本身的复制。想象两个不同的模因（或模因群）。一个是在你的朋友遇到麻烦时帮助她的模因——无论是在她的车坏了时让她搭车，还是在她男朋友离开她时倾听她的烦恼。另一个是一组无视朋友需要的模因群。这些行为可以从一个人复制到另一个人，所以它们一定是模因。请注意，我使用了短语"某种事物的模因"（a meme for something）。这是一种潜在的危险，因为它可能被认为是在大脑的某个地方有一个明确的指令，告诉人们去帮助他们的朋友——这很容易让人觉得很可笑。然而，这种解释是不必要的。我们需要做的就是假设人们模仿彼此行为的某些方面，当他们这样做时，一些东西就会从一个人传到另一个人。我们不需要为那是什么而烦恼。一个简单的事实是，如果模仿发生了（它确实发生了），那么一些东西就被传递下去了，这就是我们所说的模因。所以当我说"帮助朋友的模因"时，我的意思是，帮助行为的某些方面是由一个人模仿另一个人来传递的。

现在我们可以问一个重要的问题：这两个模因中哪一个会有更好的表现？第一个模因会——因为它让你的朋友更喜欢你，想花更多的时间和你在一起。然后她会倾向于模仿你而不是她的其他那些不那么乐于助人的朋友，所以你的"乐于助人模因"会传播给她。因此，她会变得对其他朋友更有帮助，模因也会逐渐传播开来。同样简单的逻辑也适用于任何帮助其载体变得更受欢迎的模因。捡起这些模因的人并不知道自己在做什么，他们只是发现自己想要变得更像好人，而不是坏人。他们发现自己想要帮助别人，对人友善，如果不这样做，他们会感觉很糟糕。正如我们人类的许多情感是为基因服务的一样，这些情感也是为模因服务的——它们的高贵程度丝毫不逊色于前者。

这是否意味着每个人都会无限制地变得越来越好？当然不是。主要的原因是，在时间和金钱方面，善良、慷慨和无私是代价昂贵的。总是有对抗利他主义的压力存在，总是有其他的策略供模因使用。然而，总的来说，这意味着人们会比那些不能模仿的人更加无私。

这是模因驱动的利他主义在现代语境中的一个例子（请注意，这与我在前一章末考虑的利他主义基因的模因驱动是不同的）。在这种由模因驱动的利他主义中，为他人付出代价的行为是通过模因竞争来实现的。因为这些行为是由模因而不是基因驱动的，所以不一定符合人们的基因利益。这些基因没有受益而模因受益的情况为模因解释提供了测试案例。那些把一生都奉献给慈善事业或从事护理工作而自己没有孩子的人就是例子。他们的牺牲不能简单地用基因优势来解释，但可以简单地用模因论来解释。

原则上，模因驱动的利他主义应该能够产生最纯粹和无私的慷慨。事实上，它可能偶尔会这样做。然而，利他主义不仅传播自身，也传播其他模因。这为其他模因的利用提供了一种开放的机制。我认为，这正是现实中所发生的事情。我将描述模因利用模因驱动的利他主义过程的几种方式。这些都是我称之为"利他主义伎俩"的不同版本。

利他主义伎俩取决于一个简单的想法，即进入利他或受欢迎的人（如卡文）头脑中的模因比一个自私刻薄的人（如加夫）的模因更容易被复制。那么什么样的模因（除了利他主义的模因）可以进入利他主义者的头脑中呢？

首先，有些模因看起来像利他主义，即使它们不是，所以它们可以很轻易地进入利他的人们的头脑，其次，模因可以组合成模因群，使用各种伎俩进入利他主义者的头脑。

第 13 章 利他主义的伎俩

看起来像利他主义

第一个看起来像利他主义的伎俩很明显。一个使人"显得"更善良、更慷慨的模因，会增加那个人被模仿的机会，也会增加那个模因被传播的机会，而无需付出巨大的代价。这种行为有很多例子。我们经常对别人微笑，我们也会对那些先对我们微笑的人微笑。我们对他们说善意和礼貌的话——"你好吗？""我希望你父母都安好！""祝你在派对上玩得愉快！""祝你有美好的一天！""我该怎么帮助你呢？""祝你天天开心！""新年快乐！"通过所有这些常见的模因，我们给人的印象是关心他人，即使我们并不真的关心他们。这就是为什么它们是成功的模因。在我们的日常对话中充满了这样的模因。

与此密切相关的是一种很容易通过潜移默化进入利他主义者大脑的模因。模因不是孤立存在的。所有的模因，至少在它们生命的某些阶段，都储存在人类的大脑中，而人类是复杂的生物，总是努力维持着想法的某种一致性。这种"一致性原则"（consistency principle）对于理解人类的许多思想和行为是至关重要的。如果一个特定的人倾向于利他主义，无论是因为一种遗传倾向，还是因为他在一生中获得了大量的利他主义模因（或最有可能是两者兼而有之），那么其他利他主义模因就更有可能在他的头脑中立足。

让我们假设卡文和加文的生活中出现了一个新的模因，假设他们都听到了一个请求，要求他们把用过的邮票存起来，捐给慈善机构。这个新的模因更有可能被卡文接受并付诸行动，而不是加文。这跟他的其他行为是一致的。他认为自己是一个有爱心的人，诸如此类。如果他拒绝参加，他将遭受"认知失调"（cognitive dissonance），这是持有两种不相容观点的不愉快后果——在这种情况下，他认为自己是一个有爱心的人，而他却拒绝帮忙收集邮票。许多心理学研究表明，人们会努力减少不相容的观点之间的不协调性，而且一致性本身通常也受到赞赏和效仿（Cialdini, 1994; Festinger, 1957）。这个想法不太可能被加文接受。他不会因为拒绝以这种或任何其他种方式提供帮助而遭受认知失调。

对一致性的需要和对不和谐的避免为模因在不同的人身上聚集提供了环境。一旦一个人致力于一组特定的模因，其他模因或多或少会在这个人的观念、信仰和行为清单中找到一个安全的归宿。我们在各种语境中都发现了模因的这种泛化。你可能认为好人做好事和坏人做坏事是常识，但是模因论以一种不一样的视角来看待这个常识事实。模因的成功或失败可能会受到它们所遇到的人的遗传倾向的影响，也会受到已经存在于这些人头脑中的模因的影响。

由于潮流趋势的变化，情况更加复杂了。可接受的模因会随着整个模因池的变化而变化。某一时期，某些类型的慈善捐赠似乎是适当的，但几年后，完全不同的类型将占据主导。但这种复杂性不应掩盖基本原则。一旦模因驱动的利他主义开始流行，它就会变得普遍。那些已经感染了利他主义模因的人，以及那些业已形成了独特自我的人，更容易受到各种善良和慷慨行为的模因的感染。这些人比其他人被模仿得更多，所以这些模因传播得更广。

这个过程可以用来理解各种各样令人困惑的行为。比如善待动物。许多人不厌其烦地帮助处于困境中的动物。我们有狗和猫的宠物之家、生病的驴子和受伤的野生动物的避难所。我们有野生动物园，还有对濒危动物的国际救援。有"拯救动物"慈善商店，还有支持野生动物组织的各种贺卡。

我认为这些行为都是令人困惑的，因为从理性的自利本能、遗传优势或者是进化心理学的角度都不容易对这种种间的善意给出合理的解释。拯救一只受伤的老虎对于一个狩猎采集者来说没有任何好处。直到大约一万年前，地中海东部的"新月沃土"（Fertile Crescent）才开始驯养动物，直到一千年前，美洲才开始驯养动物，而世界上的一些地方根本就没有驯养过动物（Diamond，1997）。因此，在我们过去大部分的进化过程中，我们周围的动物要么是潜在的猎物，要么是试图吃掉我们的捕食者。把它们从死亡中拯救出来或者减轻它们的痛苦都没有什么遗传意义。虽然我能想到几种可能的解释，但我从未见过对动物仁慈的社会生物学解释。总的来说，动物是无法报答人类的恩情的，所以直接的互惠利他主义并不能解释。然而，一种可能的说法是，互惠利他主义给了我们驱动这种行为的情感。我们对受苦的动物感同身受，想要帮助它们；如果我们不这样做，我们会感到内疚，等等。另一种可能性是，我们通过表现得如此善良来提高自己在互惠利他主义中的地位。我不相信这是合理的，因为这种行为的潜在成本很高。当然，自然选择会排除任何对动物过于仁慈的倾向，尤其是野生和危险的动物。这些理论也很难验证。

那我们为什么要这么做呢？我认为善待动物是很容易的，因为这很适合那些已经感染了利他主义模因的人。他们认为自己是善良的人，并持续保持及增强这种态度。他们的行为方式使他们更容易被模仿，因此善待动物的行为也得以传播。

同样的道理也适用于越来越普遍的拒绝吃肉的行为。很明显，人类天生就是要吃一定量的肉的。肉类富含蛋白质和脂肪，可能是我们祖先日益增长的大脑所必需的。然而现在很多人，包括我自己，都不吃肉。一些人认为素食让他们感觉更好，一些人不喜欢吃肉，但大多数人说他们受到饲养和宰杀动物的痛苦的影响。我认为，素食主义之所以能成功，是因为我们都想成为爱护动物的好人，并且我们会模仿这些好人。不是每个人都会被这个模因感染，有些人太喜欢吃肉了，而另一些人的模因和这个不太兼容。然而，它表现得很好。素食主义是一种通过模因传播的利他主义。

如果这是正确的，我们应该期望能够追溯这些模因的历史起源，因为它们逐渐出现并在整个社会获得了普及。我们不会期望在缺乏交流和模因传播途径的社会中发现这样的行为。我们认为它们在这种社会中最常见——在这里人们有大量的资源和机会来获取新的模因。我们不应该期望人们吹嘘自己善待动物，人们只是发自内心地想善待动物。

请注意，表面上的善举实际上并没有必要起到实质性的帮助作用。一只受伤的动物被救起是一种短期的帮助行为，而对一只即将进入机械化养殖线的母鸡来说，它肯定希望自己从未存在过。但是长期的前景是令人怀疑的，特别是涉及拯救整个栖息地或物种的计划。模因方法使我们很容易理解为什么特定的行为即使没有达到它们应该达到的目标也会传播。这不仅是因为人们在推理中会犯错误（我们都知道这一点），还因为他们特别容易犯某些类型的错误——在这种情况下，是模仿那些**貌似**是利他主义的行为。

最后一个例子是废物回收。它当然是一种模因——也就是说，是人们通过模仿他人而习得的一种行为，无论他们是在书上看到、在电视上看到，还是发现所有的邻居都在这么做。许多人花了很多精力进行垃圾分类，把它们储存在家里或车库里，把它们带到回收点，购买可回收的物品。废物回收是一种非常成功的模因，在发达国家广泛传播，推动了大量的人类活动。一些专家认为，如果只是简单地倾倒这些材料，那么处理它们所使用的能源将远远超过制造新材料所需。我不知道这是不是真的，但是从模因的角度来看，这并不重要。我们预计这些行为会传播开来，因为这些行为很容易被那些已经致力于各种慷慨、关爱和"绿色"活动的人发现，他们因此被视为利他主义者，因此被模仿。整个"绿色运动"，以及为此付出的努力，正是你所期待的由模因驱动的利他主义行为。

第 13 章 利他主义的伎俩

模因复合体与利他主义伎俩

与利他主义无关的模因只需要搭上利他主义的便车,就可以从"模仿利他主义者"中受益。就像穴居人卡夫华丽的蓝色羽箭一样,有些模因可能只是碰巧被更无私的人携带着,但这种运气不是一个可以依赖的模因进化过程。相反,我们可以期望模因能够设计出一些策略来吸引利他主义的人,而实际上这些模因本身并不是利他主义的模因(或者更准确地说,拥有这些策略的模因应该比没有这些策略的模因生存得更好,我们应该能够在我们周围观察到它们)。有这样的例子吗?

当然有。它们的范围从一小群共模因(co-memes)到非常复杂的模因复合体。请记住,任何模因复合体的本质都是一样的,即其中的模因作为群体的一部分比单独存在时能被更好地复制。一些简单的例子可以说明这个原理。对于第一种类型,我们需要假设人们想要被喜欢。这是我一直遵循的原则的一部分,即人们模仿他们喜欢的人多于模仿他们不喜欢的人。模仿你喜欢的人应该是一个让人喜欢自己的好方法,让人喜欢自己,别人就会对你更好。

现在,让我们想象一些父母可能试图说服孩子去做的事情,比如保持清洁、对阿姨说"请"和"谢谢",或者在结婚之前保持童贞。为什么孩子们要服从指令?他们可能出于恐惧或强迫而服从,但一个常见的伎俩是把指令变成"好孩子保持他们的衣服干净""有教养的人都会说请和谢谢"或"好女孩婚前不可以有性行为"。这些简单的模因复合体由两部分组成:指令和什么是好的观念。"如果你那样做,人们会不喜欢你的"是另一个原因。还有一些暗示,比如好人会投票给保守党、像我们这样的人会在八点吃晚餐,或者善良的人会去教堂。

169

更复杂的模因复合体可以围绕我之前考虑过的利他主义建立起来，比如善待动物或回收废物，还有很多其他的模因可以加入进来。"回收"的符号是一小块信息碎片，它已经被成功地复制到世界各地。所有慈善机构的名称和标识都是这样的例子，比如街上叮当作响的募捐箱、开设慈善商店、分发专门用来收集物品的袋子，以及许多其他在慈善捐赠领域蓬勃发展的活动。随着模因复合体的进化和日益复杂，新的小生态龛位被创造出来，新的模因种类得以茁壮成长。在我所举的例子中，慈善捐赠的传播为其他各种模因的繁荣发展打开了缝隙。

你甚至可以利用利他主义来销售音乐作品和时装。鲍勃·盖尔多夫（Bob Geldof）确实为非洲的饥荒提供了援助，但他同时也卖出了数百万张唱片。戴安娜王妃的纪念基金实际上是在资助她的慈善事业，但它在这个过程中传播了数百万的戴安娜模因——图片、故事、个人回忆、猜测和丑闻、她的生活和那个年代的视频，更不用说《风中之烛》的歌词和曲调了。

这些都是简单的例子，但它们足以表明，由模因驱动的利他主义显然是一种常被利用的模因伎俩。因此，我们不应该惊讶地发现，许多最强大和最广泛的模因复合体以各种形式利用它。最突出的例子就是宗教。只要你从模因的角度来考虑，其中的一个机制非常简单。一个宗教如果能说服它的追随者更加利他主义，就会因为利他主义的伎俩而传播开来。

有一次我在布里斯托尔的一个公园里骑自行车时，我的自行车链条掉了。我还没来得及跳下来把链条装回去，两个年轻人就朝我跑来，礼貌地表示愿意帮忙，熟练地把链条装了回去。然后他们站在那里亲切地对我微笑。"非常谢谢你们。"我有点迷惑地说。因为我以前从未见过他们，而且戴着我那顶费利克斯猫式自行车头盔，我看起来也不是那么迷人。"上帝"一词很快出现在他们的口中，约瑟夫·史密斯（Joseph Smith）和盐湖城紧随其后。摩门教的信仰是通过利他主义的伎俩巧妙而又蓄意地传播的。它并不是对每个人都有效，但它的效果足以让模因存活下来。

利他主义的伎俩就是这样的。以一个政党、一个宗教派别、一个狂热组织、一个地方慈善团体或任何复杂的信仰体系为例。将其追随者应该做好事的理念融入其中，这些善良的工作就会让追随者更受欢迎，所以人们会模仿他们——并在这个过程中模仿信仰体系中的所有其他模因。当然，这个机制确实涉及实际的"善行"，就像盖尔多夫和戴安娜一样。其他组织只是表面上做好事，或者只是说服他们的追随者认为他们在做好事。还有一些会通过赠送礼物诱导人们产生义务感——既然你接受了别人的好处，你理当报答他，而最明显的报答就是做他希望的事情，也就是接受他的模因（或者至少看起来这么做）。这种基本的"利他主义伎俩"有很多版本。我将在更细致地处理宗教问题时考虑其中一些是如何运作的，以及艾利森（1992）所提出的慈善规范的进一步影响。

请注意，这个技巧有效地让人们为他们携带的模因工作。那些加入狂热组织或接受某种意识形态的人会放弃他们的财产，一心做善事或帮助他人，因为这有助于那些感染他们的模因的复制。其他人模仿他们，他们也开始为模因工作。这就是为什么使用这种技巧的模因复合体在过去能存活下来的原因之一，也是为什么它们现在数量庞大的原因之一。这是我们第二次遇到人们为他们的模因工作的想法（第一次是关于性传播模因而不是基因），我们回头会再讨论它。从这个意义上说，我们可以说模因正在驱动人类的行为。

如果这看起来很可怕，那么我们需要问问自己为什么。是什么驱动着人类的行为？对达尔文主义、社会生物学，乃至任何人类行为科学的反对，在很大程度上源于一种明显的愿望，那就是把自己视为神奇的、把控自我命运的自主代理人。我稍后会讨论这个观点的基础，但现在我只想说，是的，模因论确实破坏了这个观点。我们可以用无数种不同的方式来描述任何行为，但它们的背后都隐藏着复制子之间的竞争。模因提供了我们所做的事情背后的驱动力，以及我们所使用的工具。正如我们只能从自然选择的角度来理解身体的设计一样，我们也只能从模因选择的角度来理解心智的设计。

债务、亏欠和互换

利他主义模因理论可以被验证吗？一种方法是检验它所依据的基本假设。主要的假设是人们喜欢模仿他们喜欢的人。我之所以这样假设，是因为文献中有大量的暗示。美国心理学家罗伯特·西奥迪尼（Robert Cialdini）（1994）在他那本被广泛引用的关于说服心理学的书中，再次证明了人们更容易受到喜欢的人的影响，也更有可能从自己喜欢的人那里购买产品。特百惠派对之所以奏效，是因为女主人会邀请喜欢她的朋友，因此更有可能购买他们不想要的产品。成功的汽车经销商通过称赞潜在顾客来让他们对自己产生好感，表现出与他们有很多共同点，作出一些小小的让步或似乎背着老板站在他们一边，所有这一切增加了顾客对经销商的喜爱，通过这种方式，可怜的受害者就乖乖地掏钱包了。增加好感的主要因素包括外表吸引力、相似性、合作性，以及相信对方喜欢你。一个破纪录的推销员甚至每个月寄给他的客户 1.3 万张卡片，表达"我喜欢你"——想必他不是在浪费他的钱。

我父还不太清楚喜欢是否会直接导致模仿。社会心理学家对此研究不多，可能是因为模仿本身的重要性没有得到重视。如果真是这样，其他后果也会随之而来，人们从他人那里购买产品，被说服改变主意，并且更常认同他们喜欢的人。换句话说，上面描述的社会心理学发现可能是想要模仿我们喜欢的人这一深层潜在倾向的结果。因此，需要做的实验应该更仔细地观察我们如何模仿那些自己喜欢的和不喜欢的人所做出的行为。例如，我们可以让人们观看喜欢的和不喜欢的榜样以不同的方式执行任务，然后自己执行任务。然后，实验可以继续下去，以找出如何最好地操纵喜爱程度，从而产生最有效的模仿。如果相同的操作不仅影响了简单的行为模仿，同时还有说服和信念上的认同，就将暗示这两者存在一个相似的过程。我还假设，利他行为会让别人更喜欢你。这似乎太明显了，不需要测试，但我们可以用类似的实验来测试它的主要结果——也就是说，利他行为会诱导人们模仿你。如果这些预测没有成功，模因驱动的利他主义的整个基础就动摇了。

这种实验的结果可能会因为"互惠规则"（reciprocation rule）的影响而变得复杂。众所周知，在社会心理学中，人们觉得有义务回报对他们的任何善意，如果他们不这样做，就会觉得有所亏欠（Cialdini, 1995）。这种倾向在文化上很普遍，富国对穷国的援助并不总是受到欢迎就可能与此有关（Moghaddam et al., 1993）。据推测，互惠源于我们进化而来的互惠利他行为。现在，如果一个观察者在我们的一项实验中对被试做了一件好事，他们可能会觉得对这个榜样有所亏欠——这是一种不愉快的感觉，这可能会使他们不喜欢这个榜样，从而使问题复杂化。从模因的角度来看，最有趣的结果是模仿利他主义者（即复制他们的模因）是否作为一种回报而存在。我的意思是一个人是否可以通过接受别人的想法来"回报"别人的好意。

这种效果可以从来自互惠利他主义的"互惠规则"和艾利森的"慈善规则"（"善待那些模仿你的人"）的结合中看出。如果 A 模仿 B，B 现在应该觉得有义务模仿 A。所以，举个例子，不仅教授想要对她的学生好，而且我们大家都会对那些赞同我们的人，或者接受我们的想法的人，或者以其他方式模仿我们的人更友好。假如这个过程是双向的，那么如果 C 送了 D 一件礼物，D 就会觉得有义务回报 C，可能会同意 C 的想法（或者以其他方式接受她的模因）。在日常生活中，我们可能会看到客人们倾向于同意主人的观点，或者下级们倾向于同意那些对他们有控制力的人，或者我在上文中讨论过的宗教传播使用的技巧。最后，这可能导致人们通过以物易物来交换他们的义务，而不是一味模仿。因此，举例来说，带着精美礼物的客人应该比不带礼物的客人感到同意主人的义务更少。

如果用商品交换模因的想法看起来很陌生，我们可以想想我们周围的模因交换。我们习惯于为我们想要的信息支付费用，比如购买书籍或报纸，支付我们的有线电视费，或去电影院买票，但如果人们想把自己的想法强加于我们从而得到我们的关注，他们就需要像广告商和政治家那样花大笔的钱。我将在考虑将信息放到互联网上的方式时回到这一点，这需要信息提供者（而不是使用者）付出代价。

所有这些交易都可以进行调查研究。想象一个实验，詹姆斯（James）表达了一些不受欢迎的想法，或者邀请人们加入他的组织，或者其他什么。在一群人面前，格雷格（Greg）站了起来，公开表示同意詹姆斯的观点。现在，詹姆斯应该对格雷格心存感激，这样他就更有可能慷慨地对待格雷格，而不是其他人。这样的实验可以发现模因是否可以像商品一样成为一种等价物。

其他的实验可能会把持不同观点的人或对正确的做事方法有不同意见的人聚集在一起，找出他们实际上是用什么方法来改变彼此的想法的。对态度改变的研究通常是在事关物质利益的情况下进行的，比如在广告和政治说服方面，但这一理论预测，如果有机会，人们会对他们试图说服的人更慷慨——即使没有物质利益可图。此外，对那些已经同意你的人，或者那些你认为已经无法改变信仰的人慷慨是没有意义的。最大的利他主义应该展示给那些有可能被说服的人（Rose，1997）。

然而，互惠作用的效果要更复杂一点。想象一下下面的实验。只有两个人参与（尽管在实践中我们需要用很多双人组进行重复实验）。珍妮（Janet）被要求就一些有争议的话题发表自己的看法，而麦吉（Meg）则静静地听着。现在，珍妮在某些方面对麦吉表现得很慷慨（也许是请她喝杯咖啡，或者主动提供帮助）。然后麦吉被问到她有多喜欢珍妮。我们显然应该期望，当麦吉对珍妮慷慨时，她会比不慷慨时更喜欢她。现在我们给麦吉一个机会说出她对这个有争议的话题的看法，并再次衡量她对珍妮的喜爱程度。该理论做出了两个预测。第一个更明显：当珍妮给麦吉东西时，麦吉更可能表示同意。第二个则是表达同意是一种对善意的回报。所以我们应该预测，如果麦吉现在公开同意珍妮（不管那是不是她真实的想法），她现在会比在不同意珍妮的情况下更喜欢她。换句话说，麦吉喜欢珍妮不仅是因为她对麦吉很好，而且因为麦吉表达了对珍妮的赞同而不再觉得有所亏欠，所以不必再觉得对珍妮有什么义务。

这是一个非常做作的状况，但我尽量保持简单。接受某人的模因的更现实的方式可能是以更具体的方式复制他们的行为、同意将信息传递给其他人、写下他们所说的话、加入他们所属的群体，等等。但我希望原则是明确的——如果实验对象有机会模仿对方，对慷慨大方的榜样的喜爱会增加，因为亏欠感减少了。我认为，这是一种反直觉的结果，无法用任何其他理论轻易预测或解释。

如果这些预测是正确的，它们就表明模因和资源可以以各种方式相互交换。我们应该能够付钱让人们接受我们的想法，通过表达赞同来偿还债务，并通过看似慷慨的行动迫使人们同意。这里有一个有趣的暗示，即金钱的力量可以迫使人们达成一致。有些预测是基于模因驱动的利他主义的基本过程，因此，如果它们没有被验证，那我的理论就是错误的。

第 *14* 章　新时代的模因

1997 年的一天，一个年轻的学生为了他的媒体项目来采访我。在我回答了几个常规问题后，他说："布莱克摩尔博士，你提出过一个著名的观点，你认为外星人绑架事件实际上是睡眠麻痹的一种形式。我经历过睡眠麻痹，也被外星人绑架过，我可以告诉你，它们完全不是一回事。"

轮到我问问题了。他告诉我，从他五岁开始，一直到成年，他被多次绑架。他讲述了外星人降落在他房子外面的田野里，他们造访他的卧室，以及他们在飞船里对他的所作所为。更有甚者，他给我看了一个微小的金属物体，他说那是外星生物植入他的上颚的，他在两周的不适之后把它取了下来。如果对不明飞行物抱着"封闭的态度"，我能对此进行科学的分析吗？

我自然是做出了肯定的回答。我自己对外星人绑架事件的怀疑态度是开放的，是可以接受验证的。有成千上万的人声称被外星人绑架过，还有一些著名的学者准备支持他们（Jacobs, 1993; Mack, 1994）。这些故事是相当一致的，人们知道，讲这些故事的人至少都拥有平均水平的智力、教育程度，以及心理健康状况（Spanos et al., 1993）。但是绝对没有令人信服的物理证据被提供出来，除非你把一些染色的衣服和一些上述所谓的"嵌入物"算进去。但你永远无法确定，这是否——正如每个科学家所梦想的那样——一个我们难以想象其后果的事物——承载了某些来自外星文明的技术。我当然想分析它。

分析起来很简单，答案也很简单，这个神秘的物体，虽然在电子显微镜下看起来很像某种"嵌入物"，结果却是用牙科医生常用的汞合金制成的。年轻人既有些失望，也有些宽慰，但据我所知，他仍然相信自己被绑架了，尽管他现在并不那么害怕外星生物在他体内植入更多的东西了。

到底发生了什么？当他们中的许多人（我见过许多这类人）看上去都是非常普通、理智的人时，指责这些人要么编造了令人难以置信的故事，要么患上了妄想症显然是不公平的。他们显然被发生在他们身上的事情吓坏了，并且相信外星人是罪魁祸首。

外星人绑架事件是一个模因复合体

我认为外星人是一个模因复合体，它包含一种想法（四英尺高、瘦骨嶙峋、长着大黑眼睛的大头生物）、一幅画面（宇宙飞船的降临以及相关的操作）、一个意图（他们为何造访地球），以及我们通过媒体了解到的所有其他细节。正如伊莱恩·肖瓦尔特（Elaine Showalter）在她的书《历史：歇斯底里症与现代媒体》（1997）中所说，这种流行病是通过故事传播的（尽管我不会把它们都描述成歇斯底里的）。有趣的是，外星人的意图会随着你喜欢的群体的不同而不同。约翰·麦克（John Mack）的追随者倾向于生态友好型的外星人，他们来警告我们即将发生的灾难，而雅各布斯学派的追随者相信，他们被绑架去是作为外星人繁殖计划的一部分，制造出地外混血的婴儿来入侵我们的星球。

对外星人绑架的模因论解释则要问，为什么这些想法会如此成功地传播，如果它们并不是真的？真正有用的思想之所以能够成功传播，原因并不神秘——它们之所以能够成功，是因为人们想要并能够使用它们。因此，与其他看待世界的方式相比，模因论在理解好的科学理论或真实的消息为什么能有效传播方面并没有提供太多的优势。然而，模因论确实有助于解释不真实、怪异甚至有害思想的传播。其中之一就是外星人绑架。

外星人绑架经历的一个关键成分是睡眠麻痹现象。在做梦的时候，我们的大部分肌肉都处于麻痹状态，因此我们无法将梦境付诸行动。当我们醒来的时候，这种麻痹感通常已经消失，我们对它一无所知（除非实验者介入）。然而，区分现实和梦境的机制有时会失败，尤其是对那些轮班工作或睡眠被打乱的人来说。有时人们醒来，环顾四周，思维清晰，但却完全无法动弹。伴随瘫痪而来的常见感觉包括嗡嗡声、身体或床的震动、你身边有人或物的强烈感觉，以及奇怪的光四处飘浮。由于梦中性唤起是常见的，它也会持续到麻痹状态。有时，人们会觉得自己被触摸、被拉拽，甚至灵魂出窍。如果你认识到这些症状，并能保持冷静，最好的反应是放松和等待，这种麻痹感一两分钟后就消失了。如果你费力挣扎，那么情况会变得更糟。

如果你不知道发生了什么，这种经历可能是可怕的，一个自然的反应是责备某人或某事，或寻求解释。在先前的历史和不同文化阶段中，有各种各样的"解释"。中世纪的梦魔和女妖是邪恶的灵魂，被派去引诱邪恶的人进行性活动。直到 20 世纪初，英格兰南部的人们还把他们所谓的"鬼上身"归咎于女巫。即使在今天，纽芬兰也有人被"老巫婆"造访，老巫婆会在晚上到来，坐在他们的胸前，让他们停止呼吸。日本的"鬼压床"、圣卢西亚的 Kokma 和桑给巴尔的 Popobawa 都是目前关于睡眠麻痹的神话。这些神话都是成功的模因。

我们的文化现在充满了关于外太空、宇宙飞船、不明飞行物和邪恶外星人的故事。如果你患有睡眠麻痹,却不知道是什么病,你的大脑会提供最容易获得的"答案"。一旦你开始在恐惧和瘫痪状态下想象外星人,它们就会变得更加真实。难怪人们认为他们被外星人绑架了。

有证据表明,被绑架者比对照组更容易出现睡眠障碍,包括睡眠麻痹(Spanos et al., 1993)。我预计,虽然还没有经过测试,但那些了解睡眠麻痹心理基础的人不太可能有绑架经历,因为他们已经对自己的经历有了更好的解释。

有些人对令人不安的经历只有模糊的记忆,不知道发生了什么。如果他们遇到一个催眠师,其专长是帮助他们去"恢复"被外星人绑架的记忆,那么他们就会被鼓励去一次次地重温经历,到最后他们就会认定,这就是真实的记忆,里面充满了关于外星人和飞船的各种细节。

但这并不是全部。还有其他原因促成了外星人绑架的神话成为一组成功的模因。首先,它非常难以测试,这保护了它不被拆穿。毕竟,外星人是如此的神通广大,他们可以在不破坏石膏的情况下从你的天花板溜进屋去,把你带走,做他们邪恶的实验,然后把你放回去,所有这一切都不会让别人看到你或他们。他们也擅长抑制你对绑架的记忆,你可能只会留下不确定的记忆碎片和你腿上或鼻子上一个微小的无法解释的伤疤。可能需要一个有经验的催眠师(该催眠师必须有丰富的被外星人绑架的经验,从而知道该问你些什么问题),把你的全部"记忆"带回来。外星人很少被雷达捕捉到,也很少被成功拍摄到,因为他们拥有如此先进的技术。如果你想知道为什么没有哪个国家的政府有外星人登陆的证据,那么你知道的,答案就是——这是一场阴谋。当然,政府确实有整艘宇宙飞船,甚至是冰冻的外星人尸体,但他们雇佣了很多人来确保证据被隐藏,公众永远不可能知道真相。如果你想知道为什么相关工作人员从来没有泄露秘密,这只会进一步证明这个阴谋是多么强大。有趣的是，看起来与这个神话相反的证据，例如证明一个声称的嵌入物实际上是一个填充物，几乎没有什么用处。坚定的信仰者非常正确地指出，一个负面证据不能推翻他们的信念，而不信仰者从一开始就不认为这是嵌入物。

绑架模因复合体已经取得了巨大的成功，我们现在可以看到为什么。首先，它具有一个真正的功能。也就是说，它为可怕的经历提供了一种解释。我怀疑，如果我的学生在他第一次被绑架之前就知道睡眠麻痹，这种经历就永远不会被解释成绑架事件。其次，这种观念在现代美国文化中很有吸引力（欧洲文化也不例外）。人类，就像他们的许多灵长类亲戚一样，已经进化出顺从并敬畏那些地位高的男性的心理。"上帝"在这一自然天性中茁壮成长，但那些更先进的奇妙生物也是如此，他们利用了我们科学世界的陷阱，利用了人类对技术的内在恐惧。再次，这个想法是由电视公司推广的，他们的观众渴望观看耸人听闻的节目，参与者渴望讲述他们惊人的、独特的、奇妙的、第一手的、真实的故事，并通过这样做让自己显得与众不同（甚至可能变得富有）。最后，这一观点或多或少是难以辩驳的，并受到或多或少可信的阴谋论的保护。

保护的好坏将决定模因复合体能维持多久。就像病毒一样，它会传播给尽可能多的易感人群，然后也会像病毒一样戛然而止。因为它唯一真正的功能依赖于人们对睡眠麻痹的无知，传播对睡眠的科学理解可能会摧毁它。此外，由于许多人要求得到具体证据，但没有人提供，这种说法可能最终会变得站不住脚。由于这类电视节目以新奇和惊喜为噱头，制片人不会一直要求被绑架者来讲述他们的精彩故事。这个特别的模因复合体虽然成功，但生命力有限。其他的模因复合体看起来则更安全一些。

死亡和真相伎俩

研究表明，所有年龄和背景的人在接近死亡和复活时都有类似的经历（Blackmore，1993）。尽管大多数人并没有体验到什么，但那些报告有此体验的人，都会说他们向下穿过了一条黑暗的隧道，随后迎来了一束亮光，进而灵魂出窍，前往一个美丽的地方，在那里有光明等待着他们，偶尔会重现生前的场景，最后不得不做出一个困难的决定，重新回到日常生活。通常情况下，这种体验是愉快而平静的，尽管偶尔也可能如地狱般恐怖。最重要的是，它给人的感觉绝对真实——"比真实还真实"。我自己也有过这样的经历（虽然我还没有接近过死亡），它生动、美丽、绝对真实，对我的生活产生了戏剧性的影响。2000年前，许多不同的文化就都有这样的记录，人类基本的经验是共通的，无处不在的，并对我们产生深刻的影响。

这种复杂体验的核心特征可以通过大脑在压力下的活动来理解。例如，强烈的积极情绪可能是由于大脑在压力下释放出内啡肽（类似吗啡的化学物质）所致。恐惧和压力也会导致大脑中神经元的大量随机放电，并且随着它发生的部位不同，会产生不同的效果。例如，刺激颞叶（可以通过实验来完成）可以引起漂浮和飞翔的感觉、记忆闪回和宗教体验。也许最有趣的是隧道体验的产生。整个视觉系统的细胞是有组织的，许多细胞集中在视野的中心，而相对较少的则分布在外围。因此，当所有的细胞随机放电时，其效果就像中间有一束强光，其光晕向周围散去，或者像呈螺旋或圆环状一圈圈向外扩散的波纹。这可能就是濒死时隧道体验的起源，也是萨满教绘画和某些"瘾君子"吸毒时常见的隧道体验。

人们乐于为一些濒死体验找到理性的解释，但许多人拒绝承认。他们认为他们看见了耶稣。他是最真实的。他们知道他们有一个灵魂离开了身体,穿过隧道,进入天堂。他们知道他们的经历是死后重生的证明。

从模因论的观点来看,有趣的是基督徒通常会看到耶稣,而印度教徒会看到印度教神灵(Osis & Haraldsson, 1977)。有些人遇到的"人"没有特定的宗教,但从来没有一种记录表明,信仰某一宗教的人会遇到一个来自不同宗教的神。一些基督徒甚至在天国之门遇见过圣彼得,而印度教徒则更有可能遇见神灵奇特拉古普塔(Chitragupta),他的名字被写在伟大的宗教著作中。美国人很可能会和他们遇到的神明一起离去,而印度人在遇到牛神(Yamraj)或者他的信使(Yamdoots)时更可能会抵抗,因为牛神是印度教里的阎罗王。美国人可能会遇到他们的母亲,但印度人很少遇到女性人物。

这种幻象中所经验到的"真实性"让许多人拒绝任何自然的解释,而在相关科学文献中,争论双方主要是那些相信濒死体验(Near-Death Experiences, NDEs)就是死后生命的证据的人,以及那些像我一样不相信的人(Bailey & Yates, 1996)。事实上,这种经历并不能成为死后生命的证据,因为所有描述这种经历的人都还活着。反过来,任何自然主义的解释,无论它多么充分和令人满意,也不能证明死后就没有生命。所以这个论证最终是无效的。但从模因的角度来看,这不是问题所在。相反,我们应该问一个不同的问题——为什么 NDE 模因如此成功?

答案与外星人绑架事件是相似的。NDE 的故事是有实际作用的。首先,当人们接近死亡时,大脑中存在着一种潜在的状态,这种状态会让人产生某种特定的体验,并迫切需要解释。这些都是用那个人当时能得到的模因来解释的,不管这些模因是来自电视、科学还是他们的宗教教化。经典的 NDE 故事在减少对死亡的恐惧和让人们对生命的意义和目的感到安心方面还有另一个作用。对死亡的恐惧远比对睡眠麻痹的恐惧更能激发人的动力。而对死后生命的渴望对于 NDE 模因来说则是一个绝佳的诱饵。模因不需要真实才能成功。

然而，他们确实**声称**是真的。自然选择通常使我们能够选择正确的思想，而不是错误的思想。我们的知觉系统被设计来提供尽可能精确的外部世界模型。我们思考和解决问题的能力是为了给出正确的答案，而不是错误的答案，所以一般来说，正确的模因比错误的模因更好。但这为欺骗提供了机会——模仿真相。第一，虚假的主张可能在真实主张的保护下潜入模因复合体，我们可以称之为"真相伎俩"（truth trick）。第二，模因可以简单地宣称是真的，甚至是"真相"。所以，举个例子，UFO 的信徒们声称政府的阴谋是在掩盖真相。他们声称亲眼目睹了真相。相信神和死后生命的人都知道真相是什么。这是"真相伎俩"的一个稍微不同的版本，因为它根本不需要有效性。

最后，NDE 模因使用了"利他主义伎俩"。那些与死亡擦边而过后活下来的人往往会因为这段经历而改变，变得更关心他人而不是关心自己（Ring，1992）。有限的证据表明，这种变化只是面对死亡的一种行为，而不是濒死体验，但当有濒死体验的人表现出利他主义时，这有助于传播他们的 NDE 模因——"我是个好人，我现在不那么自私了。相信我，我真的上了天堂。"想要认同这个诚实善良的人的愿望有助于传播这个模因。如果"濒死体验"的幸存者真的帮助了你，那么你可以利用认同"濒死体验"来回报他们的善意。因此，濒死体验模因之所以传播开来，其中一个观点是，经历过濒死体验的人表现得更利他。

其他形式的利他主义伎俩则更为恶劣。基督教版本的 NDE 很大程度上取决于只有好人才能上天堂的观念。拥有一个美好的濒死体验意味着你是一个好人，应该被相信。这也意味着，拥有地狱般的濒死体验的人不太可能报告它们，他们的模因的表现也就没那么好了（更不用说如果他们不能谈论他们的经历，他们一定会感到恐惧和孤独）。不相信人死后还会有生命的人，以及那些追求以大脑为基础的解释的研究人员，都被视为不洁的，如果他们更虔诚一些，就会发现真相——这是另一种让 NDE 模因占上风的策略。没有人愿意分享一个令人讨厌的人的信仰。

今天北美最成功的 NDE 模因复合体是一个相当病态的基督教版本。体验者描述天上的景象，一个经典的耶稣，基于最狭隘的道德主义解释的判断，以及在人生这个课堂里要学习的课程。他们的书在畅销书排行榜上停留了几个月，其中一些人变得富有。在欧洲，其他版本似乎在竞争中生存得稍好一些，但到目前为止，科学的解释在竞争中落于下风。

如果我们必须把自然主义的解释与天堂论对立起来，那么模因论的观点就更能与前者相容。但是模因论无法解决这个不可能解决的问题。它所能做的就是解释为什么强大的神话会在整个文化中传播，并为人们生活中一些最深刻的经历提供了一种具象。这些奇怪的经历，就像我们所有的经历一样，依赖于一种由基因和模因共同塑造的大脑状态。我建议当我们停止在"真实的"和"虚幻的"体验之间划一条线时，我们会更好地理解它们，并询问特定的体验是如何通过自然选择和模因选择创造出来的。

从外星人绑架和濒死体验中，我们可以看到某些成功的模因复合体的一般公式。有一种伴随强烈情绪感受的自然发生的人类经验，这种经验找不到令人满意的解释，于是我们为它提供一个貌似能够用来解释的神话，这个神话中包含了一个难以被检验的强大的存在或看不见的力量。可选的附加功能还包括一些别的，如社会强制（当你做错事时，老巫婆会抓住你），减少恐惧（你将永远生活在天堂），使用利他主义伎俩（好人才有这种经验或相信这个神话）或真相伎俩（这个解释就是真相）。

直到最近，还没有人故意设计这样的模因复合体。它们是由模因选择产生的。我们可以想象，成千上万的神话和故事在几千年的时间里被创造出来，被成千上万的人传承。少数幸存下来的是那些拥有所有的好伎俩来帮助它们被牢牢记住并得到繁殖的模因。现代文化是数千年模因进化的遗产。

占卜与算命

从魔法水晶和塔罗牌到芳香疗法和顺势疗法的治愈能力，模因复合体通过我所描述的伎俩传播开来，它们的一些携带者还通过利用他人而发财致富。以塔罗牌为例。想象一下，你去找一位塔罗牌占卜师，她似乎了解你的生活和性格，并能给你提供建议来解决困扰你的问题。她似乎非常了解你，而且会告诉你一些你认为她不可能知道的细节。也许她会这样说（当你读这篇文章的时候，试着想象它是出自一位看起来很真诚，充满同理心的女人之口，这个女人看起来很关心你以及你的困扰，她直视你的眼睛，仿佛能看穿你，时不时地瞥一眼放在她面前的卡片）：

你需要别人喜欢和欣赏你，但你往往对自己很挑剔。看起来你是一个自律和有自制力的人，但其实你内心常常不安、没有安全感。有时你会怀疑自己是否做出了正确的决定。我从这张卡片上看出你喜欢动物。你有一只猫，卡片上说你去年去了法国。我知道你很担心背部的疼痛，但是这张卡卡的方向显示它很快就会好起来。我能看到你小时候玩耍的样子——现在你自己可能不知道，但如果你仔细看，你会发现你的左膝上有一个伤疤。

有证据表明，塔罗牌解读者之所以能够成功，是因为他们（大多是在无意识中）运用了完全正常的技巧，比如对反馈做出回应、解读微妙的肢体语言，以及运用了"巴纳姆效应"（Barnum Effect）——也就是说，运用了几乎所有人都会认为是在准确描述自己，而不是别人的语句。我选了《巴纳姆经典人格读本》（Forer，1949）的前三句话。其他的巴纳姆陈述包括积极的陈述（很少有人会承认自己不善良），双头的陈述（一半肯定是对的）和模棱两可的陈述（你喜欢怎么解读就怎么解读）。正确的姓名和日期可以通过反复试验来确定，因为客户肯定会忘记所有那些有效的试探，并将问题当作事实陈述来记住。我给出的这些小细节是我经常听到的，所以我把它们纳入了一次对6000多名读者的调查，发表在一份英国报纸上（Blackmore，1997）。结果，29%的人养了一只猫，27%的人在过去一年中去过法国，30%的人有背痛（不包括那些过去曾有过背痛的人），而34%的人左膝盖上都有一个伤疤（注意疤痕在外星人绑架事件中的重要性）。你不需要把每句话都说对才能给人留下好印象。

因此，客户离开时留下了深刻的印象，变得更加相信塔罗牌占卜者的能力，但这还不是全部。在这个过程中，客户获得了大量的塔罗牌模因：这些占卜者拥有常人所没有的特殊能力；塔罗牌上有古代的秘密，不信者无法获取；当你洗牌时，它们就会与宇宙的节奏和谐一致，并揭示你的秘密命运；它们会揭示你潜藏的良善，让你接触到你更高的本性，等等。

这些模因之所以成功，是因为它们似乎解释了客户的经历，并包含了所有正确的技巧。它们所利用的是人们对不确定性的恐惧，以及对在一个极其复杂的世界里做出错误决定的恐惧。人们通常在情绪低落时去找通灵师寻求指导。这意味着他们更有可能相信更高的力量或特殊的洞察力。"控制错觉"（illusion of control）也有利于这些模因。当对一种情况的控制感增加时，压力就会减少——如果无法真正控制，那么控制错觉就会起作用（Langer，1975）。许多实验已经证明了这种错觉的力量，相信超自然现象的人比不相信的人更倾向于使用这种力量（Blackmore &

Trosciarko，1985）。类似的观点也适用于与洞察力、手相术、风水、钟摆占卜和树枝占卜相关的模因复合体。毫不夸张地说，成千上万的实验毫无疑问地证明了占星术的说法是错误的（Dean et al.，1996），然而四分之一的美国成年人相信占星术的基本信条，10%的人定期阅读占星术专栏（Gallup & Newport，1991）。我认为从模因复制自身的力量的角度来解释这些令人不安的事实，要比把它简单地归咎于存在大量愚蠢、无知或容易上当受骗的人更好。

注意在一系列"新时代现象"中利他主义伎俩的一些有效运用。充满特殊力量的水晶被创造来帮助你；古埃及食品补给将改善您的生活，让您充满自然的活力；向色彩治疗师咨询将使你的能量与宇宙达到和谐；通灵者是一种精神上的人，他们在那里只是为了帮助你（并不是真的想要收费）。事实上，这些占卜的方法只是用来预测未来或解读一个人的想法，但它们通常与善良、爱、同情和灵性联系在一起。我们很少问一个明显的问题——占星术或水晶球的"灵性"是什么？没有明显的答案，但这些方法利用了这种联系。书店将它们归类为"身心灵"一类。这对真正的同情或灵性来说不是什么好消息，但对新时代以赚钱为目的的模因来说是个好消息。

我故意选择先处理一些人们可能认为最琐碎的模因复合体。它们可能微不足道，但在现代社会中却发挥着非凡的力量，并涉及数额巨大的经济活动。它们塑造了我们看待自己的方式，也许最重要的是，它们使许多人相信那些明显是错误的事情。任何能做到这一切的事情都值得我们去理解。当这涉及替代疗法和其他一些无效疗法的兜售时，其中的风险就更大了。

兜售健康

据一项调查估计，美国人每年造访非传统疗法提供者 4.25 亿次，花费超过 130 亿美元，有 50% 的美国人使用这种疗法（Eisenberg et al., 1993）。替代疗法或补充医疗的定义往往更为狭窄，估计数字更低（低至 10%），据称，英国替代疗法的繁荣期现在可能已经结束（Ernst, 1998）。然而，巨额资金仍面临风险。

在适当的情况下，一些疗法可能是有效的，如放松、催眠、芳香疗法（精油按摩）和一些草药。其他的方法可能也会有效，但不是因为通常给出的理由。例如，针灸具有镇痛的效果，但其效果可用内啡肽（大脑自身类似吗啡的化学物质）来解释，而不是中国传统的"气"理论（Ulett, 1992; Ulett et al., 1998）。脊椎指压疗法包含了一些有效的手法，虽然它的理论基础是错误的，有时可能是危险的，而许多其他疗法是有效和无效的混合物。然而，有许多被广泛使用的治疗方法是完全无用的，甚至对健康是有害的（Barrett & Jarvis, 1993）。

从模因的观点来看，我们不需要问为什么人们如此愚蠢，花钱去做显然无用的治疗，或者为什么聪明的人会被骗子轻易愚弄，甚至也不该问为什么这些治疗师这么坏，不断给弱势患者灌输错误的信念。相反，我们应该看看这些疗法使用了什么模因技巧，然后我们就能理解为什么它们传播得如此之快，并对我们的社会产生如此强大的影响，而更有效的治疗却不能。我们甚至不需要精确地询问哪些治疗有效，哪些无效。（尽管当我们生病时我们当然应该这样做！）治疗声称的有效性只是模因成功的一个标准，还有很多其他的标准。一旦我们开始这样想，熟悉的迹象就很容易看到了。

第 14 章 新时代的模因

替代疗法利用了人们的恐惧：害怕痛苦，害怕疾病，害怕死亡。它使用的是一种自然的人类经验，（对大多数人来说）当不适找不到令人满意的解释时，人们就会去找各种治疗师，从而让自己感觉好点。毫无疑问，人们通常在针灸、草药、脊椎指压治疗或顺势疗法后会感觉更好。他们通常会花很多钱去看医生或接受医生给出的"治疗"，它们在英国这样的国家尤其有效，因为在英国的国民保健服务中，传统医疗是免费的。"认知失调"理论解释了为什么这很重要——谁花了 50 英镑在一种没什么效果的疗法上，就会经历一种认知失调，他们就会觉得自己是愚蠢的或浪费了很多钱，所以一个明显的减少失调的方式就是说服自己；你感觉好多了（注意，费用越高你必须感觉越好）。这种"控制幻觉"可以缓解压力，从而减轻一些症状，因为至少你是在为自己的健康做些事情。当治疗师问你上周的治疗是否有效时，社会压力就会出现，你会觉得有义务说"是"，或者至少是一些令人鼓舞的话。一旦你说"是"，对一致性的渴望会让你倾向于说服自己。安慰剂效应是出了名的强大，当治疗师表现出权威性，同时在这个过程中使用一些看起来很厉害的技术，并给出一些虽然你无法理解，但是印象深刻的医学解释时，安慰剂效应就会更强。

这些解释混合使用了听起来很科学的术语和神秘的术语。强大的存在和看不见的力量随时召唤而来，包括上帝和借精神疗愈者的手显现的神灵。在替代疗法中最常用的词可能是"能量"——但能量无法被看到或检验。针灸疗法中的"气"和脊椎指压疗法中的"先天智慧"是如此微妙，以至于目前科学界所知的任何技术都无法对它们进行研究，而这恰恰保护了模因不受质疑。最后，当"爱的力量"被唤起时，利他主义伎俩被随意地利用。替代疗法治疗师通常是真正关心他人的人，他们真的想要帮助别人，并且相信自己在帮助别人。他们的病人告诉他们感觉好多了,所以治疗师很自然地(即使他们错了)得出结论:他们的治疗理论是正确的。或者,这可能只是表面上的真诚关心。不管怎样,病人更有可能接受他们的模因——包括假模因和真模因。所有这些结合在一起产生了一种持续的、能够盈利的模因复合体。难怪我们到处都可以见到它们。

第 15 章 作为模因复合体的宗教

不管你喜不喜欢,我们的周围充满了宗教。世界性的"伟大的信仰"已经存在了几千年,影响着我们的日历和假期,我们的教育和抚养,我们的信仰和道德,许多人们花费大量的时间和金钱来崇拜他们的神,建造荣耀的纪念碑。我们无法摆脱宗教,但使用模因论,我们可以理解它们是如何以及为什么拥有这样的力量。

世界上所有伟大的宗教都是从小规模的宗教信仰开始的,通常都有一个有魅力的领袖,经年累月,他们中的一些人在世界各地传教,吸收了数百万人。想象一下在世界历史上有多少这种小规模的宗教信仰。问题是,为什么只有少数幸存下来,成为伟大的信仰,而大多数只是随着它们的领袖的死亡或少数信徒的散去而消亡?

道金斯是第一个给出模因答案的人(Dawkins,1986,1993,1996b),尽管他对宗教的观点经常受到批评(Bowker,1995;Gatherer,1998)。他以罗马天主教为例阐述了他的思想。天主教的模因包括一位全知全能的上帝,以及相信耶稣基督是上帝之子,由圣母玛利亚所生,在受难后复活,现在(以及永远)能够听到我们的祈祷的信念。此外,天主教徒相信他们的神父在他们忏悔后可以赦免他们的罪,上帝的话借由教皇之口说出,当神父主持弥撒时,面包和酒真的就会变成基督的血和肉。

对于任何没有感染丝毫天主教模因的人来说，这些想法一定是非常怪异的。一个看不见的神怎么可能既无所不能又无所不知呢？我们为什么要相信一个两千多年前的故事，一个处女生了孩子？说酒"真的"变成了基督的血，这到底意味着什么呢？在我们还没有出生的时候，怎么会有人为我们的罪而死呢？他怎么能从死里复活，他现在又在哪里呢？在心里默念的祈祷怎么可能奏效呢？

有许多人声称祈祷能有效地治愈病人，甚至有一些实验证据（Benor, 1994；Dossey, 1993），但很少有实验充分控制安慰剂效应、预期和自行恢复，一些实验表明，宗教信仰最强的人从急性疾病中康复的可能性更小（King et al., 1994）。与此相反的是，数百年来，人们为王室成员或国家元首的健康祈祷，却从未收到明显效果，而现代宗教治疗师在医院里已没有任何明显的成绩。在无数的战争中，双方经常同时祈祷上帝帮助他们，杀死敌人。然而，世界各地数以百万计的人宣称自己是天主教徒，并向耶稣、耶稣的母亲玛利亚和圣父上帝祈祷。他们花费大量宝贵的时间和金钱来支持和传播信仰，天主教会是世界上最富有的机构之一。道金斯（1993）解释了纵然它们不是真的，宗教模因是如何成功的。

天主教徒的上帝一直在注视着，他会用最可怕的惩罚来惩戒那些违反他的戒律的人——例如，在地狱里永远被焚烧。这些威胁不容易被检验，因为上帝和地狱是看不见的，恐惧是从小就灌输的。我的一个朋友给我看了一本书，那是他小时候非常珍爱的书。书里有一个善良的小男孩和一个坏的小男孩的图片。当你剥开善良的小男孩的外衣时，会发现他的身体中有一颗纯白发光的心，而坏男孩身体中却是一个个黑点，象征着他所犯下的每一桩罪孽。想象这些图片所具有的力量，由于你不能看到自己的体内，你只能想象这些小黑点逐渐逐渐地堆积起来——当你在课堂上讲话或在考试中作弊，当你拿走姐姐的玩具或偷了巧克力饼干，当你产生了一个邪念，或怀疑上帝的真实和良善……每一桩罪孽都会产生一个黑点。

天主教先是培养出了恐惧，而后又帮助人们消除了它。你若归向基督，就必蒙赦免。如果你真诚地忏悔你的罪过，把你的孩子培养成天主教徒，定期去做弥撒，那么，即使你是不配的，有罪的，上帝也会原谅你。神的爱总是可以得到的，但是有一个代价，这个代价经常被完全忽略，因为它被信徒们如此心甘情愿地付出。这个代价就是你在宗教上投入的大量时间、精力和金钱——换句话说，就是为模因工作。正如道金斯指出的，天主教徒努力传播他们的天主教。

我之前描述了新时代的模因使用的几个伎俩。所有这些都可以在宗教中找到。首先，就像外星人绑架和濒死体验模因一样，宗教具有真正的功能。它们为各种古老的人类问题提供了答案，比如：我们来自哪里？我们为什么在这里？我们死后会去哪里？为什么世界充满了苦难？宗教的答案可能是错误的，但至少它们是答案。宗教承诺可以给人们一种归属感，并已被证明可以改善老年人的社会融合（Johnson，1995）。宗教也可能包含有用的生活规则，如犹太教的饮食规则或清洁卫生规则，这些规则可能曾经保护人们免受疾病之苦。这些有用的功能有助于它携带其他模因。

真相伎俩被广泛使用。在许多宗教中，上帝和真理几乎是同义词。弃绝信仰就是弃绝真理。改变别人的信仰意味着给他们真正的信仰。这可能看起来很奇怪，因为这么多的宗教主张都是明显错误的，但有很多原因可以解释它的作用。例如，在宗教环境中有深刻体验的人倾向于接受该宗教的模因，喜欢或崇拜某人的人会毫无疑问地相信他们的真理。极端情况下，人们甚至会为了上帝而说谎，去设法说服自己和他人，他们这样做都是以真理的名义——"创世论科学家"会宣告"真相"是地球只有六千岁，并拒绝以化石记录证据来证伪其观点，或声称自创世以来，光的速度已经放缓，从而制造出一个巨大的宇宙和一个古老的星球的幻象（Plimer

1994）。

美鼓舞着信徒，使他们更接近上帝。世界上一些最美丽的建筑都是以佛祖、上帝或真主的名义建造的。还有印度教中美丽的雕像和迷人的故事；彩色玻璃，启人心智的绘画和带着插图的手稿；振奋人心的音乐，由战战兢兢的唱诗班男孩和大众唱诗班演唱，或用大风琴演奏出来。深刻的情感被激发到宗教迷狂或狂喜的程度，然后需要——并得到——一个解释。这种狂喜是真实的，但从模因的角度来看，美是另一种帮助它们传播的伎俩。

利他主义的把戏也会渗透到宗教教义中。许多信徒是真正的好人，他们以信仰的名义帮助他们的邻居，为穷人募捐，努力过诚实和有道德的生活。如果他们是成功的，那么一般来说人们会喜欢和崇拜他们，所以更倾向于模仿他们。通过这种方式，不仅善良诚实的行为得以传播，与这种行为相关的宗教模因也得以传播。随之而来的还有表面上的良好行为。当善良不仅被定义为善良和无私的行为，而且被定义为坚守信仰的规则和义务时，伪善就会滋生蔓延开来。捐赠给教堂、寺庙或犹太教堂的大部分钱并没有用于帮助穷人或有需要的人，而是通过建造漂亮的建筑或支付神职人员的费用来延续宗教的模因。传播模因的活动也被定义为"好的"，尽管它们的好处是值得怀疑的，比如在特定的时间祈祷，每餐都做祷告，每周有一天作为礼拜日。这样，每一个信徒都愿意花费大量的时间来维持和传播信仰。

许多人认为特蕾莎修女是圣人，事实上，她可能很快就会被天主教会正式神圣化。她是许多人心目中最温柔、最无私的女性伟人。但她到底做了什么？一些加尔各答的居民指责她转移了人们对城市穷人真正需求的注意力，给加尔各答抹了黑，而且只帮助那些准备接受天主教教义的人。当然，她强烈反对堕胎和节育。她帮助的很多人都是年轻女性，她们没有避孕措施，几乎没有能力避免被强奸，怀孕后又几乎无法获得医疗保健。然而，她坚定地坚持自己的天主教立场，反对一件对她们其实最有帮助的事情——控制自己的生育生活。不管我们怎么想，她确实帮助了加尔各答饥饿的人们，毫无疑问，她的行为通过利他主义伎俩有效地传播了天主教模因。

甚至邪恶和残忍也可以被重新定义为善良。女性无力抗拒婚内性虐待，之后却要承担惩罚，而虐待她们的男性却可以逍遥法外。女性通常被关在家里，如果被允许外出，她们必须走在男人身后，并被适当地遮盖起来——在许多国家，这意味着从头到脚都裹着一件令人窒息的衣服，只有一个很小的格栅可以朝外看。严格遵守这些规则使女人成为"好人"，不管它会带来怎样的痛苦。

回到更诚实地使用善良和利他主义的情况，艾利森（1992）的"慈善规则"理论特别适用于宗教。他的一条基本原则是"善待你的文化近亲"；模因选择相当于亲缘选择。但是你怎么知道他们是谁呢？在垂直传播与主导的文化中，这条规则追踪了生物亲缘关系，因为在这些文化中，你从生物亲属那里获得了大部分的模因，而在水平传播中，则需要其他的识别方式。一个是"善待那些像你一样的人"。它是这样运作的：如果你看到别人和你有同样的行为，很可能你们都有共同的文化祖先。如果你现在帮助他，他会更有可能成功，因此他会传递他的模因，包括"善待那些像你一样的人"这条规则。艾利森称之为"标记方案"（marker scheme）。他举了戴头巾或不吃某些食物的例子，但我们可能会加上支持曼联或听嘻哈音乐，以及跪拜或在脖子上挂一幅导师的小画像的例子。他补充说，那些代价高昂或难以学习的标记可以阻止外人的利用。除了语言，宗教仪式也是一个很好的例子，其中许多需要多年的学习。而其他的形式，如割礼，对一个成年人来说肯定是代价高昂的。

这种利他主义的结果是，人们对群体内部的人是善良和慷慨的，而对外部的人则不是。这提高了群体成员的幸福感，因此使他们更有可能被模仿，从而传递信仰。这正是我们在世界上许多最伟大的宗教中所看到的。虽然指令"爱邻如己"通常是指"爱每个人"，在部落背景下，这条指令是实实在在的字面意思——换句话说，爱你的部落，爱你的家人，而不是其他人（Hartung, 1995）。即使是"不要杀人"的告诫最初也可能只适用于团体内部。哈唐（Hartung）指出，《塔木德》的拉比们过去认为，如果一个以色列人故意杀害另一个以色列人，那么他就犯了谋杀罪，但杀害其他人不算。

一些宗教积极鼓励对其他信仰的人进行谋杀和战争。

印度教徒、穆斯林和基督徒都曾一次又一次地以神的名义发动战争。当几百名西班牙人谋杀了数千印加人，导致整个文明的毁灭时，他们声称这样做是为了上帝的荣耀和神圣的天主教信仰。即使在今天，一些宗教传教士仍在以一种更微妙的方式破坏着古代文化。

我们已经看到阴谋论观念是如何保护 UFO 模因的，类似的机制也保护着宗教模因。道金斯（1993）指出，好的天主教徒是有强烈信仰的，他们不需要什么证据。事实上，它是一种衡量你的精神强度和宗教虔信程度的方法，你有足够的信心去相信完全不可能的事情，而不问问题，比如酒真的变成了血。这一论断无法得到验证，因为杯子里的液体尝起来、看起来和闻起来都像酒——你必须相信这确实是基督的血。如果你受到怀疑的诱惑，你必须抵制。上帝不仅是看不见的，而且"行事神秘"。神秘感是整体的一部分，值得我们去欣赏。这种不可测性保护了模因不被否定。

在伟大的宗教文献中，宗教模因被保存下来，从而延长了其寿命。神学家休·派珀（1998）将《圣经》描述为有史以来最成功的文本之一："如果'适者生存'是一个有效的口号，那么《圣经》就是最具适应性的文本之一了。"（p. 70）它被翻译成两千多种语言，在其中一些语言中有许多不同的版本，甚至在日本这样的国家，尽管只有1%到2%的人口是基督徒，却有超过四分之一的家庭都拥有一本。派珀认为，西方文化是《圣经》制造更多副本的方式。为什么它如此成功？因为它改变了环境，增加了其被复制的机会。例如，它通过在内部包含许多传递信息的指令，并将自己描述为读者不可或缺的一部分来实现这一点。它具有极强的适应性，由于它的许多内容是自相矛盾的，因此它或多或少可以被拿来当作各种行动或道德立场正当性的证明。

当我们从模因的角度来看待宗教时，就可以理解为什么它们会如此成功。这些宗教模因一开始并没有成功的意图。在人类试图了解世界的漫长历史中，它们只是从一个人那里复制到另一个人那里的行为、想法和故事。它们之所以成功，是因为它们凑巧组成了互相支持的团体，包括所有正确的技巧，让它们安全地储存在数百万个大脑、无数书籍和建筑物中，并不断地传播给更多的人。它们唤起强烈的情感和奇怪的体验。它们提供神话来回答真实的问题，神话受到不可测性、恐吓和承诺的保护。它们先创造恐惧，然后减少恐惧来产生服从，它们使用美、真理和利他主义的伎俩来帮助传播自己。这就是为什么它们仍然与我们同在，为什么数百万人的行为经常被错误或完全无法检验的想法所控制。

没有人能用他们所有的聪明诡计来设计这些伟大的信仰。相反，它们是通过模因选择逐渐进化而来的。但是现在人们故意使用模因的伎俩来传播宗教和赚钱。他们的模因设计技巧来源于长期的经验和研究，与宣传和营销中使用的技术相似；有了广播、电视和互联网，他们的模因传播得比以往任何时候都要更远、更快。比利·格拉汉姆（Billy Graham）远程传播福音的风格就是一个很好的例子。他以唤起恐惧开始，提醒人们世界上发生的所有可怕的事情以及他们自己的无能为力和注定死亡。他认为科学是没有答案的，是世界弊病的根源，然后说服人们投向全能的上帝，上帝是他们唯一的救赎希望。臣服的经验激发了强大的情感，大量的人群转而投入了上帝的怀抱。

其他的福音传道者用治愈来传播福音。我们已经看到完全正常的心理过程是如何让人们感觉更好的，即使人们的疾病实际上并没有被治好，这依然是一个强大的激励机制，足以让他们接受具有疗愈能力的神的模因。去法国卢尔德（天主教主要朝圣地之一）的旅行既昂贵又艰难。朝圣者满心期待。唯心论的治疗者是善良和可信的，而且似乎真的关心你的难处。

有些人利用假疗愈来牟利。20世纪80年代，皮特·波波夫（Peter Popoff）和他的妻子伊丽莎白（Elizabeth）借由他们的疗愈工作，将数百万美国人带到上帝面前，顺便为自己赚了数百万美元。他们的广大观众唱歌、祈祷，看着病重的人摇摇晃晃地走上舞台，当这些人呼吁捐款时，观众群情激昂。当皮特正确地诊断出疾病并宣布病人已经治愈时，人们忘记了在一个小时之前，伊丽莎白曾在人群中收集祈祷卡片，人们在卡片上写下自己的名字、地址、疾病和其他重要事实。她把这些信息带到后台的计算机数据库，然后把信息传送到皮特戴在左耳后的接收器上（Stein，1996）。

各种各样的奇迹被用来使不信的人改变信仰。耶稣在水上行走，使一个死人复活，19世纪的灵媒创造了由"外质"（ectoplasm）构成的精神形态，而超验冥想的资深实践者声称能够在水上漂浮。有些人把特殊能力与利他主义伎俩有效地结合在一起，比如英国深受喜爱的祖母形象的灵媒多里斯·斯托克斯（Doris Stokes），她把自己认识的一些客户安排到观众群中当作托儿,愚弄了数百万人(I. Wilson,1987)。她的客户中有许多是最近失去亲人的妻子、丈夫或父母,他们从斯托克斯的信息中得到安慰,但如果有人帮助他们接受死亡的现实,他们或许能更好地应对悲痛。

我并不是说任何宗教都没有真正的思想。我所描述的模因机制将允许宗教在完全错误的基础上蓬勃发展,但也可能有真实的智慧嵌入其中。就像一些替代疗法通过纳入一些有效的治疗方法而蓬勃发展一样,宗教也可能包含有效的洞见,一如误导性的神话。

许多宗教的核心都有神秘的传统,比如成书于 14 世纪的《不知之云》(*The Cloud of Unknowing*),或者英国诺里奇的朱利安关于基督教的教义解读;伊斯兰教的苏菲教义;或者佛教的启蒙故事。这些传统强调直接的精神体验,这往往是无法形容的,因此很难传递。在自发的神秘体验中,人们通常会觉得自己瞥见了真实的世界。他们感觉自我和他人已经合而为一,整个宇宙就是这样,或者一切合一,都是光。这些可能确实是正确的见解(我相信它们是正确的),但就其本身而言,它们并不是很成功的模因,并且很快就被我上面描述的所有更强大的宗教思想所取代。

佛教就是一个很好的例子。如果这些故事是可信的,我们就会知道佛陀坐在树下,怀着一种强烈的愿望去理解,直到他最终开悟。然后他教授世人他所看到的真理,一切事物的自性是空的,生活是不令人满意的,痛苦来自渴望或依恋,终止渴望就能从痛苦中解脱出来,获得自由。他制定了一套道德行为准则,并教导他的门徒们要努力追求自我的救赎,让心灵平静下来,时刻保持专注。这些都不会让人感到很舒服。基本上,这意味着在一个根本无法令人满意的世界里,你只能靠自己,没有人帮助你。如果你期望任何事情都能变得更好,那么你就会陷入渴望和痛苦之中。开悟不是努力争取的;它只是简单的放弃——其实是放弃一切。就像我的一个学生说的:"我不能忍受不想要巧克力。我甚至无法想象自己不渴望巧力,更别说什么都不渴望了。"

那么像这种让人感到困难的思想又会如何呢?也许令人惊讶的是,它们能够并且确实生存了下来,并且往往是通过一个完整的链条——从鼓舞人心的、开明的老师到勤奋的学生——传承下来。佛教禅宗非常接近于最简单的教义,没有神或隐藏的力量,没有利他主义,也没有美的伎俩。一个人被告知要为自己找出真相,并被训练简单地坐下来自省,直到心智变得清澈。然而,其他形式的佛教在世界各地更受欢迎,如藏传佛教,它有许多强大的神灵,美丽的建筑和绘画、神迹、诵经、圣歌和神圣的仪式。对任何宗教而言,无论其核心是否有真知灼见,事实是,狡猾的模因往往会在争夺复制机会的战斗中击败它们。

我们现在可以看到宗教是如何以及为什么拥有这样的力量和韧性的。现在我想再考虑两个问题。第一,它们在模因-基因的协同进化中发挥作用了吗?第二,随着模因被现代科技传播,宗教又是如何改变的?

宗教和基因的协同进化

协同进化的问题是这样的:过去盛行的宗教模因对哪些基因有过成功的影响吗?如果有,这将是模因驱动的另一个例子。我将在此进行推测,并希望我提出的一些问题能够在未来的研究中得到解答。

我们对最早的宗教知之甚少。有证据表明,生活在13万至4万年前的尼安德特人会埋葬死者,但他们很可能不是我们的祖先。大约5万年前,人类进入了有时被称为"大跨越"(Great Leap Forward)的时代,其特征是工具制造的进步、艺术的开端,以及首饰的创造,这些饰品有时与死者一起被埋葬。我们只能猜测这里面可能包含了宗教信仰,但埋葬仪式

第15章 作为模因复合体的宗教

至少具有一些关于来生的意味。现代狩猎采集社会有各种各样的宗教信仰，包括祖先崇拜、牧师或萨满的特异功能，以及对来生的信仰。所以我们可以猜测早期人类的宗教或多或少也是这样子的。

早期人类生活在群体或部落社会中，而后逐渐形成更复杂的分层社会。在一些国家或地区，足够详细的分工使一些人完全摆脱了粮食生产的工作，典型的有各式统治者，还有士兵和牧师。戴蒙德（1997）认为意识形态和宗教在酋长制社会中的作用是为财富的再分配、统治者的权威和战争辩护。首领们通常从劳动人民那里获取大量财富，用其中的一部分建造宏伟的庙宇或公共工程，作为他们权力的显著标志。如果能够获得回报，人们可以接受他们的财富被夺走，就像他们在现代社会接受税收一样。这些回报可能包括减少社会内部的暴力，保护人们不受敌人侵害，或提供公共设施。有时统治者和牧师是同一个人，但在规模较大的社会中，牧师会独立出来承担宗教职能。牧师促进和监督宗教信仰，这些信念随后被用来证明征服其他民族的正当性，从其他民族那里他们可以攫取更多的财富和权力。

从模因的角度来看，这意味着这些宗教模因比其他具有竞争关系的模因更有可能存活和被复制。例如，不需要牧师、不收税，或不建造令人印象深刻的建筑物的宗教将处于不利地位。这意味着高度组织化和阶层化的社会以及传播和维护宗教的牧师会大大地增多。因此，宗教模因在人类社会的发展中发挥了重要的作用。

协同进化的问题是宗教是否一直影响着基因。E. O. 威尔逊（1978）将宗教视为对他的社会生物学这一新学科的挑战，并对宗教信仰提供遗传优势的方式进行了推测。例如，宗教行为规范通常包括禁止吃可能被污染的食物，禁止乱伦和其他危险的性活动，并鼓励信徒拥有受到良好保护的大家庭。通过这些方式以及其他的方式，宗教信仰将有利于信徒的基因，使其得以延续下去。进化心理学家史蒂芬·平克（1997）认为，宗教信仰是用来做其他事情的大脑模块的副产品；神灵是基于我们对动物和人的概念产生的；超自然的力量是从自然力量中推断出来的；超验世界的概念是基于梦境和恍惚状态而来。正如他所说："宗教信仰以缺乏想象力而著称：上帝是个爱吃醋的家伙；天堂和地狱是一种地方；精灵是长出翅膀的人。"（Pinker，1997，p.557）这些作者认为，要么宗教提供了遗传优势，要么宗教是曾经提供遗传优势的事物的副产品。他们不考虑模因优势的可能性，也不考虑模因驱动基因的可能性。

模因可能以多种方式影响基因。牧师通过各种各样的方式来获得权力和地位，比如：预测（或者看起来像是在预测）天气、疾病或农作物歉收；建造寺庙和其他宏伟建筑，或与之建立联系；穿着昂贵而令人印象深刻的衣服；声称拥有超自然的力量。在许多文化中，牧师或统治者被赋予神圣的地位。我们知道，女人更喜欢与地位高的男人交配，而这些男人会留下更多的后代，要么娶更多的妻子，要么由不是他们妻子的女人生下孩子。即使在牧师是独身的，不能（或至少不应该）传递他们的基因的社会里，其他人也可以通过与之结盟来获得权力。如果这种宗教行为有助于人们获得更多的伴侣，那么任何一开始就使他们更虔诚的基因也会得到发展。这样，"宗教行为的基因"就会因为宗教模因而增加。

"宗教行为基因"的观点并非完全不合情理——它只是意味着基因使人们更倾向于宗教信仰和行为。大脑的发育是受基因控制的，众所周知，有些大脑比其他大脑更容易产生宗教信仰和经历。例如，与颞叶稳定的人相比，颞叶不稳定的人更有可能报告神秘的、精神的和宗教的体验，并相信超自然力量（Persinger，1983）。就像许多其他的心理变量一样，宗教信仰即使在今天也被认为是包含遗传因素的。例如，同卵双胞胎在宗教信仰上比异卵双胞胎或兄弟姐妹更相似。在我们的过去，受基因控制的宗教行为的变异可能与现在一样多，甚至更多。如果是这样，可能会产生两种影响。首先，模因环境可能会影响宗教行为基因是否被积极选择（总体上增加或减少宗教行为）。其次，当时的宗教可能影响了幸存下来的基因种类（即那些产生最适合特定宗教的宗教行为的基因）。这就是模因驱动发挥的作用。

群体选择

宗教模因还有另一种可能驱动基因的方式：群体选择。整个群体选择的概念有一段混乱的历史，并充满争议。20世纪初，它被用来解释各种可能有益于群体或社会的行为，生物学家常常诉诸"群体适应"或"物种的利益"，却对可能的机制一无所知。威廉姆斯（Williams）的经典著作《适应与自然选择》（1966）指出了其中的错误：例如，自私的个体总是能够渗透到利他主义团体中，并以牺牲群体利益为代价而得到发展。此外，与个体相比，群体的生命周期较长，而且个体常常可以更换群体。这意味着个体的适应几乎总是比群体的适应更重要。因此，我们不应该把群体选择视为一种力量，而指望它可以使个体为了"群体利益"而牺牲自己的基因利益。

大多数生物学家现在认为群体选择在自然界中只是一种微弱的力量（Mark Ridley, 1996）。然而，在群体级别上的选择有时也会发生。道金斯对复制子和载具的区别在这里很有帮助。在大多数生物学现象中，复制子（被复制的东西）是基因，而载具是整个有机体。整个有机体，也就是说，猫、驴、兰花或蟑螂，无论生死，在这个过程中，要么传递它们的基因，要么不传递。这个载具里的所有基因都有着同样的命运。在这种（最常见的）情况下，选择是在有机体水平上进行的。

然而，在某些情况下，整个生物群体或生或死，因此群体中的所有基因可能在瞬间都灭绝了。如果这发生了，那么群体就是媒介，我们可以说选择发生在群体的水平上。这适用于（比如）整个物种的灭绝，或孤立的动物种群，例如那些在小岛上的动物，其中一些种群存活下来，而另一些则没有。在这些案例中，个体和群体选择之间不存在冲突（正如关于利他行为的争论中所述），但选择在群体层面上起作用。

莱德利（1996）得出结论，群体选择只有在迁移率低得令人难以置信、群体灭绝率高得令人难以置信的情况下才有效。事实上，还有另一种方式，群体选择受到这样一种机制的青睐，即减少群体内部生物适应性的差异以及增加群体之间的差异，因此选择集中在群体层面发生（D. S. Wilson & Sober, 1994）。

模因可能提供了这种机制。事实上，博伊德和理查森（1990）用数学模型表明，当行为变异通过文化产生时，群体选择就特别容易发生，甚至在大群体和频繁发生迁移的情况下也可能发生。重要的是模因可以准确地起到减少群体内差异和增加群体间差异的作用。

让我们以饮食习惯为例。假设一群人把贝类作为他们饮食的主要部分，并发展出烹饪贻贝或蛤蜊以及把肉从壳里取出来的方法，而另一群人则忌讳吃贝类。群体内的每个人彼此之间更相似，而与另一个群体内的人不同。由于长期的味觉习惯和学习如何准备食物的困难，群体之间的移民变得困难。在一些环境中，第一个群体可能做得更好，因为他们得到了更多的蛋白质；而在另一些环境中，第二个群体可能做得更好，因为他们不会由于吃了受感染的食物而染上致命的疾病。当疾病侵袭或饥荒威胁到整个群体时，他们不是生存就是死亡。食物禁忌是许多宗教的重要组成部分。正统的犹太人不吃贝类或猪肉，也不把肉和牛奶混在一起吃。许多佛教徒和印度教徒是素食者，因为他们不想杀死动物。这些禁忌背后的信仰可能导致了一些群体的生存和另一些群体的灭绝；他们的基因和模因也会

第 15 章 作为模因复合体的宗教

随之存续或消失。

宗教还规定了性行为，鼓励某些合作行为，并控制着侵略和暴力。尽管许多人相信原始部落过着田园诗般的和平生活，但这个神话（像人类学中的许多神话一样）已经被打破了。人类学家拿破仑·沙尼翁（Napoleon Chagnon）（1992）与亚诺马莫人（Yanomamö）一起生活了许多年，亚诺马莫人生活在巴西的热带雨林中，靠打猎和在临时的花园中种植食物为生。他描述了一种暴力的生活，在这种生活中，村庄之间的战争很普遍，谋杀引起更多的谋杀。类似的故事发生在世界各地。在新几内亚，一群叫做"法尤"（Fayu）的游牧民以小家庭为单位生活，他们很少与其他家庭见面，因为当他们见面时，会发生报复性的谋杀。聚会，例如为了交换新娘的聚会，充满了危险。在许多部落社会中，谋杀是死亡的主要原因（Diamond，1997）。尽管许多生活在现代城市的人认为他们面临着越来越大的生命危险，但事实上，他们比生活在原始群体或部落社会中的人们要安全得多。伴随着政府和宗教而来的组织减少了这类暴力。然而，这也为大规模战争提供了理由。

战争的历史在很大程度上就是人们为了宗教信仰互相残杀的历史。宗教给了人们一种动机，不是出于天生的私利，而是为他人牺牲自己的生命——这在原始群体或部落社会中是不会发生的。年轻人可能相信为上帝而死是好的，在宗教战争中被杀是英勇的，或者天堂里有他们的一席之地。为了信仰而死的动机，比为了保护家人而战的动机，更能让一个人英勇无畏，因而，拥有这种动机的群体更有可能赢得战争。这样的胜利首先是产生这种差异的模因的胜利，同时也是获胜一方的基因的胜利。

我们现在可以看到为什么群体选择在模因论中很重要。宗教就是一个很好的例子，它可以减少群体内部的差异，同时增加群体之间的差异和群体灭绝的速度。在许多宗教中，一致性被鼓励，禁忌行为被惩罚，信仰者

模因机器

和非信仰者之间的差异被夸大，对异教徒的恐惧或仇恨被培养出来，背信叛教极其困难，或者干脆是不可能的。宗教团体之间的战争是常见的，在我们的进化史上，许多团体为了他们的宗教而豁出性命。所有这些都使得群体选择更有可能发生。如果群体之间一开始就存在遗传差异，那么一些群体的存活和另一些群体的灭绝就会对基因库产生影响。在这种情况下，我们可以说宗教模因驱动了基因的变化。

这可能是最有意思的，例如，如果存在某种遗传上的原因，使得一个群体选择了一种宗教，而另一个群体选择了另一种宗教。让我们想象一下两个相邻的早期人类群体，其中一个群体碰巧有更多的先天倾向，想要以复杂的方式埋葬他们的死者。如果你还记得从蠕虫、黄蜂到兔子和狗等许多生物都存在挖掘和埋葬行为，这些行为都是受基因控制的，那么这件事就一点也不牵强。这种遗传倾向鼓励这些人发展出一种基于祖先崇拜和来世的宗教——我们可以称他们为"来世主义者"。与此同时，另一群人发展出了一种以崇拜自然神灵为基础的宗教——我们可以称他们为"自然主义者"。后来，来世主义者对战争产生了兴趣，他们相信祖先的精神会帮助他们，如果他们杀死了一个敌人，他们就能够上天堂，而自然主义者只是为了自身的利益而杀戮。结果，来世主义者在与自然主义者的战争中赢得了更多的胜利，于是，他们的模因传播开来，他们的基因也传播开来。控制这种原始埋葬仪式行为的基因是群体选择的结果，而这种群体选择则是由模因驱动的。

我并不是说这一系列确切的事件真的发生了，而是说这种普遍的机制可能塑造了人类的本性，赋予了我们宗教倾向。这是一个基本原理，理论上可以应用于所有的遗传倾向，如从众、宗教体验、享受仪式和崇拜，或相信人有来世。这个过程甚至可能有利于那些对适应性不利的基因，或者可能抹杀那些本来可以增强适应性的基因。所以人类本性的某些方面可能不是为了基因，而是为了模因。我们的信仰可能已经塑造了基因选择发生的方式。如果这是真的，那就意味着人类漫长的模因历史使得人类现在变成了天生的宗教生物。

几千年来，宗教拥有巨大的力量，但时代在变，宗教也在变。一个明显的变化是垂直传播正在被更快的水平传播所取代（p. 161）。随着人们越来越多地接触到来自电视、广播、报纸和互联网的新思想，他们开始进行比较，并提出深刻的问题。因此，可悲的是，当得知阿富汗塔利班禁止人们看电视和听收音机，一旦发现，全部捣毁，并惩罚它们的持有者时，我们一点也不感到惊讶。与此同时，在通信发达的国家，一些古老宗教使用的伎俩可能不再那么管用了。当人们可以看电影、去艺术画廊、听任何他们喜欢的音乐时，美的伎俩就不那么有效了；当我们在电视上看到宗教战争的可怕后果时，利他主义伎俩也不那么有效了；当基督教领袖争论同性恋是否真的是一种罪时，真相伎俩在人们身上也开始失效了。

在过去，提倡大家庭的宗教是成功的，因为他们创造了更多的人来接受他们父母的信仰。林奇（1996）给出了许多宗教的例子，从古老的伊斯兰教到相对较新的和蓬勃发展的摩门教，它们通过增加后代的数量来传播，但他没有明确区分垂直传播和水平传播的影响。随着现代社会水平传播的增强，人们越来越不受父母信仰的束缚；随着模因传播的速度越来越快，出生率变得越来越不重要。因此，我们应该预期改变宗教信仰的人在科技发达的社会里比在以前能够生存得更好。我们可以预期新的时代会产生新的宗教，并且那些能够使自己的模因适应时代变化的古老信仰将能够存活下来，而其他的则会灭绝。

我怀疑人类永远不会彻彻底底地摆脱宗教。如果上面的观点是正确的，那么宗教就受到两股强大的力量支持。首先，人类的思想和大脑已经被塑造成特别容易接受宗教思想的样子；其次，宗教模因可以使用本书中所提到的所有最好的模因技巧来确保自己的生存和繁殖。这也许可以解释为什么宗教在科学素养很高的社会和政治理念试图消除所有宗教行为的社会中仍然存在。也许我们的大脑和思想已经被塑造成具有天生的宗教性，用逻辑和科学证据来改变我们的思维方式确实很难——很难，但并非不可能。

科学与宗教

我已经暗示过，在某种意义上，科学是优于宗教的，我想为这种观点辩护。科学就像宗教一样，是一堆模因复合体。有理论和假设，方法论和实验范式，智力传统和长期存在的错误的二分法。科学充满了人类发明的思想，也存在各种陈规陋习。科学和其他任何模因复合体一样，也不是什么"终极真理"。然而，模因论可以解释为什么科学提供了比宗教更好的真理。

我们被自然选择设计成追求真理的生物。我们的知觉系统被进化出来，能够对这个世界建立充分的认识，并准确地预测接下来会发生什么。我们的大脑被设计来有效地解决问题并做出合理的决定。当然，我们的感知是片面的，我们的决策也不见得有多明智——但这总比一点用处也没有要好得多。如果我们没有模因，我们也能获得这种情况下对世界最好的了解。但是我们确实有模因，模因不仅带来了控制和预测世界的新方法，还带来了模因伎俩、自由传播的模因、误导性的模因，以及虚假的模因。

科学本质上是一个过程，一套试图区分真模因和假模因的方法。它的核心思想是建立关于世界的理论并测试它们，就像感知系统所做的那样。科学并不完美。科学家偶尔会为了获得权力和影响力而作弊，他们的错误结果可能会持续几十年，误导未来的科学家。错误的理论在科学和宗教中

第 15 章 作为模因复合体的宗教

生生不息,其原因有很多是相同的。令人宽慰的想法比令人恐惧的想法更有可能持续下去;提升人类的地位和尊严的思想比那些贬低我们的思想更受欢迎。进化论面临着巨大的反对,因为它提供了一种许多人不喜欢的观点。模因论可能也是如此。然而,科学的核心是一种要求对任何想法进行测试的方法。如果一个特定的理论是正确的,科学家必须预测它将会做出哪些预测,然后看看它们是否与现实相符。这正是我试图对模因论做的事情。

但这不是宗教所做的。宗教建立了关于世界的理论,然后阻止它们被检验。宗教提供了美好的、有吸引力的、令人宽慰的思想,并将它们掩盖在"真、美、善"的面具之下。这些理论可以在不真实的、丑陋的或残酷的情况下发展壮大。

最后,没有什么终极真理可以被发现并永远束之高阁,但有些理论比别的理论更真实,有些预测比别的预测更准确。我确实捍卫这样一种观点,即在最好的情况下,科学比宗教更真实。

第 *16* 章　进入互联网

我们家有四条电话线、两台传真机、三台电视机、四台高保真音响、七台或八台收音机、五台计算机和两台调制解调器。而一共只有四个人。我们还有上千本书和一些光盘、磁带和录像带。这些东西是怎么产生的，为什么？

如果你从来没有问过自己这个问题，你可能会认为答案是显而易见的。所有这些都是伟大的发明，由别人创造，使我们的生活更好或更有趣。但这是正确答案吗？模因论提供了一个完全不同的答案，一个或多或少与直觉相悖的答案。

我认为是模因选择创造了它们。一旦模因出现，它们就开始向更高保真度、更高繁殖力和更高持久性的方向发展；在这个过程中，它们促使人们设计出了越来越好的模因复制机器。所以书、电话和传真机都是由模因创造出来让自己能够被复制的。

当我们知道模因只是从一个人复制到另一个人的信息时，这听起来可能很奇怪。信息是如何产生无线电和计算机的呢？但是同样的问题也可以问基因——储存在 DNA 中的信息是如何产生蚊子和大象的呢？在这两种情况下，答案都是一样的——因为信息是经过选择的复制子。这意味着进化算法发挥了作用，进化算法产生了设计。从这个意义上说，模因选择创造出计算机并不比基因选择创造出森林更神秘。在这两个过程中，创造者的意识，都不是因果关系中的因。设计完全是进化算法的产物。

我们习惯于动物和植物是自然选择的产物这样的观点，但我们也必须考虑使自然选择成为可能的复制机制的进化——因为两者是一起进化的。这就是我在这里要做的类比。模因还没有 DNA 那样精确的复制机制。它们仍在发展它们的复制机器，这就是所有技术的用途所在。

回顾基因的情况是很有帮助的，因为基因是目前已知的唯一的复制子（Maynard Smith & Szathmary，1995）。当第一个复制子在这个星球上出现时，它可能不是 DNA，而是一些更简单的原始物质，甚至是一些完全不同的复制性的化学物质。不管它是什么，我们可以肯定，复制它的细胞机制并不存在。在生命的早期，自然选择并不是对像猫和狗这样的复杂有机体进行的，甚至不会在不同种类的简单细胞之间进行选择，而是在少量的蛋白质或其他化学物质之间进行选择。任何复制更频繁或更准确，或持续时间更长的蛋白质，都会以牺牲其他蛋白质为代价存活下来。渐渐地，从这些开始，自然选择不仅会产生更多的蛋白质，还会产生参与其他蛋白质复制的蛋白质。最终，进化产生了我们今天看到的由复制子、复制机器和载具组成的系统。这个系统使地球上的所有生物都能使用相同的（或非常相似的）复制系统，该系统能产生对持久存在的复制子的精确复制。

我认为模因现在也在经历着同样的过程，只不过它还处于起步阶段。正如道金斯所说，新的复制子"仍然笨拙地漂浮在它的原始汤里"（Dawkins，1976，p. 192）。这道汤是人类文化、人工制品和人造复制系统的汤。在你和我所处的阶段，新的复制子的复制机制还在发展，还没有稳定下来。复制机器包括我家里所有的模因复制设备，从笔、书到计算机和高保真音响。

从这个角度来看，我们可以把人类文化的各种重要发明看作是模因复制进化的机制。之前我已经解释了如何以这种方式理解语言，从而为语言的起源提供一种新的理论。现在我想梳理一下从口语本身，到书写的发明，再到现代信息处理技术的发展。和以前一样，我们应该期望进化过程包括复制子保真度、繁殖力和持久性的增加。

书写

书写显然是模因进化的一个有用的步骤，因为它提高了语言的持久性。先前我们已经说明了语言本身是如何提高可复制声音的繁殖力和保真度的，问题在于持久性。用语言讲述的故事可以在人脑中被记住，但除此之外，语言所依赖的声音必然是短暂的。书写是创造出具有持久性的语言的第一步。

没有人知道有多少次书写是从零开始独立发明的，但这个任务是艰巨的。从零开始意味着要做大量的决定，如何分割口语，如何组织代表口语的记号。美索不达米亚的苏美尔人在5000年前发明了书写；墨西哥印第安人大约在公元前600年；埃及和中国的书写系统也可能是独立出现的。像许多书写系统一样，苏美尔楔形文字开始的时候也是作为一个计数系统来表示绵羊和谷物的数量的。它始于黏土符号，逐渐演变成泥板上的标记系统，按照从左到右、从上到下的顺序进行标记。其他系统当然会使用不同的规范。从模因的角度来看，我们可以想象很多人尝试不同的使用标记的方法，有些方法比其他方法被复制得更多。这种选择性的复制背后是模因进化机制在起作用，其结果是产生了越来越好的书写系统。

许多书写系统都是在其他系统的基础上发展起来的，甚至只是借用了书写本身的思想。1820年，一个叫西科亚（Sequoyah）的切罗基印第安

第 16 章 进入互联网

人注意到欧洲人在纸上做记号，然后他设计了一个系统来记录切罗基人的语言。尽管他不识字，也不懂英语，但他的观察足以让他设计出一套如此成功的书写系统，使得切罗基人很快就能自己书写、阅读、印刷书籍和报纸了（Diamond，1997）。

我曾经说过，人类的意识并不是创造语言（或其他任何事物）背后的驱动力，而西科亚似乎是证明我错了的理想案例。事实上，我选择他作为一个绝佳的例子来解释我的意思。西科亚大概具有和任何人一样的意识水平。在关于创造力的讨论中，人们通常认为意识在某种程度上产生创造力，但一旦你试图想象它到底意味着什么，这个观点就存在很大的问题。你几乎被迫采取二元论的立场，意识是与大脑分离的东西，它神奇地跳进来并创造了事物。在科学上更常见的观点是忽视意识，把创造力视为相关个体的智力和能力的产物——最终把这个过程带回大脑机制。这避免了二元论的陷阱，但忽略了在创造者所处的环境中已经存在的所有思想的重要性。模因观点包括了所有这些。我的理解是这样的。

人类的大脑和心智是基因和模因结合的产物。正如丹尼特（1991，p. 207）所说："当模因重组人类大脑以使其成为更好的模因居所时，人类大脑本身就是一个人造产物。"以西科亚为例，他一定有一个非凡的大脑，有着非凡的决心和动力，他偶然发现了一种业已存在的书写系统，而这时候恰恰也是他的人民能够接受他的思想并加以利用的时候。西科亚的思想是这个过程的重要组成部分，但它本身是由模因和基因的相互作用而产生的。所有这些都是复制子凭空创造设计的绝佳例子。和以往一样，真的没有什么创造者，只是进化程序在起作用。

书写系统基本上有三种策略。符号可以用来表示完整的词汇、音节或单个的声音。这些区别对于每个音节都能传递的模因来说是很重要的。基于完整词汇的系统是笨重的，因为词汇太多了。每当一个新词汇被创造出来，一个新的符号也必须被创造出来。在另一种极端的系统中，使用符号表示单一的声音可以使用很少的符号，并以多种不同的方式组合它们，比如这本书是基于由 26 个字母组成的字母表写成的。使用这些系统的人的大脑的认知负荷也以同样的方式发生变化。学习 26 个字母和它们的发音相对来说比较容易，尽管这通常也要花费学生几个月甚至几年的学习时间。但是学习日文需要花的时间会长得多，除非你能认得两三千个日文字，否则你是看不懂日文报纸的。

由于许多原因，基于声音的书写系统可以用更不费力的方式传递更多的模因，因此很可能在与其他系统的竞争中胜出。当然，竞争并不简单。书写系统产生的历史过程意味着各种各样的陈规陋习和任意的规定，一旦它们被足够多的人学习，就会达到某种程度的稳定。在生物进化中，一个重要的原则是，进化总是建立在业已存在的事物之上。没有一个进化的上帝会看着眼睛的设计然后说"如果我们能摆脱这个玩意儿重新开始那将会更好"。没有重新开始这回事。这同样适用于书写系统的设计。它们从任何地方开始逐渐进化。因此，由 26 个字母组成的字母表远非模因上帝所能创造的理想目标，但它比许多其他体系要好，因此，当直接竞争出现时，往往会胜出。无论它们传播到哪，它们都会从此时此地开始逐渐进化。许多语言，例如土耳其语，已经从比较麻烦的系统转变为罗马系统。许多语言在这个系统上使用变体，添加变音或转音、双元音甚至新字母。

类似的论证也适用于数字系统。使用罗马数字进行算术是非常困难的，但使用任何依赖于位置的数字系统算术都非常容易，因此我们和世界上大多数人现在都使用阿拉伯数字系统。

这种趋向统一的动力很有趣，而且比语言进化的趋同性动力更强。在书写方面，新系统的发明非常困难，从其他地方借用更常见，新系统总是处于不利地位。一个合适的系统一旦开始演变，即使由于历史的偶然和任意的规定会存在这样那样的缺点，它依然具有一种天然的优势。当只有少数几个系统存在时，能够产生稍微多一点、稍微好一点或持久性稍微强一点的副本的系统就会开始向世界输出它的产品，而这些产品也会传递这种复制系统的理念。其结果是会产生一种压力，使得一个复制系统趋向于彻底打败所有其他系统。

我们都太熟悉这个过程了。标准的 QWERTY 键盘是为了防止在最早的手动打字机中字母粘在一起而设计的；它远远不是现代键盘的最佳选择，但却被广泛使用。一旦音乐可以被录制和存储，只有三种转速的双面黑胶唱片就占领了市场，但现在它们大部分都消失了。在发明了体积小得多的盒式磁带之后，标准的卷对卷磁带还挣扎着存留了一段时间，但随后盒式磁带成了市面上唯一存在的产品，直到激光唱片出现，它可能会存续下去，也可能干脆被淘汰。从模因的原理出发，我们可以预测它们是否能继续存在。可以塞到 CD 上的模因数量远远大于磁带上的模因数量，CD 技术允许快速随机访问。因此，一旦有了便宜的 CD 复制设备，CD 的数量肯定会超过磁带，并携带着复制装置的模因。CD 的数量在世界上是如此巨大，更不用说合法生产 CD 的工厂的数量，甚至还存在数量更多的生产盗版 CD 的工厂，如果要推翻这个系统，新的系统就需要在保真度或繁殖力上跨出巨大的一步。同样的情况也发生在计算机磁盘格式上。

虽然我们要记住模因和基因类比的危险，但是我们可以推测，相同的过程在这两种情况下都有效，产生了一个统一的高保真复制系统，该系统能够创造出无限数量的产品。在很大程度上，基因已经稳定下来，形成了一套精致的、基于 DNA 的高保真数字化复制系统。模因还没有形成如此高质量的体系，可能在很长一段时间内都不会形成。

回到书写，我把它的发展描述为提高语言模因持久性的一步。这一步为进一步提高保真度和繁殖力开辟了道路。拼写会有很大的差异，导致歧义和低保真度。许多语言从可选的拼写开始，逐渐让位于"正确"的拼写方式、指定正确拼写方式的词典，以及最近应用在电子存储文本中的拼写检查器。

当书写缓慢而困难时，繁殖力显然会受到限制，就像在粘土上做记号或用粘土做成一个个记号来表示文字一样。在历史上的大部分时间里，书写只是少数受过专门训练的文书的技能。这具有政治意义，因为它赋予了统治者权力。只有他们才能命令文书记录物物交换、金钱往来和税收的情况，或者保管那些为镇压和战争辩护的神圣的文献。无论如何，早期的书写系统只能记录有限种类的信息。在书写被用于诗歌、小说、私人信件和记录历史之前，它经历了政治和经济的变化，以及书写本身的变化。随着以文字形式存储和传递的模因数量的急剧增加，文化普及也随之而来。

印刷机是提高繁殖力和保真度的关键一步。直到 15 世纪，欧洲所有的抄写文本都是由抄写员完成的，他们通常是僧侣，花费大量时间抄写和阐释宗教作品。工作进展缓慢不说，他们还会犯许多错误。这些错误现在引起了研究文本历史的历史学家的极大兴趣，但它们肯定无助于提高保真度。这个工作是如此费时以至于副本的数量是非常有限的，因此书籍曾是一种非常昂贵的商品，只有最富有和最有权势的人才能拥有。这就限制了书中只存在那些有经济支持的思想，也就是说，那些维持政治、经济和宗教力量的思想。一旦书籍变得便宜，书中所包含的模因种类就会激增并发生变化。书面材料不再局限于税单和宗教传单，而是受到截然不同的市场力量的约束。当模因进入书中时，它们向前迈出了一大步。

书中的模因就是一个很好的例子，说明了选择系统的作用。在这个系统中，作为复制子的模因是以印刷文字传达思想、故事、理论或指令。它们要么被复制，要么不被复制，它们的内容影响着它们被复制的可能性。复制机器是出版社、印刷机和制造书籍的工厂。选择性环境首先是作者的心智，在这里模因争夺进入最终文本的机会；其次是一个充满了书店的世界，这些书店会选择是否摆放这本书；接下来还有书评人和杂志，他们会决定是否替这本书做宣传；最后是读者，他们会决定是否购买、阅读，以及向他们的朋友推荐这本书。显然，我们人类对整个过程至关重要。然而，我们的富有创意的角色并不是一个什么独立的设计者，无中生有地变出各种想法而成就的。相反，我们是复制机器，是选择性环境的一部分，身处在一个由模因竞争驱动的巨大进化过程中。

当我写这本书的时候，我认为我的心智就是一个思想的战场。模因的数量远远超过了能够进入终稿被印刷出来的数量。"我"不是一个独立的有意识的实体，能够无中生有地创造出思想。相反，这个大脑从它所有的教育、阅读和长时间的思考中获得了数以百万计的模因，当我的手指敲击键盘的时候，它们都在那里酝酿发酵。在这个内部选择过程结束后，手稿被发送出去，将会有更多的选择等着它，包括出版商选择的试读者，最终是审稿人、书店和世界各地的读者。这本书是卖几百本还是几十万本完全取决于这个选择过程。

交流

铁路、公路和船舶似乎与模因复制没有直接关系，但它们在加剧模因竞争的过程中发挥了作用。它们把包含模因的信件和传递思想的人和物带到遥远的地方。它们还增加了人们彼此接触的频率，这就提供了一个更大、更多样化的模因池。正如生物进化在大陆上产生的物种比在小岛上产生的物种多一样，当更多的人被连接在一起形成一个模因系统时，当公路、铁路和航空将越来越多的人连接在一起时，模因进化也产生了更多的发展，共同的语言和书写系统就是这个样子。

模因机器

在1901年出版的经典著作《宇宙意识》中，神秘主义者理查德·巴克（Richard Bucke）预言，随着"空中航行"的发明，将不再需要城市，富人将生活在美丽的地方，均匀地分布在全球各地。但事实上，城市人口急剧增长，农村人口减少是常态。这是为什么呢？模因回答虽然略微偏离了复制技术，但形式却很熟悉。住在城市里的人会遇到更多的人，因此能比住在偏僻地方的人得到和传递更多的模因。在这些模因中，有些行为只有在城市才有可能（或者更容易）发生——下馆子、泡酒吧、去电影院、去剧院、参观博物馆和艺术画廊、只要一接到通知就去拜访朋友，或者在活动中心有一份高级工作。城市居民不仅能获得这些模因，还会遇到其他拥有这些模因的人。一旦养成这些习惯，就很难改掉。

与此同时，住在乡村的人遇到的人更少，也没有机会养成激动人心的城市生活习惯——除非他们去了城市，那样他们可能会被那里的所有模因所吸引。这里存在严重的不平衡。当城市居民去农村时，他们几乎见不到农村居民，因为他们分布得很广；但是当农村居民进城的时候，他们会遇到很多很多城里人，会接触很多新的想法。其结果是会产生一种在城市定居的模因选择压力。

你可能会反对，人们选择住在哪里，要么是出于经济需要，要么是自由地选择他们知道会让他们更快乐的生活。但事实果真如此吗？经济上的需要往往不是家庭的衣食问题，而是购买电视、汽车和其他一切象征着丰富模因生活的东西。我们接触到的模因越多，我们对它们的渴望就越强烈，而这种渴望很少得到满足。幸福是很难判断的。我们可能认为更精彩的生活更贴近活动中心，会让我们更快乐，但我们可能错了。我认为，在很大程度上，我们是被模因的压力驱使做出选择的。

这个模因的观点表明，当满足下列条件时，人们就会产生生活在大城市的模因压力：第一，乡村和城市之间足够的交流建立了不平衡性；第二，人们主要的交流方式还是面对面，或通过廉价的本地通话。如果模因迁移真的与距离无关，那么人口结构的压力就会改变。

电报、电话、广播和电视都是传播模因的有效手段。它们增强了复制过程的繁殖力，并增加了复制操作的距离。人们常常无法预测这些发明实际该怎么用以及能够存在多长时间，但从模因的观点来看，预测应该相对容易。任何比竞争对手有更高的保真度、繁殖力和持久性的产品都应该是成功的。从1838年发明电报到传真机，保真度和繁殖力不断增强，为进一步的发展开辟了新的领域。

电话注定是要成功的。人们天生就喜欢聊天和八卦（Dunbar, 1996），并且想要交换新闻和观点，在这个过程中创造了大量的模因。他们可以通过信件传播这些模因，这些信件需要几分钟或几小时才能写完，几天后才能收到。或者，他们可以直接打电话给对方。使用手机的人会让更多的想法得到传播，因为它更快，这些想法中包括使用手机的想法。移动电话的发展非常迅速，从一件奢侈品变成了每个医生，水管工和活泼好动的青少年不可或缺的东西。

只有当人们需要持久性而不是繁殖力时，信件才会胜出。传真机将书写的保真度和持久性与电话的速度（因此也就是繁殖力）结合在一起。复印机是繁殖的绝佳工具。有趣的是，人们总是喜欢预测书的命运。当收音机出现的时候，有人预测说没有人会再读书了。随着电视和个人计算机的出现，这句话也同样适用。事实上，一部电视剧的原著作品可以卖到几百万本，书店卖的书比以前更多了，而不是更少了。也许这是因为模因可以采取不同的成功途径，就像基因在R策略和K策略之间进行选择一样。电子邮件信息繁殖力高、保真度低、持久性低（人们发送很多邮件，懒得仔细书写或修改错误，然后把它们删掉）。而信件繁殖力低、保真度高、持久性高（人们写的信少，写得小心、有礼貌，而且经常保存）。书籍在这三方面都很高。

如果你把这个过程看作是模因竞争，那么这一切就更说得通了。任何复制过程，只要成功地将高保真度、高持久性的模因组合在一起，就会传播更多的模因，并在这个过程中传播自己。随着这个过程的继续，越来越多的模因传播得越来越快。请注意，这对人类来说是一个令人头疼的问题。商业、出版、艺术和科学领域的竞争都依赖于模因的传播。随着模因传播速度的加快，竞争也在加剧，没有最新技术的人将会在竞争中败下阵来。我们被最新的科技所驱使，今天必须读完所有的书，现在就发传真，或者凌晨3点就得接通日本打来的电话。我们可能认为所有这些进步都是为了我们自己的幸福而设计的，事实上，我们有时确实可能非常享受我们丰富的模因生活，但这一切背后的真正驱动力是模因的利益。

从复制产品到复制指令

到目前为止，我已经用相当一般的术语讨论了增加保真度的问题。现在，我想更具体地应用两个原则来说明如何提高复制系统的保真度。第一个是从模拟系统到数字系统的转换，第二个是从复制产品到复制指令的转换。

将信息数字化是一种提高保真度的好方法，因为它减少了存储和传输中的错误（p.58）。语言包含离散的单词，因此比其他的交流方式（如大吼、呼喊和叫唤）更数字化。书写扩展了数字化，把特定的声音赋予特定的字母，强制执行标准的拼写，最重要的是，让任何学过字母表的人都能忽略手写体的变幻不定。人类阅读特殊笔迹的能力是惊人的，而计算机在这方面仍然很差。我们基本上可以认出各种各样潦草写就的字母"p"或"a"，从而从模拟信号中创造出数字信号。同样的道理也适用于声音接收技术,因为它从磁盘上的凹槽或存储在磁带上的模拟磁信号转换为数字录音和存储。事实上,正是数字录音的出现使数字录音明显优于模拟录音。许多广播电台已经完全改用数字系统,在质量上有了很大的改进。DNA 的复制具有内在的纠错机制,这远胜模因迄今为止所创造的任何东西。

第二是复制指令,而不是复制产品。我之前给出了一个汤的配方的例子。厨师可以尝一下汤的味道,然后照着做,但是如果按照菜谱来做,做出来的汤可能会更好。为什么?总的原则是,遵循配方不是一种可逆的过程。无论我们谈论的是制造身体的基因指令,还是蛋糕的配方(Dawkins,1982)。以正确的方式,在正确的条件下,按照基因的指示,你就得到了一个身体,但你不能拿着这个身体,按照指示回推得到一个人的基因组。汤也是如此。当然你可以尝试,但是错误一定会潜入复制产品所需的逆向工程中。你得弄清楚是怎么做的,然后自己动手。如果复制了复制品,错误就会增加,原作中任何的小窍门很快就会遗失。有明确的指示可遵循要好得多。

书写的发明使这一方向上的各种步骤成为可能。食物的配方只是一个例子,其他还包括汽车保养手册、派对路线说明、高保真音响系统或煤气炉的使用手册、建造模型飞机的说明书或最新潮的房屋装修指南。在这些情况下,以及许多其他情况下,你可能会看到一个产品或行动,并猜测它是如何制成的,但口头的或书面的指示将提供很大的帮助。

复制书面指令也要安全得多。书写是数字化的,而且是高度冗余的,因此在传递食谱或指令时,拼写或语法上的错误,或印刷质量不高,通常都可以被忽略。同样的指令可以被复制给数百万人,就像许多计算机手册一样,每个人都能收到相同的信息。这本小册子可以传递给一个又一个读者而不丢失任何细节。

模因机器

我之所以回到这个原则,是因为它在计算机革命中是如此重要。计算机程序就是指令。它们的工作基础是复制指令,而不是复制产品。拿一套熟悉的程序来说吧,比如我用来写这本书的文字处理程序——Word。Word 的发展经历了几个阶段,现在世界上有数百万份不同版本的 Word,它们被安装在办公室和家庭的数百万台计算机里。有些人购买装有 Word 程序的磁盘或光盘,有些人(合法或不合法地)相互复制。安装后,所有程序都做相同的事情。它们在屏幕上显示字母、根据用户的命令移动文本、向打印机发送数据,等等。没有一个人,通过观察工作中的文字处理程序或浏览它创建的文档,可以重建它所基于的机器代码。Word 中模因的巨大成功不仅是因为它对使用它的人有用,还因为它所操作的数字复制机器,以及它所复制的是指令而不是产品这样一个事实。这些模因,或者其中的一些,将比当前版本的 Word 活得更久。如果更新版本的 Word 被开发出来,那么毫无疑问,它将继续使用以前版本的大部分代码。

请注意,由这些文字处理器创建的数十亿个产品并不是以与文字处理器内部的模因相同的方式复制的。但它们与复制过程也不无关系。如果人们对这个程序不满意,不能很容易地用它来写所有的信件、文章和书籍,那么 Word 根本就不会被复制。创建文档的质量和数量决定了文档处理程序的成功与否。我们现在可以看到,这些文件是服务于模因的,一如有机体服务于基因。从这个意义上说,它们是一种载体,只不过它们不携带复制子。文件本身可能会消失,但它们的存在决定了哪些产生它们的指令会被复制,哪些不会。这些指令可能会像基因一样被永远复制下去。

许许多多模因复制的步骤使得计算机的诞生成为可能。这些步骤包括语言的发明,通过书写增加了其持久性,通过公路和铁路建设增加了人际之间的交流,电话和电视的发明,数字计算机的发明,编程语言,数字存储设备，最后创建用户软件包如文字处理程序、统计软件包、电子表格和数据库，这些都是由模因复合体构成的，它们的载具就是各种文件。我们可以预期，随着越来越多的基于计算机的指令的产生，这一过程将继续下去。这些指令如何运作对用户来说是高深莫测的，但它们的产品决定了它们是否会被复制。

请注意，这一进化过程使模因复制机制更类似于遗传机制。模因论最令人担忧的一个问题是，有人指责模因是通过拉马克式的"获得性遗传"来传递的。我们现在可以看到，随着复制技术的进一步发展，模因就像基因一样，倾向于一种非拉马克机制——即复制指令而非复制产品。模因和基因的具体做法总是不同的，但基本的进化原则是相同的。复制子之间的竞争迫使人们发明出越来越好的系统来复制这些复制子。最好的系统是数字化的，包含有效的纠错机制，复制产品的指令，而不是产品本身。

陷入网中

1989 年，互联网诞生了。这张"网"已经扩张了许多年，最初只是一个连接一些政府科学家的小计划，很快就变成了一个世界性的系统，通过这个系统，任何拥有计算机和调制解调器的人都可以从世界各地获取存储的信息。这对模因来说是很重要的一步。比如说，模因现在存储在墨尔本的一台计算机的硬盘上，它们可以在白天或夜晚的任何时间，通过电话线或卫星连接，几乎准确无误地被复制到位于伦敦、佛罗伦萨、芝加哥或东京的某一台计算机上，一路上有着数不尽的人类能源资源供其使用。

这些模因可以用来创造其他产品（比如学校项目或商业计划）。它们可以保存在磁盘的一个新位置上，或者为了节省空间，只需保存链接并在需要时重新调用信息即可。最后这个事实反映了人类视觉系统使用的一个有趣的伎俩。视觉世界是如此复杂,即使是存储变化的图像的一小部分,也会超过人脑本就巨大的存储系统的负荷。相反,大脑扔掉了大部分信息,只依靠我们反复再看的能力。我们可能有过这样的印象,当我们朝向窗外观赏美丽丰富的景象时,事实上我们的大脑都只是抓住了视野中央的一小块,再粗略地瞥一下其余部分,并且我们具有这样的能力,在必要的时候快速变换视线焦点,重新看一遍(Blackmore et al.,1995)。同样地,当我们使用网络时,我们可以标记我们想要的信息,而不必把它保存在我们自己的电脑上。模因会一直留在悉尼或罗马;我们有一个快速再次访问它们的方法。

使用互联网是免费的。这种情况可能会改变,但在 20 世纪末,你只需要为电脑和连接系统的上网电话线付费。在网络空间里,存在着无数的故事、图片、程序和游戏,成千上万的人把它们放到自己的网站上,创造了一个数字信息的虚拟世界。网上还有多用户域,或者叫 MUDS,它们是人们为其他人构建的虚拟空间。对一些人来说,这些虚拟世界比日常生活更真实(Turkle,1995)。对于谁可以进入 MUDS 是有控制的,但不是财务上的控制。如果你认为互联网是人类为了自己的利益而创造出来的东西,这是很奇怪的,因为你可能期望他们为它买单。当你认为模因是为了帮助自己复制而创建了网络,并相互竞争以吸引你的注意力时,你会觉得这更说得通。如果模因可以被复制,它们就会被复制,互联网复制了很多模因。

网络需要我们吗?是的,目前确实如此,但不一定永远如此。我们制造了它所依赖的硬件和软件,我们需要继续维护它,否则复制系统就会崩溃。更重要的是,我们生物进化的天性仍然在很大程度上驱动着模因的成功。这些天性很自然地与性、食物和打斗有关。在网上搜索中最常见的话题是性;MUDS 允许人们使用虚构的身份参与会议、互相聊天、与他们可能不知道地点甚至生理性别的人进行虚拟性行为；绝大多数的计算机游戏都是基于杀戮和战争的。任何能够进入或标记这种模因复合体的模因都更有可能成功。从这个意义上来说，互联网仍然需要我们，它是由人类基因和模因共同驱动的。

然而，未来还有许多变化。已经有一些自由浮动的程序在网络空间中移动，被称为 bots（机器人程序的缩写）。人工智能的发展方向似乎是创建一些小而愚笨的装置，但将它们聚在一起做一些聪明的事情。我们可以想象，网络上到处都是这种自主的头脑简单的生物，它们跑来跑去，做着有益的工作。例如，随着网络规模的扩大和复杂性的增加（模因原理规定网络必然如此发展），网络通信的信息流和网络控制的问题也会越来越多。一个想法是模仿会遗留化学痕迹的昆虫，创建小程序，它们会在不同的路径上移动，提供关于网络状况的信息。其他程序可能会执行纠错任务或承担审查职责。目前，计算机病毒或寄生程序都是由不怀好意（或只是恶作剧）的人故意制造出来的，但机器人会变异成病毒并开始堵塞系统吗？当然，复制错误在任何系统中都会发生，偶尔它们会导致产品激增。一般的进化原理表明，如果网络上的复制和存储系统运行时间足够长，这种情况就可能会发生。

其他程序会模拟人；它们可以进行交谈，做一些诸如读心术之类的事情，或者参与游戏竞争。当你感到孤独时，你可以和"聊天机器人"交谈。在多用户游戏中，人们被声称是真人的机器人愚弄了。在一个宏大的系统中，经过很长一段时间，这样的机器人可能会变异成越来越高效的"人"。

许多人似乎认为，因为我们建立了运行网络的机制，所以我们可以控制它。事实显然并非如此。英国电信公司无法再理解自己的电话网络，而整个全球系统看起来将变得更大、更复杂。事实上，如果我在这里给出的模因论分析是正确的，那么只要人类维持基础设施，这个系统就会像一个巨大的自然生态系统一样，在任何人或任何事物的控制范围之外繁衍扩张开来。

这同样适用于机器人。目前，它们大多在人类控制下执行简单的任务，但模因论提出了以下有趣的可能性：要让机器人变得像人类——换句话说，要让它们拥有像人类一样的人工智能和人工意识——它们就需要有模因。它们要被赋予模仿的能力，而不是像一些机器人已经能做的那样被编程去做特定的任务，甚至从它们的环境中学习。如果它们能够模仿人类或其他机器人的动作，那么机器人模因就会开始从一个机器人传播到另一个机器人，一种新的模因进化就会出现，或许它们还会发明新的语言和交流方式。机器人模因会驱使机器人进行新的活动，从而产生我们只能猜测的动机。我们人类可能无法模仿新机器人所做的一切，所以我们可能被完全排除在它们的文化进化之外。我们肯定无法控制它们。

所有这些都提出了关于人类控制和人类同一性的本质的有趣的，或许还是可怕的问题。无论如何，模因论从它的基础上提出了这些问题。到目前为止，我一直小心翼翼地回避这些问题，但现在是时候问那些棘手的问题了。我是谁，我在这里做什么？

第 17 章　终极模因复合体

"在地球上，只有我们才能反抗自私的复制子的暴政。"道金斯的书《自私的基因》在结尾时这样写道。但是这个"我们"是谁呢？这就是我现在想问的问题。我的标题中的"终极模因复合体"不是科幻小说中未来派的发明，而是我们熟悉的自己。

想一下你自己。我指的是"真实的你"，内在的你，那个真正感受那些发自内心的情感的你，那个曾经（或多次）坠入爱河的你，那个有意识的你，那个关心、思考、努力工作、相信、梦想和想象的你；我是说真正的你。除非你对此有过很多的思考，否则你可能就会在很多结论之间摇摆不定——它有某种连续性，贯穿你的生活，它是你意识的中心，有记忆，有信仰，为你的生活做出重大的决定。

现在我想问一些关于这个"真实的你"的简单问题。它们是：我是什么？我在哪儿？我做什么？

我是什么？

你可能是相信灵魂或精神存在的绝大多数人之一。民族志研究表明，大多数文化包括灵魂或精神的概念，近一半的人相信灵魂可以从身体中分离出来（Sheila，1978）。调查显示，在美国 88% 的人相信人有灵魂，欧洲 61% 的人相信上帝、死后生命和超自然现象（Gallup & Newport，1991；Humphrey，1995）。据推测，人们认为灵魂是他们的内在自我或"真实的我"，当他们的身体死亡时，灵魂将继续存在。

哲学家和科学家们对这一观点的理解由来已久。17 世纪，法国哲学家勒内·笛卡尔（René Descartes）对世界持有一种奇妙的怀疑态度，他对自己的每一种信仰和观点都持怀疑态度。他决定把每件事都当作绝对错误的来对待。"直到我发现某件确定的事情，在此之前，我唯一确定的事情就是，这个世界上没有什么是确定的，除此以外，我一无可为。"（Descartes，1641，p. 102）。在他所有的怀疑中，他得出结论，他不能怀疑他在思考。因此，他得出了著名的结论"我思故我在"，以及现在人们在他之后所称的"笛卡尔二元论"：即认为思维不同于物质，或是物质的延伸物。我们的身体可能是某种机器，但"我们"是另一种东西。

二元论很诱人，但却是错误的。首先，找不到这样独立的东西。如果它能被发现，它将成为物质世界的一部分，而不是一个单独的东西。另一方面，如果它在原则上不能被任何物理测量发现，那么就不可能看到它是如何控制大脑的。非物质的心灵和物质的身体如何相互作用？和笛卡尔的"维"一样，灵魂、精神和其他类似于自我的实体似乎无力去做我们要求它们做的事情。

尽管如此，还是有一些科学家提出了二元论。哲学家卡尔·波普尔和神经学家约翰·伊克莱斯（John Eccles）（1977）认为，自我通过干预神经元之间的突触（或化学连接）来控制大脑。然而，随着我们对神经元和突触工作原理的理解不断加深，我们就越来越觉得人体这个机器并不需要一个什么幽灵来掌控。数学家罗杰·彭罗斯（Roger Penrose）（1994）和麻醉师斯图亚特·哈默罗夫（Stuart Hameroff）（1994）提出，意识是在极小的神经元膜内微管这样的量子层面上运作的。然而，他们的提议只是用一个谜取代了另一个谜。正如哲学家帕特里夏·丘奇兰德（Patricia Churchland）（1998, p.121）所洞察的那样："我们也可以说，突触中的精灵之尘与微管中的量子一样具有强大的解释力。"这些试图寻找隐藏在我们理解的缝隙中的自我的尝试是没有帮助的，而且很少有科学家或哲学家被它们说服。

相反的极端是用整个大脑或整个身体来识别自我。这似乎很有吸引力。毕竟，当你谈论西蒙时，你指的是他——整个身体，整个人。那么，为什么不对你自己说同样的话呢？因为这并没有解决我们所试图解决的问题——感觉好像有一个人在有意识地做决定。你可以指着自己的身体说"那就是我"，但你并不是真的想这么做。让我们做一个思维实验。想象一下，你有一个选择（你不能说两者都不选）。你要么用你的身体完全交换另一个身体并保持你的内在意识自我，要么用你的内在自我交换另一个未指明的自我并保持身体。你会选哪个呢？

当然，这在实践和概念上都是愚蠢的。除非我们能识别出这个内在的自我，否则这个实验是无法进行的，即使这样，它也意味着有一个"更进一步的自我"在做选择。然而，重点是我打赌你做了一个选择，我打赌你选择了保持你的内在自我。无论这个想法多么愚蠢，我们似乎都会这样想。我们认为自己是独立于大脑和身体之外的东西。这是需要解释的，到目前为止，我们还没有取得多少进展。

这个问题适用于任何把自我意识排除在外的科学理论。最彻底的还原主义观点是诺贝尔奖得主弗朗西斯·克里克（Francis Crick）所称的"惊人假设"（The Astonishing Hypothesis）：

惊人假设是，"你"，你的快乐和悲伤，你的记忆和你的抱负，你的个人认同感和自由意志，实际上只不过是大量神经细胞及其相关分子的集合。正如刘易斯·卡罗尔（Lewis Carroll）的《爱丽丝漫游仙境》中爱丽斯所言："你不过是一群神经元"（Crick 1994，p. 3）。

这里至少有两个问题。第一，你"感觉"不像是一群神经元。所以这个理论所需要的，然而并没有提供的，是对一群神经元如何相信它实际上是一个独立的意识自我的解释。第二，这个理论没有说哪个神经元比较重要。不可能是所有的神经元，因为"我"并没有意识到我大脑里发生的大部分事情；"我"不等同于控制血液中葡萄糖水平的神经元，也不等同于让我坐直的控制精细运动的神经元。另一方面，如果你试图识别"自我"神经元，你必定会遇到麻烦。所有的神经元在显微镜下看起来都是一样的，不管"我"在做什么，所有的神经元都会同时工作。克里克正在研究一种理论，即每秒 40 次的、将一例神经元连接起来的同步放电周期构成了视觉感知的基础，但这与意识自我的理论是不同的。

请注意，这个理论比其他许多理论更简化。克里克不仅认为你完全依赖于神经细胞的活动——大多数神经学家都是这么认为的——而且认为你只不过是一群神经元。其他科学家认为，新现象可能源于在更简单的现象基础上的涌现，而不能通过理解底层神经元及其连接来理解。例如，我们不能仅仅通过痴迷于神经元的行为和连接来理解人类的意图、动机或情绪，就像我们不能通过观察台式计算机的芯片和电路来理解它的活动一样。根据这一更普遍的观点，意图完全取决于神经元（就像计算完全取决于计算机中的芯片一样），但要理解它们，我们必须在适当的水平进行解释。但是对自我的合理解释水平是什么呢？神经元的行为似乎并不符合这一点。

另一种方法是用记忆或人格来识别自我。维多利亚时代的唯心主义者相信"人的个性"是自我的本质，可以在肉体死亡后继续存在（Myers，

1903）。然而，如今人们并不把人格理解为一个独立的实体，而是把它理解为一种具有一致性的行为方式，这种行为方式使一个人与另一个人显著地区别开来。这种行为方式反映了我们与生俱来的大脑和我们的人生经历。它不能像我们的记忆一样从我们的大脑和身体中分离出来。我们对个性和记忆了解得越多，就会越明显地认识到它们是一个活的大脑的功能，并且与之密不可分。在一个重要的意义上，你确实是你的记忆和个性——至少，如果没有它们，你不会是同一个人——但它们不是可分离的事物，也不是一个独立的自我的属性。它们是神经组织的复杂功能。

最后一种看待自我的方式是把它看作一种社会建构。如果我问你你是谁，你可能会回答你的名字、你的工作、你和其他人的关系（我是莎莉的妈妈或丹尼尔的女儿），或者你去某地的原因（我是清洁工，亚当请我来的）。所有这些自我描述都来自于你对语言的掌握、你与他人的互动，以及你所生活的话语世界。它们在某些情况下都是有用的，但它们不能描述我们寻找的那种"内在自我"。它们并没有对连续的意识实体作出描述。它们只是为一个不断变化的社会生物贴上的标签。它们取决于你在哪里，和谁在一起。我们可以找到很多关于这种结构如何产生的线索——事实上，社会心理学家就是这么做的——但是我们并没有通过这种方式找到一个有意识的自我。内在的"我"似乎难以捉摸。

我在哪里？

你可能会觉得"你"就在你眼睛后面的某个地方，看着外面。这似乎是最常见的想象视角，尽管还有其他常见的视角，包括头顶、心脏，甚至是脖子，这些想象显然有其文化差异。位置可能会随着你的操作而改变，你甚至可以随意移动它。盲人报告说，当他们阅读盲文时，他们的指尖能感觉到自己；当他们走路时，他们能在白色长手杖中感觉到自己。司机驾驶时如果有什么东西离车太近，他们就会不自觉地缩一下。在其他的例子中，可能与棍子或汽车无关，但人们仍然会感觉好像有一个自我存在于某个地方。那么，我们应该在哪里寻找自我呢？

最明显的地方是大脑。影响大脑的药物会影响我们的自我意识，对大脑不同区域的破坏会损害或改变自我意识。用电极刺激大脑可以产生身体影像的变化、收缩或扩张的感觉，抑或是漂浮和飞翔的感觉。然而，我们并不觉得我们位于一个温暖、湿润、跳动的器官里。在一个耸人听闻的思维实验中，丹尼特（1978）想象他的大脑被移到某个生命维持实验室里的一个大缸子里，而他的身体像往常一样四处游荡，与此同时，他的大脑像以前一样错综复杂地与他的身体连接着，但是是通过无线电连接而不是神经。那么丹尼特会觉得自己在哪里呢？只要他能看能听，他就会觉得他的眼睛和耳朵在哪里，他就在哪里。他不会想象自己在缸里。当然，我们不能做这个实验来验证他的直觉，但它表明了一个令人不安的结论，那就是丹尼特仍然会想象他住在那里，在他眼睛后面的某个地方，即使头骨是空的，他的大脑在缸里控制着一切。

如果我们观察大脑内部，我们并不能看到一个自我。在肉眼看来，人类的大脑就像一团相当瓷实的粥，有着卷曲发亮的表面和各种或浅或深的灰色区域；很难相信我们所有的想法都在那里发生。只有通过高倍放大和现代神经科学技术，我们才能发现它包含了大约一千亿个神经元或神经细胞。神经元以非常复杂的方式连接起来，通过这些连接存储和处理控制我们行为的信息。然而，不存在一个自我可能栖息的活动中心。没有一个地方可以存放所有的输入，也没有一个地方可以发出所有的指令。这一点很重要，也很令人不安。我们感觉自己好像是一个中央观察者和事件的控制者，但是这个中央控制者并不待在某个特定的地方。

第17章 终极模因复合体

让我们考虑一下当你执行一个简单的任务时会发生什么。例如，在这一页找到一个字"的"，然后指向它。发生了什么事？你可能会觉得你已经决定要找出一个"的"（或者如果你不想被打扰就不去找），然后你搜索接下来的几行，找到一个，命令你的手指移动到合适的位置并触碰它。自我的角色似乎很明显，"你"决定行动（或不行动），"你"移动手指，等等。

从信息处理的角度来看，"你"的角色一点也不明显。光线进入眼睛，聚焦在一层光敏细胞上。由此输出的信息会进入视网膜中的四层细胞，提取出边缘和亮度的间断点，增强边界的差异性，改变颜色的编码方式，从一个红绿蓝三色感受器系统切换成基于黑–白、红–绿、黄–蓝对立视素的系统，并扔掉大量不必要的细节。部分消化的信息被压缩并沿着视神经传递到颅内的丘脑。在这里，不同类型的图像信息被分别处理，结果被传递到大脑后部视觉皮质的其他部分。当信息到达皮质时，它有时在有些地方像地图一样被编码，相邻的位置对应着世界上相邻的位置，但在其他时候和其他地方，它是关于形状、运动或纹理的更为抽象的信息。在整个系统中有许多事情同时发生。

从视觉皮质流出后，这些信息被传输到大脑的其他部分，例如处理语言、阅读、讲话、物体识别和记忆的部分。既然你知道怎么读，就可以搜索识别出一个字"的"。一些信息进入协调行动的运动皮质。从这里开始，一个动作，如用你的手指指向物体，将被预先处理，然后随着这个动作的发生，伴随着视觉反馈进行调整，最终使手指指向"的"。

这些细节其实并不重要。重要的一点是，神经学家对大脑工作方式的描述，没有给中心自我留下空间。没有一条线在中心位置，也没有一条线在外面；整个系统总体上是并行的。在这个描述中，不需要一个"你"，这个"你"决定找到"的"(或不找),这个"你"开始移动手指。根据这本书的说明,有了大脑和身体,整个行动就将不可抗拒地创造自我。

你可能认为这里面仍然有余地使一个中心自我成为某种信息或抽象的中心,而它并不需要一个实际的物理场所。这类理论有几种,如巴尔斯(Baars)(1997)的全局工作空间理论。工作空间就像一座剧院,舞台上有明亮的聚光灯;灯光下的事件是唯一"处于意识中的"事件。但这只是一个比喻,并且可能是一种误导。如果说聚光灯的概念有什么意义的话,那就是在任何时候,一些信息被关注——或被积极处理——而其他信息则没有。然而,随着我们正在执行的任务的复杂需求的变化,活动的焦点也在不断变化。如果有一个聚光灯,那么它随时可以在任意的地方开关,并且可以同时照亮好几个地方;如果有一个全局工作空间,那么它并不位于任何特定的位置。它不能告诉我们"我"在哪里。

剧院的比喻对我们思考自我和意识可能弊大于利。丹尼特(1991)认为,虽然现在大多数理论家都反对笛卡尔式的二元论,但他们在私底下仍然相信他所说的"笛卡尔剧场"(Cartesian Theatre)。他们仍然认为在我们大脑的某个地方"一切都汇聚到一起":那便是意识发生的地方,在那里我们看到自己的心理图像投射在心理屏幕上;那便是我们做决定和采取行动的地方;那便是我们苦苦思索生命、爱和意义的地方。笛卡尔剧场并不存在。当感觉信息进入大脑时,它不会进入一个内部屏幕,让一个小小的自我在那里看着它。如果是这样,这个小小的自我就必须有小小的眼睛和另一个内部屏幕,依此类推。丹尼特认为,当信息流经大脑的并行网络时,大脑就会对正在发生的事情产生"多重草图"(multiple drafts)。其中一份草图就是我们对自己诉说的口头故事,它包含了一个故事作者的想法,或者一个大脑虚拟机器的用户。丹尼特称之为"良性用户幻觉"(benign user illusion)。也许这就是"自我"的全部:一个叙述的重心;

一个关于连续自我的故事——他做事情、感受事物、做出决定；一个良性用户幻觉。而幻觉并不存在定位。

我做什么？

左面前伸出你的手臂，然后，当你想要的时候，自然地，伴随着你自己的自由意志，弯曲你的手腕。你可能想这样多做几次，确保你尽可能是有意识地和自发地去做的。你可能会经历某种内心的对话或决策过程，在这个过程中，你会对做任何事情都犹豫不决，然后决定采取行动。现在问问你自己，是什么开始了你的行动？是你吗？

这项任务是神经外科医生本杰明·利贝（Benjamin Libet）（1985）进行的一些有趣实验的基础。他在实验对象手腕上安装电极来捕捉动作，在他们的头皮上安装了电极来测量脑电波，然后让他们注视一个钟面。在自发地弯曲手腕的同时，他们被要求准确地记录下他们决定行动时指针针向哪个位置。因此，利贝记录了三件事：行动的开始、决定行动的时刻，以及一种被称为准备电位的特定脑电波模式的开始。这种模式可以在任何复杂动作开始之前被观察到，并且与大脑计划要执行的一系列动作有关。问题是，决定行动的时刻和准备电位，哪个来得更早？

如果你是二元论者，你可能会认为行动的决定必须是第一位的。事实上，利贝发现，在行动开始前约550毫秒（刚刚超过半秒），以及决定行动之前约200毫秒（约五分之一秒），准备电位就开始了。换句话说，行动的决定并不是我们行为的出发点——这一发现似乎对我们的自我意识有一点威胁。对他的结果有很多争议，对实验也有很多批评，但考虑到我上面所说的，他的结果是意料之中的。我的大脑不需要"我"。

那么我这个自我到底是干什么的呢？当然，它至少应该是我意识的中心，是在我的生活中负责接收外部印象的东西？未必。这种错误的观点只是丹尼特虚幻的笛卡尔剧场的一部分。你可以从逻辑上思考这个问题，也可以从你自己的经验出发。我们已经考虑了逻辑；现在让我们来一次内省之旅。让自己舒服地坐下来，看一些无趣的东西。现在，集中精力去感受来自你身体的感觉，倾听你周围发生的事情。保持这种状态，直到你习惯了，然后问自己一些问题。那声音在哪里？它是在我的脑袋里还是在那边？如果它在那里，那么是什么听到了它？我能意识到那个听到声音的东西吗？如果是的话，我和那个东西也是分开的吗？

你可以提出自己的问题。这是一种古老的做法，几千年来在许多冥想传统中被使用。专注地凝视自身的经验并不能揭示一个连续自我所观察到的坚实的世界，经验只是一种不断变化的经验流，在被观察的对象和观察者之间没有明显的区别。18世纪的苏格兰哲学家大卫·休谟（David Hume）解释说，每当他最深刻地进入自己的内心时，他总是偶然发现一些特定的感知——热或冷、悲或喜。他总觉得除了知觉，他什么也看不见。他的结论是，自我不过是"一束感觉"（Hume, 1739）。"我"听到声音、获得感觉或看到世界的这种非常自然的想法可能是错误的。

利贝（1981）的另一系列实验给这个论点增加了一个有趣的转折。有意识的感觉印象可以通过刺激大脑来产生，但只有在持续刺激约半秒的情况下才能产生。这就好像意识需要一些时间来建立。这可能会导致一个奇怪的想法，即我们对世界的有意识的认识滞后于事件本身，但由于利贝称之为"主观提前"（subjective antedating）的过程，我们从未意识到它是滞后的。我们对自己所讲的故事会按一定顺序对事件进行排列。进一步的实验表明，在短时间的刺激下（短到不能引起意识知觉），人们仍然可以正确地猜测他们是否受到了刺激（Libet et al., 1991）。换句话说，他们可以在没有意识的情况下做出正确的反应。这又一次暗示了意识并不指导行为。有意识的觉知总会到来，但不是及时的。在我们意识到疼痛之前，手就从火焰上移开了。在我们意识到网球向我们飞来之前，我们已经把它打了回去。我们在意识到水坑的存在之前就已经避开它了。意识随后产生。然而，我们仍然觉得"我"有意识地做了这些事情。

我们认为我们做了的另一件事是相信某些事物。因为我们的信仰，我们会在晚餐时激烈地争论史林顿总统真的不可能出轨，以色列人应该（或者不应该）开发定居点，私人教育应该被废除，或者所有的毒品都应该合法化。我们是如此深信我们对上帝的信仰，以至于我们会争论几个小时（甚至可能去打仗或为他牺牲自己的生命）。我们对帮助我们的替代疗法深信不疑，以至于把它强行推荐给我们所有的朋友。但是说"我相信"是什么意思呢？听起来好像里面一定有一个自我，他有所谓的信念，但从另一个角度来看，只有一个人在争论，只有一个大脑在处理信息。我们实际上既找不到信仰，也找不到信仰的自我。

记忆也是如此。我们说的好像是"自我"随意地从它的个人存储中提取记忆。我们很容易忽视这样一个事实：记忆是不断变化的心理结构，我们常常不能准确地进行回忆，有一些记忆是不请自来的，我们经常在没有任何意识的情况下使用复杂的记忆。更准确地说，我们只是人类，做一些需要记忆的复杂事情，然后构建一个关于记忆的自我的故事。

在这一点上，以及在其他许多方面，我们似乎有一种巨大的欲望，要把自己（错误地）描述成一个控制"我们"生活的自我。英国心理学家盖伊·克莱斯顿（Guy Claxton）认为，我们所认为的自我控制只是一种或多或少有效的预测的尝试罢了。很多时候，我们对接下来要做什么的预测都是相当准确的，我们可以说"我做了这个"或"我打算做那个"。当它们出错时，我们就只是在虚张声势。我们使用一些非常离谱的技巧来维持这种幻觉。

我本想保持冷静，但我就是做不到。我本来不应该吃猪肉的，但我忘了。我本来打算早些睡觉的，但不知怎么搞的，凌晨四点我却在皮卡迪利广场，戴着可笑的帽子，喝着酒……如果其他所有的方法都失败了——这确实是一种大胆的手法——我们可以把这种失控重新解释为真正的成功！我们说："我改变了主意。"（Claxton，1986 p. 59）

克莱斯顿的结论是，意识是"一种构建可疑故事的机制，其目的是捍卫一个多余和不准确的自我"（1994，p. 150）。我们错在认为自我是独立的、连续的和自主的。和丹尼特一样，克莱斯顿认为自我只是一个关于自我的故事。一个做着各种事情的内在自我是一种幻觉。

自我的功能

在对自我和意识本质的简短探索中，我们已经达到了什么程度呢？我可以通过比较两种关于自我的主要理论来总结。一种是我们称之为"真实自我"的理论。它们把自我视为一个持续一生的连续实体，与大脑和周围的世界相分离，拥有记忆和信仰，发起行动，体验世界，做出决定。另一种是我们可能称之为"虚幻自我"的理论。它们把自我比作一束思想、感觉和经历，被共同的历史联系在一起（Hume，1739；Parfit，1987），或者是串在绳子上的珍珠（Strawson，1997）。根据这些理论中，连续性和分离性的幻觉是由大脑讲述的故事或它编织的幻想导致的。

日常的经验、言语和"常识"都支持"真实自我"理论，而逻辑和证据（以及更严谨的经验）则站在"虚幻自我"的一边。我更喜欢逻辑和证据，因此我更愿意接受这样一种观点：连续的、持久的、自主的自我是一种幻觉。"我"只是这个正在写书的我讲述的故事。当"我"这个词出现在这本书里的时候,它代表一个你我都能理解的惯例,但它并不是指一个连续的、有意识的、内在的存在。

现在,既然已经接受了这一点,就出现了一个新问题。为什么我们人类要讲这个故事?如果没有连续的有意识的自我存在,为什么人们会相信它存在呢?为什么人们总是生活在这种谎言中?

最显而易见的解释是,拥有自我意识有利于我们基因的复制。克罗克(1980)认为,自我意识源于马基雅维利式的智慧和互惠利他主义,它需要平衡对他人的信任和不信任。汉弗莱(1986)提出,意识就像一只观察大脑的内窥镜。随着灵长类动物进化出越来越复杂的社会结构,它们的生存开始依赖于更复杂的预测和制胜他人的方法。他认为,在这一点上,更能洞察心理的人种将会胜出。想象一下,一只雄性蜘蛛想要从它的对手那里偷走一个配偶,或者得到比它应得的份额更多的猎物,预测对手下一步会怎么做将很有帮助,而预测别人会怎么做的一个方法就是观察你自己的内在过程。这些见解和其他相关理论一同表明,复杂的社会生活使我们有必要具备一种自我意识,懂得计算人情往来,以及发展出心理学家现在称之为"心理理论"(theory of mind)的东西——也就是说,理解别人的意图、信仰和观点。

然而,这并不能解释为什么我们的心智理论是如此的错误。显然,一个人可以理解自己的行为,而不需要在自我不存在的情况下创造一个独立和连续的自我。克鲁克和汉弗莱的观点是,早期的原始人可能从基因上受益,因为他们对自己的行为有了一个准确的模型,而他们也因此获得了一个独立的自我。我们的自我,我们试图理解的自我,不仅仅是关于我们自己的身体——以及推断出来的其他人的身体——可能如何行事的一个模型,而且是一个关于内在自我的错误故事,这个内在自我有信仰,有渴望,做出行动,并持续一生。

自欺欺人是有好处的。根据特里弗斯(1985)的适应性自我欺骗理论,对自己隐藏意图可能是对他人隐藏意图的最好方法,因而能够更好地骗过他们。然而,这个理论对创造一个中心自我没有帮助。丹尼特(1991)认为人类采取了"意向立场"(the intentional stance)。也就是说,我们以其他人(有时是动物、植物、玩具和电脑)"好像"有意图、欲望和信仰等为前提行事。他认为这种指代的隐喻是生活的实际需要:它为我们提供了新的有用的思考工具。问题是,在我看来,我们对自己使用这种意向立场太过彻底了——我们太过深陷于"良性用户幻觉"。我们不会对自己说"好像我有意图、信念和欲望",而是说"我真的有"。我不禁想知道我们因拥有心理理论而获得的进化优势,或采用意向立场而获得的实际优势是如何演变的,它最终让我们将生活过成了一场戏,我们保护自己的想法,说服他人接受我们的信仰,而且过分关心一个不存在的内在自我。

也许我们创造和保护一个复杂的自我是因为它让我们快乐。但它让我们快乐了吗?获得金钱、赞赏和名声会给人带来某种快乐,但这种快乐通常是短暂的。人们发现,幸福更多地取决于拥有与你的能力相匹配的生活,而不是富裕的生活。芝加哥心理学家米哈里·契克森米哈(Mihaly Csikszentmihalyi)(1990)研究了艺术家们在工作中忘我时所描述的"心流"(flow)的充盈体验。"心流"也是孩子们在玩游戏,人们在深入交谈、滑雪、爬山、打高尔夫球或做爱时体验到的心理状态。这些都是在丧失自我意识时体验到的某种幸福感。

什么让你快乐?或者反过来想想:是什么让你不快乐?可能是失望、对未来的恐惧、为所爱的人担心、没有足够的钱、人们不喜欢你、生活压力太大等。这些事情中有许多只与具有自我意识和认为自我是经验的主人的一种生物有关。其他动物也会表现出失望，比如食物没有在它们期待的时候出现，但它们不会因为没有得到工作而感到深深的失望，不会因为害怕被同类当成蠢货，或由于觉得自己关心的人不喜欢自己而感到痛苦。我们的许多痛苦都来自一个执着的自我，我们渴望被爱，渴望成功，渴望赞美，渴望一切顺遂、渴望幸福。

根据许多传统，这种错误的自我意识正是所有痛苦的根源。这个观念在佛教中可能是表达得最清楚的。佛教强调无我。这并不是说没有身体，也不是说根本就没有自我，而是说自我是一个暂时的结构，一个关于自我的想法或故事。在一次著名的演讲中，释迦摩尼告诉僧侣们"行为确实存在，行为的后果也存在，但行为的人却不存在"（Parfit, 1987）。他教导我们，因为我们对自己有错误的认识，所以我们认为，如果我们获得更多的物质、地位或权力，我们就会幸福。事实上，正是想要某些东西和厌恶其他东西使我们不快乐。如果我们能认识到自己的本性，那么我们就不会受苦，因为我们知道没有"我"可以受苦。

现在我们可以看到丹尼特的观点和佛教徒的观点之间的区别了。两者都把自我理解为某种故事或幻觉，但对丹尼特来说，它是一种"良性用户幻觉"，甚至是一种增强生活的幻觉，而对佛教徒来说，它是人类痛苦的根源。不管怎样，它都是不真实的。毫无疑问，拥有清晰的自我认同感、积极的自我形象和良好的自尊与心理健康有关，但这一切都与积极的自我意识和消极的自我意识的比较相关。当我们问拥有自我意识到底有什么好处时，答案并不明显。

自我复合体

模因论提供了一种看待自我的新方法。自我是一个巨大的模因复合体——也许是所有模因中最阴险、最普遍的一个。我把它叫作"自我复合体"(selfplex)。自我复合体渗透在我们所有的经验和思维中，以至于我们无法看清它的本质——一堆模因。它的出现是因为我们的大脑提供了理想的机制来构建它，而我们的社会提供了选择性的环境，让它兴盛发展起来。

正如我们所见，模因复合体是一组为了共同利益而聚集在一起的模因。模因复合体中的模因作为群体的一部分比单独存在时更容易存活。一旦它们聚集在一起，它们就形成了一个自我组织、自我保护的结构，接纳和保护与群体兼容的其他模因，排斥不兼容的模因。从纯粹的信息意义上来说，我们可以想象在模因复合体周围存在一种将其与外部世界分隔开来的边界或过滤器。我们已经考虑过宗教、狂热崇拜和意识形态作为模因复合体是如何工作的，我们现在要考虑自我复合体是如何工作的。

想象两个模因。第一个是关于占星术的一些深奥的观点：火元素在狮子座中表示活力和力量，火星在第一宫表示一种好斗的个性，而星体的凌日应该被忽略，除非这相位是一个合相。另一个模因是一个人的信念——"我相信狮子座的火元素……"哪个模因在竞争进入尽可能多的大脑、书籍和电视节目中时会表现得更好？第二个会。一段信息本身如果与某一段特定的对话相关，或者对某个目的有用，它可能会被传递下去，但它也很可能被遗忘。另一方面，人们会毫无理由地把自己的信仰和观点强加于人，有时还会非常努力地去说服别人。

另一个例子：关于能力性别差异的观念。作为一个抽象的概念（或孤立的模因），它不太可能成为赢家。但如果让它变成这样的形式"我相信，男孩和女孩在能力上是同等水平的"，那么，这个模因就会瞬间获得重量级的"自我"在背后为它撑腰。"我"将会尽力捍卫这个观念，就好像这个"我"受到了威胁一般。我可能会和朋友争辩，写文章表达自己的观点,甚至为此而上街游行。模因在"自我"这个避风港内是安全的,即使有对立的证据反驳它。"我的"想法受到它们所引起的行为的保护。

这表明模因可以通过与一个人的自我概念相关联而获得优势。它们是如何做到这一点的并不重要——无论是通过激发强烈的情感,通过与已经存在的模因相兼容,还是通过提供一种权力感或吸引力——它们都会比其他模因表现得更好。这些成功的模因更容易被传递,我们都会遇到它们,这样我们也会被因自我而强化的模因所感染。这样,我们的自我复合体就都得到加强了。

请注意,我们不必同意或喜欢我们传递的模因,而只是以某种方式与它们接触。无论是吃面食,看《辛普森一家》,或者听爵士乐,模因传递不仅发生在吃食或听音乐时,也会出现在一些语句如"我喜欢……""我讨厌……""我受不了……"派珀(Pyper)总结道:"道金斯自己也成为了《圣经》的一架'生存机器',一个四处散播模因的'模因巢',让那些有可能本已抛开《圣经》的读者又回过头来读它"(Pyper,1998,pp. 86–87)。可能道金斯并不想以这种方式鼓励宗教模因,但他对宗教的强烈反应却产生了这种效果。泛不起任何涟漪的模因是表现不佳的,而那些引起情绪化争论的模因则会诱使其携带者将其传递下去。通过获得个人信仰的地位,模因获得了巨大的优势。能够成为自我概念的一部分的想法——也就是成为"我的"的想法或"我的"的观点——将会是赢家。

此外,还有财产。其他一些没有模因的动物可能被认为拥有财产:一只知更鸟拥有它守卫的领地,一只强大的雄狮妻妾成群,一只母狮拥有它的猎物。人类财产也有类似的功能,比如提高个人地位和提供遗传优势。但我们不应该忽视一个巨大的区别,我们的财产似乎属于神秘的"我",而不仅仅是它可能栖息的身体。想想你拥有并在乎的东西,你会为失去它而难过的东西,问问自己是谁或什么真正拥有它。是你的身体拥有它吗?

还是你试图认为是你的内在意识拥有它？我有些许伤感地意识到，我的家和花园、我的自行车、我上千本的书、我的计算机和我最喜欢的图画，都在一定程度上定义了我。我不仅仅是一个活的生物，还是所有这一切东西。如果没有模因，它们就不存在，如果没有"我"，它们也不重要。

所有这些带来了一个有趣的结果，信仰、观点、财产和个人偏好都支持这样的观点：它们背后有一个信徒或所有者。你越偏袒、参与、争辩、保护你的财产，持有坚定的观点，你就越加强了这样一种错误的想法，即不仅是一个人（身体和大脑）在说话，而且还有一个内在自我，它包含着一种神秘的事物叫作信仰。自我是模因的伟大保护者，一个人生活的模因社会越复杂，就会有越多的模因为了进入自我获得保护而斗争。

随着我们遇到的模因数量的增加，模因引发强烈反应并再次传播的机会也越来越多。这就增加了赌注，模因必须变得更加具有煽动性才能参与竞争。其结果是，当我们被那些已经成功煽动他人的模因狂轰滥炸时，应激水平就会增加。我们获得了越来越多的知识、观点和信仰，在这个过程中，我们越来越确信在这一切的中心存在着一个真正的自我。

并不存在一个"我""持有"这些观点。一个身体会说"我相信要对人友善"，另一个身体会对人友善（或不友善）。一个大脑可以储存占星术的知识并喜欢谈论它，但除此之外并不存在一个自我"持有"这个信仰。一个生物每天都喝酸奶，但它里面并没有一个"自我"喜欢酸奶。随着这个模因圈变得越来越复杂，自我也随之复杂起来。为了在我们的社会中发挥作用，我们都被期望对科学、政治、天气和人际关系有所见解；保住工作，养家糊口，读报，享受闲暇时光。随着模因的不断轰炸，我们的生活和自我变得越来越紧张和复杂。但这是一个"红桃皇后"现象式的过程。没有人能从中受益，因为每个人都必须不停地奔跑，只是为了维持在同一个地方。我想知道在自我复合体瓦解、变得不稳定或四分五裂之前，它能承受多少模因压力。许多现代人的不幸、绝望和心理上的不健康也许恰恰揭示了这一点。今天的心理治疗是一种模因工程，但它不是建立在健全的模因原理上。不过这是以后的话题了。

总之，自我复合体的成功不是因为它是真实的、善良的或美丽的；也不是因为它有助于我们的基因；甚至不是因为它让我们快乐。它是成功的，因为它里面的模因说服我们（那些可怜的勉强维持的物理系统）为它们的传播而工作。多么聪明的伎俩！我认为，这就是为什么我们都把自己的生活过成了一场戏，有时还是一场很不快乐、令人困惑的戏。模因让我们这样做——因为"自我"有助于它们的复制。

第 *18* 章　超越模因竞赛

现在我们对自己有了全新的认识。我们每个人都是一个庞大的模因复合体，运行在人体和大脑的物理机制上——一台模因机器。克里克是错误的。我们不是"一群神经元"，我们是一群模因。如果不了解那一堆模因，我们就永远无法了解自己。

社会生物学家们漏掉了一个关键点。他们的成就是用过去的基因选择解释了很多人类行为，将达尔文的伟大理论应用于心理学。但是，他们只关注基因，却忽略了社会世界的重要性和力量。为了坚持他们的达尔文主义框架，他们必须把所有的文化都看作是遗传选择环境的一部分，因此他们没有看到文化有自己的进化过程和影响变化的力量。如果没有第二复制子的概念，社会生物学将永远处于贫乏的状态。

相比之下，社会学家早就认识到社会的力量。正如卡尔·马克思（1904，p.11）所言："不是人们的意识决定了他们的存在，相反，他们的社会存在决定了他们的意识。"社会科学家研究人们的生活和自我是如何被他们的角色以及他们所处的文本所构建的。但是他们的进化理论无法理解正在发生的过程。对他们来说，生物世界和社会世界是用完全不同的方式来解释的，必须保持分离。只有当我们把人看作是自然选择和模因选择的产物时，我们才能把我们生活的各个方面都放在一个理论框架内。

第 18 章 超越模因竞赛

我所说的关于人性的东西很容易被误解,所以我想非常仔细地把它讲清楚。

我们人类同时是两种东西:模因机器和自我。首先,我们在客观上是有血有肉的个体。在漫长的进化过程中,自然选择作用于基因和模因,从而设计出了我们的身体和大脑。虽然我们每个人都是独一无二的,但基因本身都来自以前的生物,如果我们繁殖后代,这些基因还会继续遗传给未来的生物。此外,由于我们的语言技能和我们的模因环境,我们都是大量模因的存储库,其中一些只是简单的信息片段,另一些组织成自我保护的模因复合体。模因本身就来自他人,如果我们能说、能写、能交流,模因还会传播给更多的人。我们是特定环境中所有这些复制子及其产品的临时聚合物。

然后是我们认为的自我。在所有这些模因复合体中,有一种特别有效的是基于内在自我的思想。每一个自我都是在一个人一生中相对较短的时间内,通过模因进化过程而组装起来的。"我"是所有成功进入这个自我复合体的模因的产物——可能是因为我的基因提供了对它们特别有利的大脑,也可能是因为它们在我的模因环境中比其他模因更有选择性优势,或者两者兼而有之。每一个虚幻的自我都是一个模因世界的建构,在这个世界中它成功上位。每一个自我复合体都会产生普遍的人类意识,它建立在一种错误的观念基础上,那就是在我们里面有某个东西掌管着一切。

我们的行为方式,我们所做的选择,我们所说的一切都是这个复杂结构的结果:一组运行在一个生物构造系统上的模因复合体(包括强大的自我复合体)。在实际发生的一切的背后,驱动力源于复制子。基因为进入下一代而战,在这个过程中,生物设计应运而生;模因通过斗争传递给另一个大脑、另一本书籍或另一个物体,在这个过程中,文化和心智设计就产生了。不需要任何其他设计力量的来源。没有必要呼唤作为创造者的

"意识的力量",因为意识没有力量。没有必要发明自由意志的概念。自由意志,就像"拥有"它的自我一样,是一种幻觉。尽管这种想法看起来很可怕,但我认为这是真的。

自由意志

本杰明(Benjamin)今天早餐选择了玉米片。为什么?他这样做是因为他是一个有人类口味的人,基因的构造使他早餐更倾向于摄入碳水化合物,特别是在今天早上他很饿的时候。他生活在一个发明了玉米片的富裕社会,他有足够的钱去买玉米片。他对包装袋上的图片和广告产生了积极的反应。模因和基因一起在这种环境下产生了这种行为。如果有人问本杰明,他会说他选择玉米片是因为他喜欢它,或者他今天有意识地决定吃它。但这种解释毫无意义。这只是本杰明事后讲的一个故事。

那么本杰明是否有自由意志呢?关键的问题是你说的本杰明是指谁?如果你所说的"本杰明"是指身体和大脑,那么本杰明当然有选择的余地。人类总是在做决定。就像青蛙、猫,甚至是机器人一样,他们做计划,有欲望,也有厌恶,而且他们会相应地采取行动。他们获得的模因越多,他们能做的事情就越聪明,选择的范围也就越大。他们会发现自己处于这样一种情况:他们有许多潜在的选择,或者选择很少,或者根本没有。这对我们所说的自由意志足够吗?

我不这么认为,因为自由意志概念的核心是本杰明的意识自我做出了决定。当我们想到自由意志的时候,我们想象的是"我"拥有它,而不是身体和大脑的整个聚合物拥有它。自由意志是指"我"有意识地、自由地、刻意地决定做某事,并采取行动。换句话说,"我"必须是自由意志的代理人。

但如果我在这里提出的模因观点是正确的，那么这就是无稽之谈，因为理应拥有自由意志的自我只是一个故事，是一个庞大的模因复合体的一部分，是一个错误的故事。从这个角度看，所有的人类行为，无论是有意识的还是无意识的，都来自模因、基因及其产物在复杂环境中的复杂交互作用。自我不是行动的发起者，它没有"意识"，也不"做"思考。那种认为我的身体里有一个有意识的、控制着身体的内在自我的想法根本是错的。既然这是错的，那么我的有意识的自我具有自由意志的想法也是错误的。

丹尼特（1984）描述了自由意志的许多版本，并认为其中一些是值得期待的。与丹尼特不同，我既不认为"用户幻觉"是良性的，也不希望将任何形式的自由意志归于一个不存在的自我。

意识

我没有宏大的意识理论可以提供。事实上，这个术语被用在如此多相互矛盾的表述中，以至于很难知道相关理论能用来达到什么目的。然而，我并不像平克（1998）那样认为整个尝试是无望的，也不像查尔默斯（1996）那样认为这是一个与其他科学问题有着完全不同游戏规则的"难题"。我甚至认为模因理论可能会有所帮助。

首先，我所说的意识是指主体性——现在的我是什么样子的。这种主体性以我们不理解的方式产生，但我们知道它在很大程度上取决于大脑在每时每刻的活动。我们可以这样看——我的意识质量在任意时刻都取决于整个大脑在做什么，特别是取决于大脑用于加工信息的资源的分配方式，以及正在构建的关于谁在做什么的故事。在我们正常的意识状态中，整个经验都被自我复合体所支配,它使用文字和其他有用的模因材料来编织一个非常美好的故事。它把一切都置于一个正在做事的自我的背景下。然而,当你敬畏地凝视着山顶上的景色,或者全神贯注于一项创造性的任务时,自我复合体并不占主导地位,这时你可能处于另一种意识状态。因此,我们是可以存在非自我意识的意识的。

注意,这里我的观点与丹尼特的不同。对他来说,"人类意识本身就是一个巨大的模因复合体(或者更确切地说,是大脑中的模因效应)"(Dennett,1991,p.210)。这意味着一个人通过拥有模因提供的所有思维工具,包括"良性用户幻觉"和所有的自我模因,而具有意识,如果没有它们,可能就不会有"人类意识"。相比之下,我认为用户幻觉模糊和扭曲了意识。普通的人类意识的确受到自我复合体的约束,但它不必非得如此。还有其他的意识存在方式。

这里有来自人工意识和动物的启示。如果普通的人类意识完全被自我复合体所支配,那么只有拥有自我复合体的系统才能以那种方式产生意识。所以,因为其他动物一般不会模仿,也不会有模因,所以它们就不会有人类的那种自我意识。然而,这并不能排除蝙蝠、老鼠甚至机器人具有某种意识的可能性。

第二,我想强调意识不能做任何事。主观性,"现在的我是什么样的"并不是一种力量,或一种动因,可以促使事情发生。当本杰明倒出他的玉米片时,他可能是有意识的,但是意识并没有促使他这样做。这种意识就像一个人,做了那些决定,做了那些行动,心里有个模因说"我在做这个"。本杰明可能认为,如果"他"没有有意识地做出决定,那么就不会发生这种情况。我认为他错了。

对基因和模因之间的类比持批评态度的人经常认为,生物进化不是有意识地引导的，而社会进化是。即使是模因论的支持者有时也会做出同样的区分，比如他们会说，"很多文化和社会变异都是有意识地引导的，而遗传变异不是"（Runciman，1998，p. 177）。我的同事尼克·罗斯（1998）指责这些理论家怀揣"以自我为中心的选择主义"（self-centred selectionism），这一错误等同于生物学中定向进化的观点。进化理论的关键是不需要任何人来指导，至少不能说它是有意识的。当人类行动时，我们的行为会影响模因选择，但这并不是因为我们有意识地这么去做。事实上，那些最漫不经心的、最无意识的行为和那些最具意识的行为都能被我们轻易地模仿。文化和社会的变化是由复制子和它们所处的环境所引导的，而不是由与它们不同的叫作意识的东西所引导的。

创造力

塔玛里斯克（Tamarisk）写了一本科普书。这表明她是有意识地写这本书的，但还有另一种看待此事的方式。塔玛里斯克是一个天才作家，因为基因创造了一个能很好地处理语言的大脑，以及一个喜欢独立工作的坚定的个体；因为她出生在一个重视书籍并会花钱购买书籍的社会；因为她所受的教育使她有机会发现自己在科学方面有多优秀；因为她已经花了多年的时间来研究和思考，直到旧的想法组合出新的想法。当这本书完成的时候，它形成了一个新的模因复合体：旧模因的变种和一个聪明的大脑内部复杂过程所创造的新组合。当被问及此书时，塔玛里斯克可能会说她是有意识地、刻意地自己写出了每个单词（尽管她很可能会说她不知道自己是如何做到的）。我认为这本书其实是基因和模因在塔玛里斯克生活中竞争的产物。

这种创造性的观点对许多人来说是陌生的。在对意识的讨论中，经常会提出创造力的问题，好像它在某种程度上是人类意识力量的缩影。如果我们没有意识，我们怎么能创作出伟大的音乐、震撼心灵的大教堂、动人的诗歌或令人惊叹的绘画呢？——人们如是问道。这种关于创造性的观点体现出一种关于自我和意识的错误理论，也就是丹尼特所说的"笛卡尔剧场"。如果你相信你生活在你的头脑里，指挥行动，那么创造性的行为似乎是"你"所做的事情里一个特别好的例子。但是，正如我们所看到的，这种自我观是站不住脚的。并没有什么人在里头做着这些事——除了一堆模因。

我不是说不存在创造力。人们写新书，发明新技术，布置新花园，制作新电影。但这种创造力背后的生产力源于复制子之间的竞争，而不是一种神奇的、无处不在的力量，比如人们常说的意识。人类文化的创造性成果是模因进化的产物，正如生物世界的创造性成果是基因进化的产物一样。复制子的力量是我们所知道的唯一能完成这项工作的设计过程，它也确实做到了。我们也不需要有意识的人类自我在那里晃来晃去。

当然，自我并非无关紧要。远非如此。由于它们的组织性和连续性，自我复合体是强大的模因实体，影响着维持它们的人以及所有与它们接触的人的行为。但就创造力而言，"自我"往往弊大于利，因为创造性行为往往是在一种无我或自我意识缺失的状态下发生的，在这种情况下"自我"似乎是不存在的。艺术家、作家和跑步者常说，当他们自发而不自觉地行动时，他们的状态最佳。所以自我有影响，但它们不是作为有意识创造的发起者而存在的。

人类的远见

人类通常被认为具有真正的远见，区别于其他没有远见的生物。例如，道金斯将自然选择的"盲眼钟表匠"比作真人。"一个真正的钟表匠是有远见的：他设计他的齿轮和弹簧，并规划它们之间的联系，在他的脑海里有一个未来的目标。自然选择……并没有什么目的可言"（Dawkins，1986，p. 5）。我认为这种区别是错误的。

不可否认，人类的钟表匠不同于自然选择的钟表匠。由于模因的存在，我们人类可以思考齿轮、发条和计时，而动物却不能。模因是我们用来思考的心智工具。但是模因论告诉我们两种设计背后的过程本质上是相同的。它们都是通过选择产生设计的进化过程，在这个过程中，它们产生了看起来像是远见的东西。

正如普洛特金（1993）所指出的，知识（无论是对人类、动物还是植物）是一种适应。远见也是。当水仙球茎开始生长时，它是在预测夏天的到来，但我们知道这种预测是过去选择的结果。当猫预测老鼠会往哪个方向走，并在适当的时候扑向它时，我们知道，这种行为能力是自然选择的结果。这两种生物都有某种先见之明，尽管它们的基因并非如此。当一个人预测她明天要做什么或者设计一台新机器的时候，我们会认为这是不同的。这种差别似乎很大；因为做出预测的大脑要聪明得多，而人类的预测可能要复杂得多、精确得多，比如预测涨潮的确切时间或小行星撞击地球的时刻。然而，这种远见也来自选择，只是在这种情况下，选择是在模因之间进行的。没有什么神奇的有意识的头脑"真的"具有某种其他类型的远见。

最终的反抗

道金斯曾说："在地球上，只有我们才能反抗自私的复制子的暴政。"道金斯并不是唯一一个认为我们体内有某个人或某物可以跳出进化过程并接管它的人。

契克森米哈（1993）解释了模因是如何独立于培养出它们的人而进化的；武器、酒精和毒品的模因是如何成功的，即使它们对我们没有任何好处。他认为艺术家不是创作者，而是艺术作品发展的媒介。然而，他最后传达的信息是，我们必须有意识地控制我们的生活，并开始引导进化走向更和谐的未来。"如果你能控制自己的思想、欲望和行动，你周围的秩序就会更加井然有序。如果你让它们被基因和模因控制，你就失去了做你自己的机会"（Csikszentmihalyi, 1993, p. 290）。

在他的书《思维病毒》中，布罗迪劝告我们"为了你的生活，你要学会反思，有意识地选择自己的模因程序来更好地服务任何你所选择的目的"，关于模因他还说，"你所选择用来武装自己的模因，要么对你所追求的目的起促进作用，要么起阻碍作用"（Brodie 1996, pp. 53, 188）。

但这些都是避重就轻的表述。正如丹尼特所说，"以'独立的'心智努力保护自己不受外来和危险的模因的伤害根本是一个神话"（1995, p. 365）。所以我们必须问谁在进行选择？如果我们认真对待模因论，那么能够做出选择的"我"本身就是一个模因结构：一组不断变化的模因被安装在一个复杂的模因机器中。我所做的选择都是在特定环境下的基因和模因的共同历史产物，而不是某个可以"拥有"生活目标，并否定塑造它的模因的独立自我的产物。

这就是模因论的力量和美妙之处：它让我们看到人类的生活、语言和创造力都是如何通过与生物世界的设计相同的复制子的力量产生的。复制子虽然是不同的，但过程是相同的。我们曾经认为生物设计需要一个创造者，但是现在我们知道自然选择可以自己完成所有的设计。同样的，我们曾经认为人类的设计需要我们体内存在一个有意识的设计者，但是现在我们知道模因选择可以自己完成这些工作。我们曾经认为设计需要远见和计划，但现在我们知道，自然选择可以创造出生物，仿佛是有计划的一样，而实际上并没有。如果我们认真对待模因论，就会明白没有任何人或任何事可以在进化过程中阻止它，控制它，或对它产生任何影响。只有基因进化和模因进化在无休无止地上演着——消无声息地。

那我该怎么办呢？我觉得我必须做出选择——根据我的科学理解来决定如何生活。但是，如果我只是基因、表现型、模因和模因复合体的临时聚合体，我该怎么做呢？如果不存在选择，那我该如何选择呢？

有些科学家喜欢把他们的科学思想和日常生活分开。有些人可能平常是生物学家，然后星期天去教堂，或者一辈子都是物理学家，但相信自己会上天堂。但是我不能把我的科学和我的生活方式分开。如果我对人性的理解是，我们里面并没有一个有意识的自我，那么我就必须这样生活——否则这就是一个空虚而毫无生气的人性理论。但是"我"怎么能像"我不存在"一样生活呢？谁又会做这样的选择呢？

其中一个诀窍就是时刻专注于当下，让任何出现的想法都消失。这种"模因清除"需要高度集中注意力，但最有趣的是它的效果。如果你能一次专注几分钟，你就会开始看到在任何时刻都不存在一个在观察的自我。假设你坐下来朝窗外看。想法会冒出来，但这些都是面向过去和未来的；所以让它们去吧，回到现在。看看发生了什么。人们的思维跳跃着用词语来标记物体，但想这些词需要一些时间，而且并不真正存在于当下。所以也让它们去吧。有了大量的活动，世界看起来就不同了；关于一系列事件的想法只会让位于变化，而存在一个观看风景的自我的想法似乎也会消失。

另一种方法是把注意力平等地放到每一件事上。这是一种奇怪的做法，因为事物开始失去它们的"物性"，而只剩下变化。同时，它还提出了谁在关注的问题（Blackmore，1995）。很明显，在实践这项任务的时候，注意力总是被外界的事物所左右，而不是被你控制。你静坐的时间越长，你的注意力就会越明显地被声音、动作以及不知从何而来的思绪所分散。这些是争夺大脑信息处理资源的模因，它们可能会利用这些信息处理资源进行传播。你所担心的事情，你所持有的观点，你想对别人说的话，抑或你希望自己不曾说过——这些都能抓住你的注意力。对每件事都给予同等的关注会让它们停止争夺你的注意力，使得你从来没有控制过注意力这件事变得显而易见：注意力控制——并创造了——你。

这些练习会开始削弱虚假的自我。在现在这个时刻，我对每件事都一视同仁，我和发生的事情没有区别。只有当"我"想要什么，对什么有反应，相信什么，决定做什么时，"我"才会突然出现。这可以通过足够的实践经验直接看到。

这种见解与模因论完全一致。对大多数人来说，自我复合体是不断被加强的。所有发生的事情都是关于自我的，感觉是与在观察的自我有关的，注意力的转移是关于自我的，决定是由自我做出的，等等。所有这一切都彼此协调并维持着自我的复杂性，其结果是产生了一种意识的品质，这种意识被中间的"我"所主宰——"我"掌控，"我"负责，"我"受苦。聚焦在一个点上的效果就是很难有新的模因能够提供给自我复合体；学会对每件事都雨露均沾同样也能阻止与自我相关的模因吸引注意力；学会完全活在当下就可以阻止思绪总是被神秘的"我"的过去和未来所羁绊。这些技巧可以帮助人类（身体、大脑和模因）摆脱自我复合体的错误观念。意识的质量随之改变，变得开放、宽广、自由。其效果就像从一种混乱的状态中醒来——或者从模因之梦中醒来。

第 18 章 超越模因竞赛

这种专注是不容易学会的。有些人天生就能很快做到,但大多数人需要多年的练习。其中一个问题是动机——仅仅因为别人告诉你这是一种更好的生活方式,你是很难坚持练习的。这就是科学可以提供帮助的地方。如果我们对人性的科学理解使我们怀疑内在的自我、灵魂、神圣的造物主或死后生命的存在,那么这种怀疑就能提供直接观察经验的动力;试着在没有虚假的自我意识和虚假的希望的情况下生活。科学和灵性——常常是对立的,但它们不应该对立。

我曾经描述过这些练习是在静坐的几分钟内完成的,但是所有的生命都可以这样生活吗?我认为是这样的,但结果有点令人不安。如果我真的相信里面没有"我",不存在自由意志和有意识的深思熟虑,那么我如何决定该做什么呢?答案是要相信模因论的观点;要相信,基因选择和模因选择将共同塑造行为,不需要一个额外的"我"的参与。要想诚实地生活,"我"必须让开道路,让决定自己发生。

我说结果是令人不安的,因为一开始,不管"我"是否会采取行动,观察这些行动的发生都是很奇怪的。我曾经有两条回家的路,一条是主路,另一条是比较漂亮但比较迂回的小路。当我开车到路口时,我常常被犹豫不决所折磨。我怎么决定呢?我最喜欢哪一条路?哪一个选择最好?有一天,我突然意识到"我"不必做决定。我坐在那里,全神贯注。灯变了,一只脚踩下踏板,一只手换了档,做出了选择。我当然不会直接撞到石墙上去,也不会跟别的车相撞。无论我走哪条路都很好。随着时间的推移,我发现越来越多的决定都是这样做出的。让许许多多的决定自己发生,这给我带来了极大的自由感。

你不必尝试做任何事,也不必为任何决定而苦恼。让我们假设你在泡澡,水开始变凉。你现在出来了吗?还是在浴缸中多待了一会儿?呃……

这只是一个微不足道的决定，但是，就像早上起床一样，会给你的生活涂上各种色彩。知道没有真正的自我做出选择，也没有自由意志，你只能意识到这个身体要么愿意，要么不愿意起床，而结果是它确实愿意。事实证明，果断地起床并不是自我控制和意志力的问题，而是让虚假的自我让开，让决定自行发生。更复杂的决策也是如此：大脑可能会翻来覆去地思考各种可能性，争论这种或那种情况，选择这条路或者那条路，但所有这些都可以在抛开一个内在自我的错误观念的情况下做到。相反，整个过程似乎是自己完成的。

欲望、希望和偏好可能是最难对付的——我希望他能及时到来，我必须通过考试，我希望我能长命百岁、名利双收，我想要草莓味的……所有这些希望和欲望都是基于一个必须保持快乐的内在自我的想法，它们的出现滋养了自我复合体。因此，有一个技巧就是拒绝参与其中。如果没有自我，那就没有必要为了一个不存在的人而对事物满怀期待。所有这些事情都发生在另一个时刻，而不是现在。当没有人在那里在乎它们的时候，它们就不重要了。没有希望，生活就充满了可能性。

这种生活方式的结果似乎有点违反直觉：人们变得更果断而不是更优柔寡断了。再一看，这一点也不奇怪。从模因论的观点来看，自我复合体的存在不是为了做决定，或者为了你的幸福，或者为了让你的生活更容易：它是用来传播构成它的模因的。它的瓦解将让我们产生更多的自发和适当的行动。聪明的大脑安装了大量的模因，有能力做出明智的决定，而不会被自我复合体搞得一团糟。

一个可怕的想法现在抬头了。如果我生活在这样的真理中——没有一个为自己的行为负责的自我，那么道德呢？当然，有人会说，这种生活方式是自私和邪恶的，是不道德和灾难的根源。是这样吗？这种生活方式的后果之一就是你不再把自己的欲望强加于你周围的世界和你遇到的人。仅

第 18 章 超越模因竞赛

这一点就可能意味着相当大的转变。

克莱斯顿描述了放弃自我控制幻觉的效果。"有一件没有发生,但人们相当害怕的事,那就是我会变得更坏。对'控制是真实存在的'这一信念的一种常见阐述是……我可以,而且必须控制'我自己'。除非我这样做,否则卑鄙的冲动就会泛滥出来,我就会胡作非为。"幸运的是,他继续说,这种观点的前提是错误的。"所以这样可怕的混乱不会发生。我并不会四处去强奸、掠夺,也不会为了好玩而把老太太给推倒。"(Claxton, 1986, p. 69) 相反,内疚、羞愧、尴尬、自我怀疑和对失败的恐惧逐渐消失,出乎意料的是,我成了一个更好的邻居。

事实上,从我们对模因论和模因驱动的利他主义的理解来看,我们有理由相信这一点。同样,如果内在的自我是一个模因复合体,它对你的控制不过是一种幻觉,那么生活在谎言中肯定不会比接受真理更高尚。但假如自我是一个模因复合体,可以被瓦解,那么当它消失时,还剩下什么呢?剩下的是一个人,这个人包含了身体,大脑和模因,她的行为取决于她所处的环境和她所遇到的模因。我们知道基因决定了很多道德行为——它们带来了亲缘选择和互惠利他主义,对孩子、伴侣和朋友的爱。模因负责其他类型的分享和关怀行为。这些行为都将继续下去,无论是否有一个自我复合体跳出来搅乱我们的头脑。

的确,自我复合体要为大部分的麻烦负责。就其本质而言,自我复合体带来了自责、自我怀疑、贪婪、愤怒和各种破坏性的情绪。当没有自我存在时,我就不会担心我这个内在自我的未来——不管人们是否喜欢我,不管我是否做了"正确的"事情——因为没有真正的"我"去关心。这种自我关注的减少意味着你(物理意义上的你)可以自由地更多去注意别人。同情和同理心是天生的。如果没有对虚构的自我的担忧,很容易看到另一个人需要什么,或者在特定的情况下如何行动。也许真正的道德更多的时候意味着停止我们通常所做的一切错事，而不是采取什么伟大和高尚的行动，也就是说，消除错误的自我意识带来的伤害。

  模因论因此给我们带来了如何生活的新视角。我们可以像大多数人一样继续生活在一种幻觉中——在我们的内心里有一个持续的有意识的自我，它控制着我们，它对我们的行为负责，它造就了我。或者我们可以作为一个人而生活，包括身体，大脑，模因，我们的生活是复制子和环境之间复杂的相互作用的结果，我们知道这就是一切。这样一来，我们就不再是自私的自我复合体的受害者。从这个意义上说，我们可以实现真正的自由——不是因为我们终于能够反抗自私的复制子的暴政，而是因为我们终于知道，我们所要反抗的东西，根本不存在。

参考文献

Reference

Alexander, R. (1979). *Darwinism and Human Affairs*, Seattle, WA, University of Washington Press.

Allison, P. D. (1992). The cultural evolution of beneficent norms. *Social Forces*, 71, 279 – 301.

Ashby, R. (1960). *Design for a Brain*. New York, Wiley.

Baars, B. J. (1997). *In the Theatre of Consciousness: The Workspace of the Mind*. New York, Oxford University Press.

Bailey, L. W. and Yates, J. (eds.) (1996). *The Near-death Experience: A Reader*. New York/London, Routledge.

Baker, M. C. (1996). Depauperate meme pool of vocal signals in an island population of singing honeyeaters. *Animal Behaviour*, 51, 853 – 8.

Baker, R. R. (1996). *Sperm Wars: Infidelity, Sexual Conflict and other Bedroom Battles*. London, Fourth Estate.

Baker, R. R. and Bellis, M. A. (1994). *Human Sperm Competition: Copulation, Masturbation, and Infidelity*. London, Chapman and Hall.

Baldwin, J. M. (1896). A new factor in evolution. *American Naturalist*, 30, 441 – 51, 536 – 53.

Baldwin, J. M. (1909). *Darwin and the Humanities*, Baltimore, MD, Review Publishing.

Ball, J. A. (1984), Memes as replicators. *Ethology and Sociobiology*, 5, 145–62.

Bandura, A. and Walters, R. H. (1963). *Social Learning and Personality Development*. New York, Holt, Rinehart & Winston.

Barkow, J. H., Cosmides, L. and Tooby, J. (eds.) (1992). *The Adapted Mind: Evolutionary Psychology and the Generation of Culture*. New York, Oxford University Press.

Barrett, S. and Jarvis, W. T. (eds.) (1993). *The Health Robbers: A Close Look at Quackery in America*. Buffalo, NY, Prometheus.

Bartlett, F. C. (1932). *Remembering: A Study in Experimental and Social Psychology*. Cambridge University Press.

Barton, R. A. and Dunbar, R. I. M. (1997). Evolution of the social brain. In *Machiavellian Intelligence: II. Extensions and Evaluations*, (ed. A. Whiten and R. W. Byrne), pp. 240–63. Cambridge University Press.

Basalla, G. (1988). *The Evolution of Technology*. Cambridge University Press.

Batchelor, S. (1994). *The Awakening of the West: The Encounter of Buddhism and Western Culture*. London, HarperCollins.

Batson, C. D. (1995). Prosocial motivation: Why do we help others? In *Advanced Social Psychology*, (ed. A. Tesser), pp. 333–81. New York, McGraw-Hill.

Bauer, G. B. and Johnson, C. M. (1994). Trained motor imitation by bottle nose dolphins (*Tursiops truncatus*). *Perceptual and Motor Skills*, 79, 1307–15.

Benor, D. J. (1994). *Healing Research: Holistic Energy, Medicine and Spirituality*. Munich, Helix.

Benzon, W. (1996). Culture as an evolutionary arena. *Journal of Social and Evolutionary Systems*, 19, 321–62.

Berlin, B. and Kay, P. (1969). *Basic Color Terms: Their Universality and Evolution*. Berkeley, CA, University of California Press.

Bickerton, D. (1990). *Language and Species*. Chicago, IL, University of Chicago Press.

Bikhchandani, S., Hirshleifer, D. and Welch, I. (1992). A theory of fads, fashion, custom and cultural change as informational cascades. *Journal of Political Economy*, 100, 992 – 1026.

Blackmore, S. J. (1993). *Dying to Live: Science and the Near Death Experience*. Buffalo, NY, Prometheus.

Blackmore, S. J. (1995). Paying attention. *New Ch'an Forum*, No. 12, 9 – 15.

Blackmore, S. J. (1997). Probability misjudgment and belief in the paranormal: a newspaper survey. *British Journal of Psychology*, 88, 683 – 9.

Blackmore, S. J. (in press). Waking from the Meme Dream. *In The Psychology of Awakening: Buddhism, Science and Psychotherapy*, (ed. G. Watson, G. Claxton and S. Batchelor). Dorset, Prism.

Blackmore, S. J. and Troscianko, T. (1985). Belief in the paranormal: Probability judgements, illusory control, and the chance baseline shift. *British Journal of Psychology*, 76, 459 – 68.

Blackmore, S. J., Brelstaff, G., Nelson, K. and Troscianko, T. (1995). Is the richness of our visual world an illusion? Transsaccadic memory for complex scenes. *Perception*, 24, 1075 – 81.

Blakemore, C. and Greenfield, S. (eds.) (1987). *Mindwaves*. Oxford, Blackwell.

Bonner, J. T. (1980). *The Evolution of Culture in Animals*. Princeton, NJ, Princeton University Press.

Bowker, J. (1995). *Is God a Virus?* London, SPCK.

Boyd, R. and Richerson, P. J. (1985). *Culture and the Evolutionary Process*. Chicago, IL, University of Chicago Press.

Boyd, R. and Richerson, P. J. (1990). Group selection among alternative evolutionarily stable strategies. *Journal of Theoretical Biology*, 145, 331 – 42.

Brodie, R. (1996). *Virus of the Mind: The New Science of the Meme*. Seattle, WA,

Integral Press.

Bucke, R. M. (1901). *Cosmic Consciousness: A Study in the Evolution of theHuman Mind.* (London, Arkana, Penguin, 1991.)

Buss, D. M. (1994). *The Evolution of Desire: Strategies of Human Mating.* New York, Basic Books.

Byrne, R. W. and Whiten, A. (eds.) (1988). *Machiavellian Intelligence: Social Expertise and the Evolution of Intellect in Monkeys, Apes and Humans.* Oxford University Press.

Call, J. and Tomasello, M. (1995). Use of social information in the problem solving of orangutans (*Pongo pygmaeus*) and human children (*Homo sapiens*). *Journal of Comparative Psychology*, 109, 308–20.

Calvin, W. (1987). The brain as a Darwin machine. *Nature*, 330, 33–44.

Calvin, W. (1996). *How Brains Think*, London, Phoenix.

Campbell, D. T. (1960). Blind variation and selective retention in creative thought as in other knowledge processes. *Psychological Review*, 67, 380–400.

Campbell, D. T. (1965). Variation and selective retention in sociocultural evolution. In *Social Change in Developing Areas: A reinterpretation of evolutionary theory* (ed. H. R. Barringer, G. L. Blanksten and R. W. Mack), pp. 19–49. Cambridge, MA, Schenkman.

Campbell, D. T. (1974). Evolutionary epistemology. In *The Philosophy of Karl Popper*, Vol. 1, (ed. P. A. Schlipp), pp. 413–63. La Salle, IL, Open Court Publishing.

Campbell, D. T. (1975). On the conflicts between biological and social evolution and between psychology and moral tradition. *American Psychologist*, 30, 1103–26.

Carlson, N. R. (1993). *Psychology: The Science of Behavior*, (4th edn). Boston, MA, Allyn & Bacon.

Cavalli-Sforza, L. L. and Feldman, M. W. (1981). *Cultural Transmission and Evolution: A Quantitative Approach.* Princeton, NJ, Princeton University Press.

参考文献

Chagnon, N. A. (1992). *Yanomamo*, (4th edn). New York, Harcourt Brace Jovanovich.

Chalmers, D. (1996). *The Conscious Mind*. Oxford University Press.

Cheney, D. L. and Seyfarth, R. M. (1990). The representation of social relations by monkeys. *Cognition*, 37, 167–96.

Churchland, P. S. (1998). Brainshy: Nonneural theories of conscious experience. In *Toward a Science of Consciousness: The Second Tucson Discussions and Debates*, (ed. S. R. Hameroff, A. W. Kasmiak and A. C. Scott), pp. 109–26. Cambridge, MA, MIT Press.

Churchland, P. S. and Sejnowski, T. J. (1992). *The Computational Brain*. Cambridge, MA, MIT Press.

Cialdini, R. B. (1994). *Influence: The Psychology of Persuasion*. New York, Morrow.

Cialdini, R. B. (1995). The principles and techniques of social influence. In *Advanced Social Psychology*, (ed. A. Tesser), pp. 257–81. New York, McGraw-Hill.

Claxton, G. (ed.) (1986). *Beyond Therapy: The Impact of Eastern Religions onPsychological Theory and Practice*. London, Wisdom. (Dorset, Prism, 1996.)

Claxton, G. (1994). *Noises from the Darkroom*. London, Aquarian.

Cloak, F. T. (1975). Is a cultural ethology possible? *Human Ecology*, 3, 161–82.

Conlisk, J. (1980). Costly optimizers versus cheap imitators. *Journal of Economic Behavior and Organization*, 1, 275–93.

Crick, F. (1994). *The Astonishing Hypothesis: The Scientific Search for the Soul*. New York, Charles Scribner's Sons.

Cronin, H. (1991). *The Ant and the Peacock*. Cambridge University Press.

Crook, J. H. (1980). *The Evolution of Human Consciousness*. Oxford University Press.

Crook, J. H. (1989). Socioecological paradigms, evolution and history: perspectives for the 1990s. In *Comparative Socioecology*, (ed. V. Standen and R. A. Foley). Oxford,

Blackwell.

Crook, J. H. (1995). Psychological processes in cultural and genetic coevolution. In *Survival and Religion: Biological Evolution and Cultural Change*, (ed. E. Jones and V. Reynolds), pp. 45 – 110. London, Wiley.

Csikszentmihalyi, M. (1990). *Flow: The Psychology of Optimal Experience.* NewYork, Harper & Row.

Csikszentmihalyi, M. (1993). *The Evolving Self: A Psychology for the Third Millennium.* New York, Harper Collins.

Damasio, A. (1994). *Descartes' Error: Emotion, Reason and the Human Brain.* New York, Putnam.

Darwin, C. (1859). *On the Origin of Species by Means of Natural Selection.* London, Murray. (London, Penguin, 1968).

Darwin, C. (1871). *The Descent of Man and Selection in Relation to Sex.* London, John Murray.

Dawkins, R. (1976). *The Selfish Gene.* Oxford University Press. (Revised edition with additional material, 1989.)

Dawkins, R. (1982). *The Extended Phenotype.* Oxford, Freeman.

Dawkins, R. (1986). *The Blind Watchmaker.* Harlow, Essex, Longman.

Dawkins, R. (1993). Viruses of the mind. In *Dennett and his Critics: Demystifying Mind*, (ed. B. Dahlbohm), pp. 13 – 27. Oxford, Blackwell.

Dawkins, R. (1994). Burying the vehicle. *Behavioral and Brain Sciences*, 17, 616 – 17.

Dawkins, R. (1996a). *Climbing Mount Improbable.* London, Penguin.

Dawkins, R. (1996b). Mind viruses. In *Ars Electronica Festival* 1996: *Memesis: The Future of Evolution* (ed. G. Stocker and C. Schöpf), pp. 40 – 7, Vienna, Springer.

Deacon, T. (1997). *The Symbolic Species: The Co-evolution of Language and the Human*

Brain. London, Penguin.

Dean, G., Mather, A. and Kelly, I. W. (1996). Astrology. *In The Encyclopedia of the Paranormal*, (ed. G. Stein), pp. 47–99. Buffalo, New York, Prometheus.

Delius, J. (1989). Of mind memes and brain bugs, a natural history of culture. In *The Nature of Culture*, (ed. W. A. Koch), pp. 26–79. Bochum, Germany, Bochum Publications.

Dennett, D. (1978). *Brainstorms: Philosophical Essays on Mind and Psychology.* Montgomery, VT, Bradford Books.

Dennett, D. (1984). *Elbow Room: The Varieties of Free Will Worth Wanting.* Cambridge, MA, Bradford Books.

Dennett, D. (1991). *Consciousness Explained.* Boston, MA, Little Brown.

Dennett, D. (1995). *Darwin's Dangerous Idea.* London, Penguin.

Dennett, D. (1997). *The evolution of evaluators.* Paper presented at the Inter-national School of Economic Research, Siena.

Dennett, D. (1998). Personal communication (Dennett suggested the terms 'meme-fountain' and 'meme-sink').

Descartes, R. (1641). *Discourse on Method and the Meditations.* (London, Penguin, 1968.)

Diamond, J. (1997). *Guns, Germs and Steel.* London, Cape.

Donald, M. (1991). *Origins of the Modern Mind: Three Stages in the Evolution of Culture and Cognition.* Cambridge, MA, Harvard University Press.

Donald, M. (1993). *Precis of* Origins of the modern mind: Three stages in the evolution of culture and cognition. *Behavioral and Brain Sciences*, 16, 737–91. (with commentaries by others.)

Dossey, L. (1993). *Healing Words: The Power of Prayer and the Practice of Medicine.* San Francisco, CA, HarperCollins.

Dunbar, R. (1996). *Grooming, Gossip and the Evolution of Language.* London, Faber and Faber.

Durham, W. H. (1991). *Coevolution: Genes, Culture and Human Diversity.* Stanford, CA, Stanford University Press.

Du Preez, P. (1996). The evolution of altruism: A brief comment on Stern's 'Why do people sacrifice for their nations?' *Political Psychology*, 17, 563-7.

Edelman, G. M. (1989). *Neural Darwinism: The Theory of Neuronal Group Selection.* Oxford University Press.

Eisenberg, D. M., Kessler, R. C, Foster, C, Norlock, F. E., Calkins, D. R. and Delbanco, T. L. (1993). Unconventional medicine in the United States. *New England Journal of Medicine*, 328, 246-52.

Eagly, A. H. and Chaiken, S. (1984). Cognitive theories of persuasion, In *Advances in Experimental Social Psychology*, Vol. 17, (ed. L. Berkowitz), pp. 267 - 359. New York, Academic Press.

Ernst, E. (1998). The rise and fall of complementary medicine. *Journal of the Royal Society of Medicine*, 91, 235-6.

Festinger, L. (1957). *A Theory of Cognitive Dissonance.* Stanford, CA, Stanford University Press.

Fisher, J. and Hinde, R. A. (1949). The opening of milk bottles by birds. *British Birds*, 42, 347-57.

Fisher, R. A. (1930). *The Genetical Theory of Natural Selection.* Oxford University Press.

Forer, B. R. (1949). The fallacy of personal validation: A classroom demonstration of gullibility. *Journal of Abnormal and Social Psychology*, 44, 118-23.

Freeman, D. (1996). *Margaret Mead and the Heretic: The Making and Unmaking of an Anthropological Myth.* London, Penguin.

Gabora, L. (1997). The origin and evolution of culture and creativity. *Journal of Memetics*, l, http://www. cpm. mmu. ac. uk/jom – emit/1997/vol l/gaboral. html.

Galef, B. G. (1992). The question of animal culture. *Human Nature*, 3, 157 – 78.

Gallup, G. H. and Newport F. (1991). Belief in paranormal phenomena among adult Americans. *Skeptical Inquirer*, 15, 137 – 46.

Gatherer, D. (1997). The evolution of music-a comparison of Darwinian and dialectical methods. *Journal of Social and Evolutionary Systems*, 20, 75 – 93.

Gatherer, D. (1998). Meme pools, World 3, and Averroes's vision of immortality. *Zygon*, 33, 203 – 19.

Gould, S. J. (1979). Shades of Lamarck. *Natural History*, 88, 22 – 8.

Gould, S. J. (1991). *Bully for Brontosaurus*. New York, Norton.

Gould, S. J. (1996a). *Full House*. New York, Harmony Books. (Published in the UK as *Life's Grandeur*, London, Cape.)

Gould, S. J. (1996&). BBC Radio 4. *Start the Week* Debate with S. Blackmore, S. Fry and O. Sacks, 11 November.

Gould, S. J. and Lewontin, R. (1979). The spandrels of San Marco and the Panglossian paradigm: A critique of the adaptationist programme. *Proceedings of the Royal Society*, B205, 581 – 98.

Grant, G. (1990). Memetic lexicon. http://pespmcl. vub. ac. be/ * memes. html.

Gregory, R. L. (1981). *Mind in Science: A History of Explanations in Psychology and Physics*. London, Weidenfeld & Nicolson.

Grosser, D., Polansky, N. and Lippitt, R. (1951). A laboratory study of behavioral contagion. *Human Relations*, 4, 115 – 42.

Hameroff, S. R. (1994). Quantum coherence in microtubules: A neural basis for emergent consciousness? *Journal of Consciousness Studies*, 1, 91 – 118.

Hamilton, W. D. (1963). The evolution of altruistic behaviour. *American Naturalist*, 97,

354 – 6.

Hamilton, W. D. (1964). The genetical evolution of social behaviour: 1. *Journal of Theoretical Biology*, 7, 1 – 16.

Hamilton, W. D. (1996). *Narrow Roads of Gene Land: 1. The Evolution of Social Behaviour.* Oxford, Freeman/Spektrum.

Hartung, J. (1995). Love thy neighbour: the evolution of in-group morality. *Skeptic*, 3: 4, 86 – 99.

Harvey, P. H. and Krebs, J. R. (1990). Comparing brains. *Science*, 249, 140 – 6.

Heyes, C. M. (1993). Imitation, culture and cognition. *Animal Behaviour*, 46, 999 – 1010.

Heyes, C. M. and Galef, B. G. (ed.) (1996). *Social Learning in Animals: The Roots of Culture.* San Diego, CA, Academic Press.

Hofstadter, D. R. (1985). *Metamagical Themas: Questing for the Essence of Mind and Pattern.* New York, Basic Books.

Hull, D. L. (1982). The naked meme. In *Learning, Development and Culture*. (ed. H. C. Plotkin), pp. 273 – 327. London, Wiley.

Hull, D. L. (1988a). Interactors versus vehicles. In *The Role of Behaviour in Evolution*, (ed. H. C. Plotkin), pp. 19 – 50. Cambridge, MA, MIT Press.

Hull, D. L. (1988fc). A mechanism and its metaphysic: an evolutionary account of the social and conceptual development of science. *Biology and Philosophy*, 3, 123 – 55.

Hume, D. (1739 – 40). *A Treatise of Human Nature.* Oxford.

Humphrey, N. (1986). *The Inner Eye.* London, Faber and Faber.

Humphrey, N. (1995). *Soul Searching: Human Nature and Supernatural Belief.* London, Chatto & Windus.

Jacobs, D. M. (1993). *Secret Life: First hand accounts of UFO abductions.* London, Fourth Estate.

Jerison, H. J. (1973). *Evolution of the Brain and Intelligence*. New York, Academic Press.

Johnson, T. R. (1995). The significance of religion for aging well. *American Behavioral Scientist*, 39, 186 – 209.

Kauffman, S. (1995). *At Home in the Universe: The Search for Laws of Complexity*. Oxford University Press.

King, M., Speck, P. and Thomas, A. (1994). Spiritual and religious beliefs in acute illness-is this a feasible area for study? *Social Science and Medicine*, 38, 631 – 6.

Krings, M., Stone, A., Schmitz, R. W., Krainitzki, H., Stoneking, M. and Pääbo, S. (1997). Neanderthal DNA sequences and the origin of modern humans. *Cell*, 90, 19 – 30.

Langer, E. J. (1975). The illusion of control. *Journal of Personality and Social Psychology*, 32, 311 – 28.

Leakey, R. (1994). *The Origin of Humankind*. London, Weidenfeld & Nicolson.

Levy, D. A. and Nail, P. R. (1993). Contagion: A theoretical and empirical review and reconceptualization. *Genetic, Social, and General Psychology Monographs*. 119, 235 – 84.

Libet, B. (1981). The experimental evidence of subjective referral of a sensory experience backwards in time. *Philosophy of Science*, 48, 182 – 97.

Libet, B. (1985). Unconscious cerebral initiative and the role of conscious will involuntary action. *Behavioral and Brain Sciences*, 8, 529 – 39. (With commentaries 539 – 66; and *BBS*, 10, 318 – 21.)

Libet, B., Pearl, D. K., Morledge, D. E., Gleason, C. A. Hosobuchi, Y. and Barbaro, N. M. (1991). Control of the transition from sensory detection to sensory awareness in man by the duration of a thalamic stimulus: The cerebral 'time-on' factor. *Brain*, 114, 1731 – 57.

Lumsden, C. J. and Wilson, E. O. (1981). *Genes, Mind and Culture*. Cambridge, MA, Harvard University Press.

Lynch, A. (1991). Thought contagion as abstract evolution. *Journal of Ideas*, 2, 3–10.

Lynch, A. (1996). *Thought Contagion: How Belief Spreads through Society.* NewYork, Basic Books.

Lynch, A., Plunkett, G. M., Baker, A. J. and Jenkins, P. F. (1989). A model of cultural evolution of chaffinch song derived with the meme concept. *The American Naturalist*, 133, 634–53.

Machiavelli, N. (c. 1514). *The Prince.* (London, Penguin, 1961, trans. G. Bull.)

Mack, J. E. (1994). *Abduction: Human encounters with aliens.* London, Simon & Schuster.

Mackay, C. (1841). *Extraordinary Popular Delusions and the Madness of Crowds.* (Reprinted, New York, Wiley, 1996.)

Marsden, P. (1997). *Crash contagion and the Death of Diana: Memetics as a new paradigm for understanding mass behaviour.* Paper presented at the conference 'Death of Diana', University of Sussex, 14 November.

Marsden, P. (1998a). Memetics as a new paradigm for understanding and influencing customer behaviour. *Marketing Intelligence and Planning*, 16, 363–8.

Marsden, P. (1998&). *Operationalising memetics: suicide, the Werther Effect, and the work of David P. Phillips.* Paper presented at the Fifteenth International Congress on Cybernetics, Symposium on Memetics, Namur, August.

Marx, K. (1904). *A Contribution to the Critique of Political Economy.* Chicago, IL, Charles H. Kerr.

Maynard Smith, J. (1996). Evolution-natural and artificial. In *The Philosophy of Artificial Life*, (ed. M. A. Boden), pp. 173–8. Oxford University Press.

Maynard Smith, J. and Szathmary, E. (1995). *The Major Transitions of Evolution.* Oxford, Freeman/Spektrum.

Mead, M. (1928). *Coming of Age in Samoa.* (London, Penguin, 1963.)

Meltzoff, A. N. (1988). Imitation, objects, tools, and the rudiments of language in human ontogeny. *Human Evolution*, 3, 45 – 64.

Meltzoff, A. N. (1990). Towards a developmental cognitive science: the implications of cross-modal matching and imitation for the development of representation and memory in infancy. *Annals of the New York Academy of Science*, 608, 1 – 37.

Meltzoff, A. N. (1996). The human infant as imitative generalist: A 20-year progress report on infant imitation with implications for comparative psychology. In *Social Learning in Animals: The Roots of Culture*, (ed. C. M. Heyes and B. G. Galef), pp. 347 – 70, San Diego, CA, Academic Press.

Meltzoff, A. N. and Moore, M. K. (1977). Imitation of facial and manual gestures by human neonates. *Science*, 198, 75 – 8.

Mestel, R. (1995). Arts of seduction. *New Scientist*, 23/30 December, 28 – 31.

Midgley, M. (1994). Letter to the Editor. *New Scientist*, 12 February, 50.

Miller, G. (1993). Evolution of the Human Brain through Runaway Sexual Selection. PhD thesis, Stanford University Psychology Department.

Miller, G. (1998). How mate choice shaped human nature: A review of sexual selection and human evolution. In *Handbook of Evolutionary Psychology: Ideas, Issues, and Applications* (ed. C. Crawford and D. Krebs), pp. 87 – 129, Mahwah, NJ: Erlbaum.

Miller, N. E. and Dollard, J. (1941). *Social Learning and Imitation*. New Haven, CT, Yale University Press.

Mithen, S. (1996). *The Prehistory of the Mind*. London, Thames and Hudson.

Moghaddam, F. M., Taylor, D. M. and Wright, S. C. (1993). *Social Psychology in Cross-Cultural Perspective*. New York, Freeman.

Myers, F. W. H. (1903). *Human Personality and its Survival of Bodily Death*. London, Longmans, Green.

Osis, K. and Haraldsson, E. (1977). Deathbed observations by physicians and nurses: A cross-cultural survey *Journal of the American Society for Psychical Research*, 71, 237 –59.

Otero, C. P. (1990). The emergence of homoloquens and the laws of physics. *Behavioral and Brain Sciences*, 13, 747 – 50.

Parfit, D. (1987). Divided minds and the nature of persons. In *Mindwaves*, (ed. C. Blakemore and S. Greenfield), pp. 19 – 26. Oxford, Blackwell.

Penrose, R. (1994). *Shadows of the Mind: A Search for the Missing Science of Consciousness.* Oxford University Press.

Persinger, M. A. (1983) Religious and mystical experiences as artifacts of temporal lobe function: A general hypothesis. *Perceptual and Motor Skills*, 57, 1255 – 62.

Phillips, D. P. (1980). Airplane accidents, murder, and the mass media: Towards a theory of imitation and suggestion. *Social Forces*, 58, 1000 – 24.

Pinker, S. (1994). *The Language Instinct.* New York, Morrow.

Pinker, S. (1998). *How the Mind Works.* London, Penguin.

Pinker, S. and Bloom, P. (1990). Natural language and natural selection. *Behavioral and Brain Sciences*, 13, 707 – 84. (with commentaries by others.)

Plimer, I. (1994). *Telling Lies for Cod.* Milsons Point, NSW, Australia, Random House.

Plotkin, H. C. (ed.) (1982). *Learning, Development and Culture: Essays in Evolutionary Epistemology.* Chichester, Wiley.

Plotkin, H. C. (1993). *Darwin Machines and the Nature of Knowledge.* London, Penguin.

Popper, K. R. (1972). *Objective Knowledge: An Evolutionary Approach.* Oxford University Press.

Popper, K. R. and Eccles, J. C. (1977). *The Self and its Brain: An Argument for Interactionism.* Berlin, Springer.

Provine, R. R. (1996). Contagious yawning and laughter: Significance for sensory feature detection, motor pattern generation, imitation, and the evolution of social behaviour. In

Socicl Learning in Animals: *The Roots of Culture*, (ed. C. M. Heyes and B. G. Galef), pp. 179 – 208. San Diego, CA, Academic Press.

Pyper, H. S. (1998). The selfish text: the Bible and memetics. In *Biblical Studies and Cultural Studies*, (ed. J. C. Exum and S. D. Moore), pp. 70 – 90. Sheffield Academic Press.

Reiss, D. and McCowan, B. (1993). Spontaneous vocal mimicry and production by bottlenose dolphins (*Tursiops truncatus*): Evidence for vocal learning. *Journal of Comparative Psychology*, 107, 301 – 12.

Richerson, P. J. and Boyd, R. (1989). The role of evolved predispositions in cultural evolution: Or, human sociobiology meets Pascal's wager. *Ethology and Sociobiology*, 10, 195 – 219.

Richerson, P. J. and Boyd, R. (1992). Cultural inheritance and evolutionary ecology. In *Evolutionary Ecology and Human Behaviour*, (ed. E. A. Smith and B. Winterhalder), pp. 61 – 92. Chicago, IL, Aldine de Gruyter.

Ridley, Mark (1996). *Evolution*, (2nd edn). Oxford, Blackwell.

Ridley, Matt (1993). *The Red Queen*: *Sex and the Evolution of Human Nature*. London, Viking.

Ridley, Matt (1996). *The Origins of Virtue*. London, Viking.

Ring, K. (1992). *The Omega Project*. New York, Morrow.

Rose, N. J. (1997). Personal communication.

Rose, N. J. (1998). Controversies in meme theory. *Journal of Memetics*: *Evolutionary Models of Information Transmission*, 2, http://www.cpm.mmu.ac.uk/jom – emit/1998/vol 2/rose_n. html.

Runciman, W. G. (1998). The selectionist paradigm and its implications for sociology. *Sociology*, 32, 163 – 88.

Sheils, D. (1978). A cross-cultural study of beliefs in out-of-the-body experiences. *Journal of the Society for Psychical Research*, 49, 697 – 741.

Sherry, D. F. and Galef, B. G. (1984). Cultural transmission without imitation: milk bottle opening by birds. *Animal Behaviour*, 32, 937 – 8.

Showalter, E. (1997). *Hystories: Hysterical Epidemics and Modern Culture.* New York, Columbia University Press.

Silver, L. M. (1998). *Remaking Eden: Cloning and Beyond in a Brave New World.* London, Weidenfeld & Nicolson.

Singh, D. (1993). Adaptive significance of female physical attractiveness: role of waist-to-hip ratio. *Journal of Personality and Social Psychology*, 65, 293 – 307.

Skinner, B. F. (1953). *Science and Human Behavior.* New York, Macmillan.

Spanos, N. P., Cross, P. A., Dickson, K., and Du Breuil, S. C. (1993). Close encounters: An examination of UFO experiences. *Journal of Abnormal Psychology*, 102, 624 – 32.

Speel, H. -C. (1995). *Memetics: On a conceptual framework for cultural evolution.* Paper presented at the symposium 'Einstein meets Magritte', Free University of Brussels, June.

Sperber, D. (1990). The epidemiology of beliefs. In *The Social Psychological Study of Widespread Beliefs*, (ed. C. Eraser and G. Gaskell), pp. 25 – 44. Oxford Univesity Press.

Stein, G. (ed.) (1996). *The Encyclopedia of the Paranormal.* Buffalo, NY, Prometheus.

Strawson, G. (1997). The self. *Journal of Consciousness Studies*, 4, 405 – 28.

Symons, D. (1979). *The Evolution of Human Sexuality.* New York, Oxford University Press.

Thorndike, E. L. (1898). Animal intelligence: An experimental study of the associative processes in animals. *Psychological Review Monographs*, 2, No. 8.

Tomasello, M., Kruger, A. C. and Ratner, H. H. (1993). Cultural learning. *Behavioral and Brain Sciences*, 16, 495 – 552.

Tooby, J. and Cosmides, L. (1992). The psychological foundations of culture. In *The Adapted Mind: Evolutionary Psychology and the Generation of Culture*, (ed. J. H. Barkow, L. Cosmides and J. Tooby), pp. 19 – 136. New York, Oxford University Press.

Toth, N. and Schick, K. (1993). Early stone industries and inferences regarding language and cognition. In *Tools, Language and Cognition in Human Evolution* (ed. K. Gibson and T. Ingold), pp. 346 – 62. Cambridge University Press.

Trivers, R. L. (1971). The evolution of reciprocal altruism. *Quarterly Review of Biology*, 46, 35 – 56. Trivers, R. L. (1972). Parental investment and sexual selection. In *Sexual Selection and the Descent of Man*, (ed. B. Campbell), pp. 136 – 79. Chicago, IL, Aldine de Gruyter.

Trivers, R. L. (1985). *Social Evolution*. Menlo Park, CA, Benjamin/Cummings.

Tudge, C. (1995). *The Day before Yesterday: Five Million Years of Human History*. London, Cape.

Turkic, S. (1995). *Life on the Screen: Identity in the Age of the Internet*. New York, Simon & Schuster.

Ulett, G. (1992). *Beyond Yin and Yang: How Acupuncture Really Works*. St. Louis, MO, Warren H. Green.

Ulett, G. A., Han, S. and Han, J. (1998). Electroacupuncture: Mechanisms and clinical application. *Biological Psychiatry*, 44, 129 – 38.

Wagstaff, G. F. (1998). Equity, justice and altruism. *Current Psychology*, 17, 111 – 34.

Walker, A. and Shipman, P. (1996). *The Wisdom of Bones: In Search of Human Origins*. London, Weidenfeld & Nicolson.

Wallace, A. R. (1891). *Natural Selection and Tropical Nature: Essays on Descriptive and Theoretical Biology*. London, Macmillan.

Warraq, I. (1995). *Why I am not a Muslim.* Buffalo, NY, Prometheus.

Watson, J. D. (1968). *The Double Helix.* London, Weidenfeld & Nicolson.

Whiten, A. and Byrne, R. W. (1997). *Machiavellian Intelligence*: 11. *Extensions and Evaluations.* Cambridge University Press.

Whiten, A. Custance, D. M., Gomez, J.-C., Teixidor, P. and Bard, K. A. (1996). Imitative learning of artificial fruit processing in children (*Homo sapiens*) and chimpanzees (*Pan troglodytes*). *Journal of Comparative Psychology*, 110, 3–14.

Whiten, A. and Ham, R. (1992). On the nature and evolution of imitation in the animal kingdom: Reappraisal of a century of research. In *Advances in the Study of Behavior*, Vol. 21, (ed: P. J. B. Slater, J. S. Rosenblatt, C. Beer and M. Milinski), pp. 239–81. San Diego, CA, Academic Press.

Williams, G. C. (1966). *Adaptation and Natural Selection.* Princeton, NJ, Princeton University Press.

Wills, C. (1993). *The Runaway Brain*: *The Evolution of Human Uniqueness.* NewYork, Basic Books.

Wilson, D. S. and Sober, E. (1994). Reintroducing group selection to the human behavioral sciences. *Behavioral and Brain Sciences*, 17, 585–654 (with com-mentaries by others).

Wilson, E. O. (1978). *On Human Nature.* Cambridge, MA, Harvard University Press.

Wilson, I. (1987). *The After Death Experience.* London, Sidgwick & Jackson.

Wispe, L. G. and Thompson, J. N. (1976). The war between the words: biological versus social evolution and some related issues. *American Psychologist*, 31, 341–84.

Wright, D. (1998). *Translated terms as meme-products*: *The struggle for existence in Late Qing chemical terminologies.* Paper presented at the conference 'China and the West', Technical University of Berlin, August.

Wright, R. (1994). *The Moral Animal.* New York, Pantheon.

Yando, R., Seitz, V., and Zigler, E. (1978). *Imitation: A Developmental Perspective*. New York, Wiley.

Young, J. Z. (1965). *A Model of the Brain*. Oxford, Clarendon.

Zentall, T. R. and Galef, B. G. (ed.) (1988). *Social Learning: Psychological and Biological Perspectives*. Hillsdale, NJ, Erlbaum.

索 引
Index

acupuncture 针灸 185, 186

adoption 收养 121, 142–3

adultery 通奸 135

advertising 广告 141, 173

afterlife 来世 6, 18, 179–82, 195, 200–1, 219

AIDS 艾滋病 140, 146

alarm calls 警报声 47

alien abductions 外星人绑架 175, 180, 182, 183, 188

alien implants 外星人嵌入物 175, 178

Allison, Paul 保罗·艾利森 160, 170, 190–1, 155, 157–8

alternative medicine 替代医疗 184–6, 194

alternative therapy 替代疗法 227

altruism 利他主义 21, 147–74
    definition 利他主义的定义 147
    meme-driven 模因驱动的利他主义 164–5, 168, 169, 172–4
    reciprocal 互惠利他主义 76, 104, 149–56, 159, 167, 172–4, 229, 246

trick 利他主义伎俩 1655, 170, 181, 184, 186, 189, 193, 195, 201

American, native 印第安人 113

analogue 模拟 58, 102, 213

anatta 无我 230

apes 类人猿 68, 69, 71, 97, 90

arms race 军备竞赛 74, 109

assortative mating 选型交配 124

astrology 占星术 41, 184, 231

Australopithecines 南方古猿 69–70, 71, 89–90

Axelrod, Robert 罗伯特·阿瑟罗德 151

Baars 224

babies 婴儿 112, 125, 135, 141; see also infants

bacteria 细菌 21, 109

Baker, Robin 罗宾·贝克尔 129

Baldwin Effect 鲍德温效应 116–19

Baldwin, James 詹姆斯·鲍德温 24, 116–17

Balzac, Honore de 奥诺雷·德·巴尔扎克 131

Barnum Effect 巴纳姆效应 183

Bartlett, Sir Frederic 弗雷德里克·巴特利特爵士 14

Basalla, George 乔治·巴萨拉 27–8

beauty trick 美的伎俩 189, 192, 193, 195, 201

bees 蜜蜂 161

Beethoven, Ludwig von 路德维吉·冯·贝多芬 53

behaviourism 行为主义 112

Bellis, Mark 马克·贝利斯 129

beneficent norms 慈善规范 160, 170, 172, 190–1

beneficent rules 慈善规则 157–8

benign user illusion 良性用户幻觉 225, 229, 230, 237, 238

Benzon, William 威廉·本宗 64

Berlin, Brent 布兰特·伯林 113

Bible 圣经 25, 26, 192, 232

bipedalism 直立行走 69, 71

birds 鸟类 48, 79, 118, 123, 128,

birdsong 鸟叫声 49, 72, 78 161

birth control 节育 135, 139–42, 143, 145, 190

birth rate 出生率 121, 144–5

Blake, William 威廉·布莱克 56

blind 盲目的 222

'blind watchmaker' "盲人钟表匠" 240

blood donation 献血 152

Bloom, Paul 保罗·布鲁姆 94–5

Boas, Franz 弗朗兹·博阿斯 114

bots 217

Boyd, Robert 罗伯特·博伊德 35, 75, 108, 120, 198

brain damage 大脑受损 46, 71–2

Broca's area 布洛卡区 72, 89

Brodie, Richard 理查德·布罗迪 ix, 22, 45, 53, 65, 121, 135, 163, 241

Bronowski, Jacob 雅各布·布鲁诺斯基 53

Bucke, Richard 理查德·巴克 211

Buddhism 佛教 189, 195, 199, 230–1

burial 葬礼 89, 195, 200

Buss, David 戴维·巴斯 126–7, 128

bystander apathy 旁观者的冷漠 152

Campbell, Donald 唐纳德·坎贝尔 17, 29

Campbell's Rule 坎贝尔法则 17, 18, 35, 62

cannibalism 食人行为 34

capacity for culture 文化潜能 32

Cartesian Theatre 笛卡尔剧场 225, 226, 239

Catholicism 天主教 xiv, 135, 139, 187–8, 191–2

cats 猫 40, 43–5, 109, 139, 182–3, 237

Cavalli-Sforza, Luigi 路易吉·卡沃利-

斯福尔扎 34，132
celibacy 独身 134，138-9，143，197
Chagnon，Napoleon 拿破仑·沙尼翁 199
chain letters 连锁信 7，19，21
Chalmers，David 大卫·查尔默斯 237
chaos 混乱 12
Chaplin，Charlie 查尔斯·卓别林 131
charity 慈善 164，165-6，169
chastity 贞洁 128
cheats 骗子 42，96，97，156
Cherokee 切罗基人 206
Chihuahua Fallacy 吉娃娃谬论 68
child care 生养孩子 123
childbirth 生孩子 71，119，127
chimpanzees 黑猩猩 49，50，69，88，97
Chomsky，Noam 诺姆·乔姆斯基 93-4
Christianity 基督教 179-80，181，191，192，194
Churchland，Patricia 帕特里夏·丘奇兰德 220
Cialdini，Robert 罗伯特·西奥迪尼 171
circumcision 割礼 xiii，135，191
Claxton，Guy 盖伊·克莱斯顿 227，245
Cloak，F. T. F. T. 克劳克 31-3，35，63，64，110
cloning 克隆 145-6
co-adapted meme-complex 共同适应模因复合体 xiv，19
coevolution 协同进化 98，118
    gene-culture 基因-文化协同进化 33，35
    gene-meme 基因-模因协同进化 93-108，118-19，129，133，159，162
    religion and genes 宗教和基因的协同进化 195-7
cognitive dissonance 认知失调 165-6，185
colours，naming 颜色命名 112-14
co-memes 共模因 168
complexity 复杂性 12，13，28，122
computer games 电脑游戏 217
computers 电脑 204-18
conditioning 条件作用 4，34，44，45，117
consciousness 意识 1-3，22，73，204，206，219-46
    artificial 人工意识 218，238
consistency principle 一致性原则 165，186
conspiracy theories 阴谋论 178，180
contagion 传染 46，47
contraception 节育 123，129，190
Copernicus，Nicholas 尼古拉·哥白尼 8，32
copybots 复制机器人 106
copy-the-instruction 复制指令 xi，61-2，64，213-15
copy-the-product 复制产品 xi，61-2，64，213-15
Cosmides，Leda 勒达·科斯米德斯 111，115

索引

creativity 创造力 15, 131, 206, 239-40, 242

Crick, Francis 弗朗西斯·克里克 xii, 221, 235

Cronin, Helena 海伦娜·克罗宁 148

Crook, John 约翰·克鲁克 134, 229

Csikszentmihalyi, Mihalyi 米哈里·契克森米哈 230, 241

cults 狂热崇拜 170, 187, 231

cultural fitness 文化适应性 34, 158

cultural instructions 文化指令 31-2

cultural relativism 文化相对主义 112-14

cultural trait 文化特征 33, 34, 83

culturgen 文化基因 xiv, 33

Da Vinci, Leonardo 列奥那多·达·芬奇 131

Daly, Martin 马丁·达利 128

Damasio, Antonio 安东尼奥·达马西奥 46

Darwin machine 达尔文机器 15, 16, 40

Darwin, Charles 查尔斯·达尔文 11, 56, 79, 148, 149
   and language 和语言 24-5
   Origin of Species 物种起源 10, 56
   theory of evolution by natural selection 自然选择进化论 1, 8, 10, 235

Darwin, Erasmus 伊拉斯莫斯·达尔文 10

Dawkins, Richard 理查德·道金斯 4-6, 21, 28, 32-6, 53, 205, 241

altruism 利他主义 152

biological advantage 生物优势 30-1, 33, 108

Blind Watchmaker《盲人钟表匠》240

Climbing Mount Improbable《攀登不可思议之山》13, 28

co-adapted meme-complexes 共同适应模因复合体 19

definition of meme 模因的定义 4-6, 63-4,

extended phenotype 延伸的表现型 109-10

fidelity, fecundity, longevity 保真度, 繁殖力, 持久性 58, 100

religion 宗教 110, 138-9, 187-8, 191-2, 232

replicators and vehicles 复制子与载具 5, 65-6, 198

The Selfish Gene 自私的基因 4-6, 219

virus of the mind 精神病毒 22, 110

Deacon, Terrence 泰伦斯·迪肯 67, 68, 97-8, 104, 108

deaf 聋人 87, 88

death 死亡 179-82, 185, 199

deception 欺骗 76

Delius, Juan 胡安·戴留斯 xii, 64, 110

Dennett, Daniel 丹尼尔·丹尼特 11, 14, 35, 53-4, 64-5, 118,

and consciousness 和意识 22，223，225，238

benign user illusion 良性用户幻觉 225，229，230-1，237-8

Cartesian Theatre 笛卡尔剧场 225，226

cui bono? 谁受益？30，34，

Design Space 设计空间 13，28

evolutionary algorithm 进化算法 11，63

free will 自由意志 237

good tricks 好伎俩 101

human mind 人类心智 207

intentional stance 意向立场 229

Tower of Generate and Test 生成和测试塔 16-19

Descartes，Rene 勒内·笛卡尔 219-20

Diamond，Jared 贾里德·戴蒙德 25，26

Diana，Princess of Wales 戴安娜王妃 84-5，169，170

dictionary 词典 viii，8digital x-xii，57-8，59，100，102-3，213，216

divination 占卜 182-4

dogs 狗 44，68，148

dolphins 海豚 3-4，50，150，161

Donald，Merlin 梅林·唐纳德 90，98，108

Du Preez，Peter 皮特·杜普里兹 155

Dual Inheritance Model 双重遗传模型 35

dualism 二元论 206，220，225，229

Dunbar，Robin 罗宾·登巴 96-7

Durham，William 威廉·杜伦 17，35，64，108

Eccles，Sir John 约翰·伊克莱斯爵士 220

Egyptians 埃及人 26，206

e-mail 电子邮件 140-1，212

encephalisation quotient 脑化商数 68

endorphins 内啡肽 179，185

epidemiology 流行病学 ix

Eskimos 因纽特人 113-14

evolutionary stable strategy 进化稳定策略 151

evolutionary algorithm 进化算法 11-14，22，63，94，106，204

evolutionary epistemology 进化认识论 29

evolutionary psychology 进化心理学 36，41，58，111，115，121

altruism and 利他主义与进化心理学 147-54，166

language and 语言与进化心理学 83

religion and 宗教与进化心理学 196

sex and 性与进化心理学 122-9

family planning 计划生育 121

farming 农业 26-7，133

fax machine 传真机 140，204，212

Fayu 法尤 199

fecundity 繁殖力 100-7，119，204，205，208-9，212

definition 繁殖力定义 58

Feldman, Marcus 马库斯·菲尔德曼 34, 132

fidelity 保真度 x, xiv, 57-8, 100-7, 119, 204-5, 208-9, 212-13

    definition 保真度定义 58

fire 火 69, 78, 89, 95

Fisher, R. A. R. A. 费雪 125

foraging 觅食 73, 95, 97, 105

Foré 福尔 34

foresight 远见 240-1

    conscious 有意识的远见 103, 142, 241

    genes have no 基因没有远见 110, 119, 122

    replicators have no 复制子没有远见 13, 42, 145

fortune telling 算命 182-4

free will 自由意志 32, 33, 221, 225, 236-7, 244

Freeman, Derek 德雷克·弗里曼 114-15

frogs 青蛙 117, 123

frontal cortex 额叶皮层 71

    lobe 额叶 46

Gabora, Liane 利亚尼·加博拉 45, 64

Gage, Phineas 菲尼亚斯·盖奇 71-2

Galileo 伽俐略 8

game theory 博弈论 150

Gatherer, Derek 德雷克·加德拉 55

Gav 加夫 157

Gavin 加文 154-5, 165-6

Geldof, Bob 鲍勃·盖尔多夫 169, 170

gene, definition 基因，定义 53-4

gene pool 基因库 xv, 144

genetic engineering 基因工程 145-6

genotype 基因型 xi, 32, 59-62, 64

germ line 生殖细胞系 60, 66, 101

gorillas 大猩猩 50, 73, 88

gossip 闲聊 96, 212

Gould, Stephen Jay 史蒂芬·丁·古尔德 13, 17, 28, 93-4

Graham, Billy 比利·格拉汉姆 193

grammar 语法 87, 93-107

    module 语法模块 112

    Universal 普遍语法 93-5

Grant, G. G. 格兰特 64

greater-goodism 更大利益原则 148, 151

green movement 绿色运动 168

Gregory, Richard 理查德·格利高里 118

grooming 理毛 96-7, 147

group selection 群体选择 148, 197-200

Haldane, J. B. S. J. B. S. 霍尔丹 148

Hameroff, Stuart 斯图亚特·哈默罗夫 220

Hamilton, William 威廉·汉密尔顿 148

handedness 左右利手 72, 90

'hard problem' 难题 2, 237

Hartung, J. J. 哈唐 191

healing 治疗 30, 182, 186, 187-8,

323

193

heaven 天堂 179，181，182，196，200

hell 地狱 188，196

Hendrix，Jimi 吉米·亨德里克斯 130

Hinduism 印度教 179–80，189，191，199

Hofstadter，Douglas R. 候世达 18

homeopathy 顺势疗法 182，185

Homo erectus 直立人 69，71，73，78，89–91

Homo habilis 能人 69，76，89，123

Homo psychologicus 人属心理学 73，229

Homo sapiens 智人 69，89–91，123

homosexuality 同性恋 123，135，137，201

Hull，David 戴维·赫尔 5，29

Hume，David 大卫·休谟 226

Humphrey，Nicholas 尼克莱斯·汉弗莱 73，229

hunter-gatherers 狩猎–采集者 27，36，87，121–46，166，195

hunting 狩猎 95，97，105，109，127，130，199.

hypnosis 催眠 177，185

i-culture 31–2，63，64

illusion of control 控制错觉 183–4，185

imitation，definition 模仿，定义 6，47

immune system 免疫系统 16，74

imprinting 印刻 34

inclusive fitness 内含适应性 149

incubus 梦魇 177

Indians，American 美洲印第安人 113
　　Mexican 墨西哥印第安人 206

infanticide 杀婴 125

infants 婴儿 50，51，160；see also babies

infidelity 背叛 128

insight 洞察力 75

intelligence，artificial 人工智能 1，112，217，218

intentional stance 意向立场 229–30

intentionality 意图 98，162，229

interactor 交互体 5

Internet 网络 ⅷ-ⅸ，ⅹⅲ-ⅹⅳ，142，216–18

inventions 发明 26，215

investment，parental 亲代投资 79

Islam 伊斯兰教 25，190，191，194，201，

Jacobs，David 大卫·雅各布斯 176

Japan 日本 208

Japanese 日本人 207

jealousy 嫉妒 36，128，134

Johansen，Donald 唐纳德·纳翰森 69

Jones，Sir William 威廉·琼斯 25

Judaism 犹太教 189，199

justice 正义 150

Kauffman，Stuart 斯图亚特·考夫曼 12

Kay，Paul 保罗·凯伊 113

Kev 卡夫 157，158，160，168

Kevin 卡文 154 – 6, 165

kin selection 亲属选择 149 – 61, 190, 246

Koran 古兰经 190, 191

K-selection k 策略 100 – 1, 212

Lamarck, Jean-Baptiste de 让·巴蒂斯特·拉马克 10, 59, 60

Lamarckian inheritance 拉马克式遗传 xi-xii, 59 – 62, 116, 215

language 语言 82 – 107, 132 – 3, 207 – 9

 apes and 类人猿与语言 90

 artificial 人工语言 106, 218

 brain areas 大脑语言区 72

 chimpanzees and 黑猩猩与语言 88

 function of 语言的功能 93 – 107

 instinct 语言本能 88

 monkeys and 猴子与语言 95 – 7

 Neanderthals and 尼安德塔人与语言 70

 origins of 语言的起源 82 – 92, 99 – 107, 205, 242

 sign 手语 87 – 8, 102

laughter 大笑 47, 72

Leakey, Richard 理查德·利基 89

learning 学习 4; see also conditioning

 social 社会学习 47 – 50, 75

leash, culture on a 被控制的文化 32 – 5, 80, 111, 119, 132, 144

Libet, Benjamin 本杰明·利贝 225 – 7

local enhancement 局部增强 48

longevity 持久性 100 – 7, 119, 204, 205, 212 – 13

 definition 持久性的定义 58

Lucy 露西 69, 89, 91

Lumsden, Charles 查尔斯·拉姆斯登 33, 108

Lynch, Aaron 艾隆·林奇 ix, 22, 64, 134, 201

Lysenko, T. D. T. D. 李森科 60

Machiavelli, Niccolo 尼科洛·马基雅维利 74

Machiavellian Intelligence 马基雅维利式智慧 74, 75 – 6, 95 – 6, 104, 229

Mack, John 约翰·麦克 176

Mackay, Charles 查尔斯·麦凯 75

map, mental/cognitive 心理/认知地图 44, 73

marketing 市场营销 141, 193

marriage 婚姻 128, 134, 136 – 9, 169

Marx, Karl 卡尔·马克思 24, 235

masturbation 手淫 135, 137

mate choice 择偶 77 – 81, 104 – 5, 124 – 31, 134, 197

Maynard Smith, John 约翰·梅纳德·史密斯 59, 91

m-culture 31 – 2, 64

Mead, Margaret 玛格丽特·米德 114 – 15

meat eating 吃肉 71，73，157，167

meditation 冥想 38，42，193，226

meme, definition 模因，定义 4 – 6，43，63

    buttons 模因按钮 121，163

    fountain 模因泉 155，157，160，163

    phenotype 模因表现型 62 – 6

    pool 模因池 xiv，41，49，55，86，210

    products 模因产物 64，155，163

    vehicle 模因载具 63

    unit of 模因的单位 53 – 4

memeplex, definition 模因复合体，定义 19 – 20

memetic

    driving 模因驱动 108，116 – 9，130，133，160，164

    engineering 模因工程 xiv，193，233

    theory of altruism 利他主义的模因理论 155

Memetics, Journal of 模因学，模因学杂志 8

memotype 模因型 xiv，64

Mendel, Gregor 格雷戈尔·孟德尔 xii

mental representation 心理表征 64

microtubules 微管 220

Midgley, Mary 玛丽·米吉利 17

Miller, Geoffrey 乔弗里·米勒 131

mimesis 拟态 98

mind, theory of 心智，心理理论 75

Minsky, Marvin 马文·明斯基 2

miracles 奇迹 193

monkeys 猴子 48，49，95 – 7，102，149

monogamy 一夫一妻制 128，134，136

Morgan, Lewis 路易斯·摩根 24

Mormonism 摩门教 170，201

Mother Teresa 特蕾莎修女 190

MUDs 216

Munch, Edvard 爱德华 – 蒙克 54

music 音乐 55 – 6，61 – 3，66

mystical experiences 神秘体验 194，197

Neanderthals 尼安德塔人 69 – 70，120，195

near-death experience 濒死体验 179 – 82，188

nepotism 裙带关系 138

neural networks 神经网络 57，64

Newton, Isaac 艾撒克·牛顿 32

obligation 义务 170，172 – 4，186

Old Hag 老巫婆 177，182

orgasm 高潮 121，129

ovulation 排卵 128 – 9

parasites 寄生虫 109，139，145

    cultural instructions as 文化指令好比是寄生虫 32

    memes as 模因好比是寄生虫 6，110，159，161

parental

    care 亲本照料 148

    certainty 父子关系确定性 128

    investment 亲代投资 125 – 9

paternity 亲子关系 145

Pavlov, Ivan 伊凡·巴甫洛夫 44

Penrose, Roger 罗杰·彭罗斯 220

phemotype 模因表现型 63

phenotype 表现型 xii, 32, 59 – 66

    extended 延伸的表现型 viii, xii, 109 – 10

    meme 模因表现型 62 – 6

Picasso, Pablo 巴勃罗·毕加索 131

Pinker, Steven 史蒂芬·平克 25, 70, 88, 94 – 5, 112, 196, 237,

placebo effect 安慰剂效应 186, 188

Plato 柏拉图 xii

pleistocene 更新世 36

Plotkin, Henry 亨利·普洛特金 16, 29, 240

polyandry, fraternal 一妻多夫制, 兄弟共妻 134, 136

polygyny 一夫多妻制 134

poodle 贵宾犬 14

Popoff, Peter and Elizabeth 皮特·波波夫和伊丽莎白·波波夫 193

Popper, Sir Karl 卡尔·波普尔 28, 118, 220

population 人口 211

potlatch 159

prayer 祈祷 187 – 8, 193

printing 印刷 209 – 10

prisoner's dilemma 囚徒困境 150 – 1

progress (in evolution) 进步（进化意义上的）13, 28, 59, 94,

prosocial behaviour 亲社会行为 147

prostitution 卖淫 126

Pyper, Hugh 休·派珀 192, 23

QWERTY 208

rational choice theory 理性选择理论 158

Ray, Verne 凡尔纳·雷 112

reciprocation 互惠 172 – 4, 229; see also altruism, reciprocal

recycling 回收 168, 169

Reiss, Diana 戴安娜·里斯 3 – 4

religious experiences 宗教体验 201

replicator 复制子

    criteria for 复制子的标准 14, 100 – 7

    definition 复制子的定义 5

    power 复制子的力量 5, 13, 35, 43, 236, 240

    and vehicle 复制子与载具 5, 65 – 6, 198

reverse engineering 逆向工程 51, 214

Richerson, Peter 皮特·理查森 35, 75, 108, 120, 198

Ridley, Mark 马克·莱德利 199

Ridley, Matt 马特·莱德利 128, 159

robots 机器人 2，106 – 7，218，238

Rose，Nicholas 尼克·罗斯 239

r-selection r 策略 100，212

Rubens，Peter Paul 彼德·保罗·鲁本斯 131

Samoa 萨摩亚 114 – 15

scan，brain 扫描，大脑扫描 39，80，89

scars 伤疤 177，183

science 科学 6，28 – 9，65，176，244
   and religion 科学与宗教 202 – 3
   and spirituality 科学和灵性 244

selection，sexual 选择，性选择 79 – 80，81，131

self 自我 2 – 3，194，219 – 34，242 – 6
   awareness 自我意识 73，230
   illusory 虚幻自我 228
   real 真实自我 228

self-centered selectionism 以自我为中心的选择主义 239

selfish gene theory 自私基因理论 5，148

selfplex 自我复合体 231 – 4，236，238，243，245 – 6

Sequoyah 西科亚 206 – 7

shaping 行为塑造 45

Shipman，Pat 帕特·席曼 95

Showalter，Elaine 伊莱恩·肖瓦尔特 176

sign language 手语 87 – 8，102

Singh，Devendra 127

Skinnner，B. F. B. F. 斯金纳 44 – 5，117 – 18

sleep paralysis 睡眠麻痹 175，176 – 8，180

Smith，Joseph 约瑟夫·史密斯 170

snails 蜗牛 109 – 10，139

sociobiology 社会生物学 32 – 3，35，121，235
   altruism and 利他主义与社会生物学 147 – 52，162
   antagonism towards 对社会生物学的敌意 33，170
   language and 语言与社会生物学 83
   limits of 社会生物学的局限性 108 – 20
   religion and 宗教与社会生物学 196
   sex and 性与社会生物学 122 – 9，136，144

socioecology 社会生态学 134

sociotype 社会型 64，66

soup，primeval 汤，原始汤 5，102，205
   pumpkin 南瓜汤 61 – 3，65，213

Spencer，Herbert 赫伯特·斯宾塞 24

spiritual experiences 精神体验 194

spiritualism 唯灵论 67，193，222

spirituality 灵性 68，184，244

Standard Social Science Model（SSSM）标准社会科学模型 111 – 15

stimulus enhancement 刺激增强 48

Stokes，Doris 多里斯·斯托克斯 194

subjectivity 主观性 2，238

succubus 女妖 177

suffering 受苦 230-1, 243
suicide 自杀 47, 51
Sumerians 苏美尔人 206
symbiosis 共生关系 109, 120,
symbiont
 cultural instructions as 文化指令比作共生有机体 32
 memes as 模因比作共生有机体 110, 159, 161
 language as 语言比作共生有机体 98
symbolic threshold 符号的门槛 97-8, 104
symbols 符号 97-8, 105, 106-7
Szathmary, Eors 埃俄斯·萨斯玛利 91

taboos 禁忌 135, 137, 199
Taieb, Morris 莫里斯·塔伊布 69
talking 讲话 82-6
Talmud 塔木德 191
Tarot cards 塔罗牌 812-3
teaching 教学 34
technology 技术 27-8, 31, 64, 103, 204
 alien 外星技术 175, 178
 copying 复制技术 211
 fear of 对技术的恐惧 178
telephone 电话 212, 215
temporal lobe 颞叶 179, 197
theory of mind 心理理论 229-30
Thorndike, Edward Lee 爱德华·李·桑代克 47
tit-for-tat 一报还一报 151, 156
Tooby, John 约翰·图比 111, 115
toolmaking 工具制造 97, 195
tools 工具 72-3, 95
 mind 心智工具 118
 stone 石器 69, 76-8, 89-90, 130
Toth, Nicholas 尼克莱斯·托斯 89
Tower of Generate and Test 生成和测试塔 117-19
Toynbee, Arnold 阿诺德·汤因比 24
transmission 传播,
 horizontal 横向传播 xiii, viii, 34, 132-8, 141, 191, 201
 longitudinal 纵向传播 viii, xiii
 oblique 斜向传播 132-3
 vertical 垂直传播 34, 143, 132-8, 190, 201
Trivers, Robert 罗伯特·特里弗斯 125, 149, 151, 229
trustworthiness 可信度 150-1, 152
truth trick 真相伎俩 180-1, 182, 193, 201, 189
Tudge, Colin 科林·塔吉 26-7
tunes 曲调 6, 55-6, 169
twins 双胞胎 197

UFO 不明飞行物 175, 177, 180, 192
Universal Darwinism 普遍的达尔文主义 xvi, 5, 10-18, 24, 29

urban myth 都市神话 14 – 15，113
vampire bats 吸血蝙蝠 147，150，151
van Gogh, Vincent 文森特·梵·高 54
vegetarianism 素食主义 167
vehicle 载具 65 – 6，110，198
 definition 载具的定义 5，65
 meme 模因载具 65，215
 gene 基因载具 65
viral sentences 病毒式金句 18
virginity 童贞 115，169
virus 病毒 85，178，217
 biological 生物病毒 viii，ix，19，21 – 2
 computer 电脑病毒 20 – 2，217
 cultural instructions as 文化指令比作病毒 32
 internet 互联网病毒 20 – 1
 of the mind 思维病毒 22，110

waist-to-hip ratio 腰臀比 126
Walker, Alan 艾伦·沃克 90，95
Wallace, Alfred Russel 阿尔弗雷德·R.华莱士 11，67

Warraq, Ibn 艾宾·瓦拉克 190
Watson, James, D. 詹姆斯·沃森 xii
web sites 网站 216
weed theory 杂草理论 41，84，242
Weissman, August 奥古斯特·魏斯曼 xi，xii，59，60
Wells, H. G. H. G. 威尔斯 130
Wernicke's area 威尔尼克区 72
Williams, George C. 乔治 C. 威廉姆斯 198
Wills, Christopher 克里斯托弗·威尔斯 74
Wilson, Edward O. E. O. 威尔逊 33，108，123，144，196
Wilson, Margo 马尔戈·威尔逊 128
Wittgenstein, Ludwig 路德维格·维特根斯坦 vii，x
World Wide Web 互联网 viii，xiv，215 – 18
Wright, David 大卫·赖特 105
writing 书写 98，103，205 – 11，213 – 14

Yanomamö 亚诺马莫人 199